毒性試験に用いる統計解析 2015

手計算, SAS JMP, エクセル統計 2008 および
フリーソフトウェアによる解析

医学博士
生物医科学博士
小林 克己

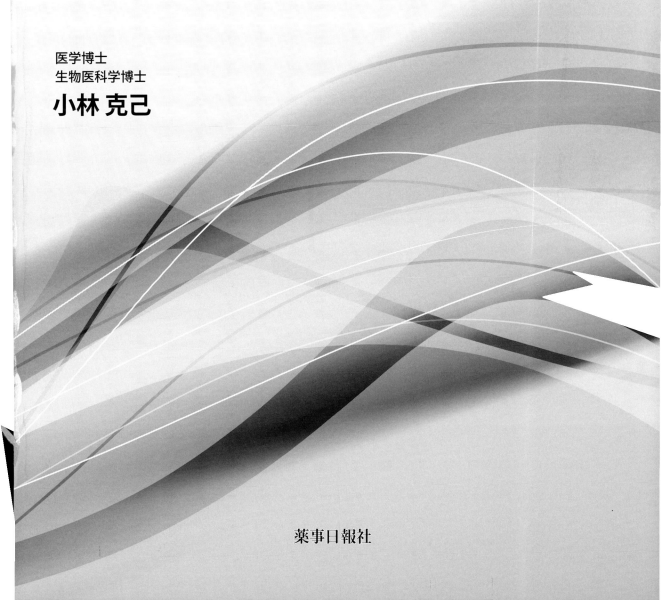

薬事日報社

はじめに

　本書は，毒性試験に従事する統計担当者，試験責任者およびQA部門など，研究者のために毒性試験から得られたデータに対して適切な解析法を使用してもらいたく，日本および外国で使用されている種々の手法について多くの試験報告書の知見から解説しました．

　「毒性試験に用いる統計解析法の動向2010」と題して薬事日報社からリリースしました前回の本は，毒性試験に使用されている解析法の動向を記述しました．本書は，手計算による手順を示すことによって，生物統計学を志す若手研究員に統計学的有意差の有無がどのようにして認められるのかを理解してほしいのが目的です．

　記述は，統計記号や英語を避け，毒性試験から得られた数値，調査報告書からのデータまたはごく一部に修正データを使用し，容易に解説しました．一部分布表は，必要な部分のみ計算例の付近に表示しました．

　計算値は，ルート付き電卓による手計算のため，コンピュータ処理による値と若干異なる場合があります．コンピュータソフトは，SAS社のJMP（version 5）およびエクセル統計2008を使用しました．なお両者の解析結果が異なる場合および再確認は，インターネットからのフリーソフトウェア（Java Script, STATISTICAまたは阪大フリーソフト）を用い比較検討しました．

　手計算とコンピュータソフトによる計算の併記の目的は，手計算の信頼性の確保です．もう一つは，コンピュータソフトを使用した場合，多くの数値が表示され，どの数値を報告書に記載するのかわからない場合があります．手計算値で確認してください．

　私は，数学者ではなく実験動物を用いた毒性試験および公衆衛生から得られたデータと長年接してきたことから，生物学的有意差と統計学的有意差が一致する手法に関心を持っておりました．若干重複している文章および記述がありますが，重要な意味ですのでご容赦願います．

　加えて36年間，実験動物を用いた毒性試験の統計処理に係わったことから，試験委託者および登録窓口からの多くの質問に対応してきました．ぜひ本書を参考にして無事に登録審査が終了することを願うこともこの本の目的です．私は，在職期間に3800匹のラットおよびマウスを解剖し所見を採取し毒性試験報告書の作成に関与してきました．したがって，この本は，毒性試験に用いる実践統計学です．

　私は，本書によって読者が統計に興味を持ってもらえれば望外の喜びであります．手計算によって統計解析の「からくり」が見えてきます．

　なお本文中の随所に検出力の比較について述べています．統計解析の有意差マーク[*]は，あくまで統計学的有意差の結果を目印（flagging）として表しているので，試験責任者の判断による毒性学的有意差を優先してください．

　本書の参考資料および引用論文は，ほとんどインターネットおよび日本毒性学会を含めたフリーアクセスジャーナルから入手しました．

2015年3月20日

著者　小林克己

目　次

第1章　基礎数値の算出　1

統計解析を実施するためには，基礎数値を算出する必要がある．これらの数値の計算法を順序だてて説明する．

1．基礎数値の算出の概略　1
2．手計算による解析　1
　2.1　標本数　1
　2.2　平均値　1
　2.3　中央値　1
　2.4　偏差平方和　1
　2.5　分散　2
　2.6　標準偏差　2
　2.7　標準誤差　2
　2.8　変動係数　3
　2.9　自由度　5
3．SAS JMP による解析　6
4．エクセル統計 2008 による解析　6
5．著者の意見　7

第2章　統計用語　9

基礎数値を算出した後，統計解析を進めるにあたり，基礎的統計用語を理解することにより，統計全体が理解でき，次の段階への動機付けともなる．この章は，著者が動物を扱った実践から得た感覚から易しく説明する．

1．帰無仮説　9
2．有意差の P 値とは？　9
3．有意水準値は何 %？　10
4．なぜ生物試験では 5% 水準を採用するのか？　11
5．5% 水準の棄却限界値は，以下（$P \leqq 0.05$）または未満（$P < 0.05$）どちらで判定するのか？　13
6．5% 水準はどの程度の差？　13
7．両側と片側検定のどちらを選ぶ？　14
8．両側検定および片側検定で実施した場合の有意差検出の差異　15

9．t 検定および Dunnett の検定の棄却限界値の比較検討　16
10．第 1 種の過誤　18
11．検定結果をどう理解すべきか　20
12．著者の意見　20

第 3 章　t 検定（分散を利用した検定）　25

ここで統計解析を志す者にとっての登竜門的存在の t 検定，別名 2 群間検定について計算式を平易に説明して最近の使用動向も説明する．

1．t 検定（分散を利用した検定）の概略　25
2．1 標本の t 検定　25
3．2 標本の t 検定　27
4．Student の t 検定（2 標本，対応なし）　27
5．Aspin-Welch の t 検定（2 標本，対応なし）　34
6．Cochran-Cox の t 検定（2 標本，対応なし）　36
7．対応のある t 検定　40
8．対応がなく差の特定仮説に対する適合検定　41
9．著者の意見　42

第 4 章　正規性の検定　45

解析法によって検出力の違いを説明する．

1．正規性の検定の概略　45
2．Kolmogorov-Smirnov 検定　45
3．Shapiro-Wilk（シャピロウィルク）の W 検定　46
4．歪度と尖度　48
5．正規分布へのあてはめ（面積を計算する方法）　48
6．ほぼ同一分布で標本数が異なるデータに対する Shapiro-Wilk の W 検定の検出力　50
7．正規分布の不思議　50
8．正規分布と等分散性　51
9．著者の意見　51

iii

第5章　等分散検定　53

> この検定法は多群間の分布の違いを検定する目的で実施される．t 検定の前に実施する F 検定（分散比の検定）と同一の考えをもった検定である．一般的にこの検定で有意差を示せば分散を利用しない順位和検定となる．この検定法の性質について解説し，この手法がデータの評価に大きな影響を与えることを説明する．

1. 等分散検定の概略　53
2. Bartlett の等分散検定　53
3. Levene の等分散検定　56
4. 各種等分散の検出力　57
5. 著者の意見　58

第6章　3群以上の多群間検定（分散を利用した検定）　59

> 試験設計による検定法の違いおよびその解釈の違い，どうして t 検定の繰り返しではだめなのか，を説明する．

1. 1元配置の分散分析　59
2. Dunnett の多重比較検定　62
3. Dunnett の多重比較検定は2群間検定として使用してもよいか？　66
4. Tukey の多重範囲検定法　67
5. Duncan の多重範囲検定法　71
6. Scheffé の多重比較検定　76
7. Williams の較検定　77
8. 分散分析を実施せず直接多重比較・範囲検定で解析　81
9. 2元配置の分散分析　87
10. 3元配置の分散分析　90
11. 群数が増加すると検出力が低下する　93
12. 著者の意見　95

第7章　順位和検定（分散を利用しない検定）　99

> 平均値の検定ではないことを解説し，各検定法の特長および日本と外国での手法の違いを含めて順位和検定に対する注意点を説明する．

1. 順位和検定（分散を利用しない検定）の概略　99
2. 2群間検定に使用する Wilcoxon の順位和検定　99
3. 2群間検定に使用する Mann-Whitney の U 検定　104
4. t 検定，Mann-Whitney の U 検定および Wilcoxon の検定の検出力　106

5．3群以上の多群間検定に使用する Kruskal-Wallis の順位検定　106
6．Steel および Dunn の検定などの前に実施する Kruskal-Wallis の順位和検定は必要がない理由　110
7．3群以上の検定に使用する Dunn's test の多重比較型順位和検定　111
8．3群以上の検定に使用する Steel の多重比較検定　112
9．ノンパラ Dunnett 型の多重比較検定　115
10．順位和検定に対する注意点　117
11．順位和検定の1事例　118
12．著者の意見　119

第8章　Peto 検定　121

発がん性試験に用いる病理組織所見（腫瘍）解析用の傾向検定を説明する．

1．Peto 検定の概略　121
2．米国 NTP テクニカルレポートに使用された Peto 検定の変遷　124
3．実際の手計算　125
4．公比の設定によって有意差が変化するか？　134
5．著者の意見　136

第9章　統計解析法の選定　137

群構成による適切な解析法を選択できるように解説する．

1．多重比較・範囲検定の群間組み合わせおよび検出力の比較　137
2．定量値に対する統計手法の選択　138
3．決定樹による選択　139
4．公開されているもっとも新しい決定樹　143
5．定量値および定性値に応用する解析法選択のヒント　144
6．データの変換　145
7．米国 NIH の NTP テクニカルレポートで使用されているがん原性試験の統計解析法　145
8．著者の意見　146

第10章　飛び離れた定量値の取り扱い（棄却検定）　149

代表的な棄却検定を説明する．棄却検定を使用して分布のきれいなデータにして分布を利用した検定で解析するか，棄却せず分布が悪いまま分布を利用しない順位和検定で実施するか，ここで大きな選択が要求される．

1．飛び離れた定量値の取り扱い（棄却検定）の概略　149
2．Thompson の棄却検定法　149
3．Smirnov-Grubbs の棄却検定　150
4．増山の棄却限界　152
5．著者の意見　153

第11章　頻度データの評価　155

毒性試験に用いる代表的な手法を解説する．

1．頻度データの評価の概略　155
2．カイ二乗（χ^2）検定　155
3．カイ二乗検定を用いた適合度の検定（観察度数と理論値との比較）　158
4．Fisher の直接確率検定　159
5．オッズ比　161
6．累積カイ二乗検定　164
7．著者の意見　164

第12章　傾向検定　165

定量値および頻度値に対して用量依存性の有無を検討する．

1．定量値に対する Jonckheere（ヨンキー）の傾向検定　165
2．定性値に対する Cochran-Armitage の傾向検定　167
3．生存率（log-rank test）および生存期間（Kaplan-Meier）の解析　171
4．米国 NTP テクニカルレポートの解析　175
5．著者の意見　177

第13章　危険度総合評価（リスクアセスメント）　179

最近のリスクアセスメントの評価法の状況を説明する．

1．発がん物質の危険度・実質安全濃度　179
2．ベンチマークドース基準用量　182

3．著者の意見　184

第14章　相関　187

> 相関と因果の違い，相関係数はどのくらいあれば相関があるのか説明する．決定係数を用いた場合の表示法を説明する．

1．相関と相関係数　187
2．相関と因果　187
3．相関係数の計算　188
4．決定係数の計算と表示法　191
5．著者の意見　194

第15章　クラスター分析　195

> クラスター分析を使用して毒性試験のNOAELの判定および日本と世界の統計解析法の違いを分析し説明する．

1．クラスター分析の概略　195
2．実験動物を用いた毒性試験への応用　195
3．日本と外国のげっ歯類を用いた毒性試験に使用された統計解析法の相違　197
4．著者の意見　207

第16章　毒性試験の統計解析にかかわる調査報告　209

> 毒性試験の試験責任者の責任および苦労は大きい．試験委託者および審査窓口から指摘が無いように無事に登録申請を済ませるため，この章を参考にしていただきたい．

調査報告1．げっ歯類を用いた毒性試験用統計解析ツールの決定樹に組み込まれているノンパラメトリックのDunnett型順位和検定の変遷　209
調査報告2．ラットを用いた短期反復投与毒性試験の低用量群に統計学的有意差が検出される割合　221
調査報告3．ラットを用いた短期反復投与毒性試験から得られた定量値の解析法：中用量群のみ有意差が認められず用量依存性がない場合　227
調査報告4．定量値の桁数の表示は？　236
調査報告5．桁数の相違による有意差検出パターン　240
調査報告6．反復投与毒性試験の用量の公比　242
調査報告7．Bartlettの等分散検定は検出力が高い　243
調査報告8．オッズ比，カイ二乗検定およびFisherの検定の検出力の差異　246
調査報告9．累積カイ二乗検定とカイ二乗検定どちらを選ぶ？　248

◆本書に解説されている手計算を含めた各解析法

解析項目	手計算	SAS JNP	エクセル統計 2008	JavaScript, STATISTICA, 阪大フリーソフト
平均値，中央値，不偏分散，標準偏差，標準誤差および変動係数	○	○	○	×
箱ひげ図	×	○	×	×
1群の t 検定	○	○	○	×
2群の t 検定：Student の検定	○	○	○	×
2群の t 検定：Aspin-Welch の検定	○	×	○	×
2群の t 検定：Cochran-Cox の検定	○	○	×	×
対応のある t 検定	○	○	○	×
正規性の検定：Kolmogorov-Smirnov 検定	×	×	○	○
正規性の検定：Shapiro-Wilk の W 検定	○	○	×	○
正規性の検定：面積を計算する方法	×	×	×	○
Bartlett の等分散検定	○	○	○	○
Levene の等分散検定	○	×	○	×
1元配置の分散分析	○	○	○	×
Dunnett の多重比較検定	○	○	○	×
Tukey の多重範囲検定法	○	○	○	×
Duncan の多重範囲検定法	○	×	×	×
Scheffé の多重比較検定	○	○	○	×
Williams の検定	○	×	○	○
2元配置の分散分析	○	○	×	×
3元配置の分散分析	○	○	×	×
Wilcoxon の順位和検定（2群間の検定）	○	○	×	○
Mann-Whitney の U 検定（2群間の検定）	○	×	×	×
Kruskal-Wallis の順位検定（3群以上の検定）	○	○	○	×
Dunn's test（3群以上の検定）	○	×	×	×

Steel の多重比較検定（3群以上の検定）	○	×	○	○
ノンパラ Dunnett 型の多重比較検定	○	×	×	×
Peto 検定（腫瘍発生の解析）	○	×	×	×
Thompson の棄却検定法	○	○	×	×
Smirnov-Grubbs の棄却検定	○	○	×	×
増山の棄却限界	○	○	×	×
カイ二乗検定	○	○	○	×
カイ二乗検定を用いた適合度の検定	○	○	○	×
Fisher の直接確率検定	○	○	○	○
オッズ比	○	×	○	×
累積カイ二乗検定	○	×	×	×
Jonckheere の傾向検定	○	×	×	×
Cochran-Armitage の傾向検定	○	×	○	○
Kaplan-Meier	○	×	×	×
Logrank test	×	×	×	×
相関係数	○	○	○	×
決定係数	○	×	○	×
クラスター分析	×	○	×	×

◆既存化学物質の毒性試験データベースの案内
◎既存化学物質毒性データベース（JECDB）
　［http://dra4.nihs.go.jp/mhlw_data/jsp/SearchPage.jsp］
　単回経口投与毒性試験，28日間反復経口投与試験，経口投与簡易生殖毒性試験，反復投与毒性試験・生殖毒性併合試験，復帰突然変異試験，ほ乳類染色体異常試験，小核試験および90日間反復投与毒性試験などが入手できます．
◎米国 NTP テクニカルレポート
　［http://ntp.niehs.nih.gov/results/pubs/shortterm/reports/index.html］
　既存化学物質のラットおよびマウスを用いた反復投与毒性試験データベースです．90日間短期反復投与毒性試験で血液検査，血液生化学的検査，尿検査および器官重量検査など定量値が病理所見を含めて約80化合物が公開されています．
◎米国 NTP テクニカルレポート
　［http://ntp.niehs.nih.gov/results/pubs/longterm/reports/longterm/index.html］
　約580化合物の長期のがん原性試験です．病理所見の統計解析は，大変参考になります．

第1章　基礎数値の算出

1．基礎数値の算出の概略

　統計解析を実施するためには，いくつかの基礎数値を算出する必要がある．これら基礎数値の算出法を順次説明する．例題1-1の対照群F344雌ラット109週齢の血清GPT活性値（農薬併合試験）を用いて解説する．数値は，小さい順に表示した．

例題1-1．対照群のF344雌ラット109週齢の血清GPT活性値

個体値（U/L），$N=10$	合計
26, 30, 31, 42, 48, 56, 60, 79, 80, 93	545

2．手計算による解析

2-1．標本数（number of sample, N, n）

　10

2-2．平均値（mean, $\overline{X}$）

$$\frac{\sum X}{N} = 54.5$$

　Σは，ギリシャ文字のシグマで，英語のSにあたり，和をとるsummationという意味である．Xは個体値をあらわす．平均値は，エックスバーとも呼ばれる．

2-3．中央値（Median）

　測定値を大きさの順に配列したとき，その中央に位置する値を中央値という．Nが奇数と偶数では算出法が異なる．標本数が奇数ならば小さいほうから$\frac{N+1}{2}$番目の値を中央値（メディアン）という．標本数が偶数の場合，中央に示す二つの値の平均値で定義する．平均値と比較すると中央値は，標本数が小さい場合や外れ値がある場合は，平均値より頑健性（ロバストネス）がある．ノンパラメトリック検定，いわゆる分散を用いない順位和検定は，別名中央値の検定と呼ぶ．

$$Median = \frac{48+56}{2} = 52$$

2-4．偏差平方和（SS, sum of square）

　一般的には，平方和と呼んでいる．各個体値から平均値（$\overline{X}$）を引いた値の二乗の総和であらわす．

$$\sum(X_1-\overline{X})^2$$
$$(26-54.5)^2+(30-54.5)^2+(31-54.5)^2+(42-54.5)^2+(48-54.5)^2+(56-54.5)^2$$
$$+(60-54.5)^2+(79-54.5)^2+(80-54.5)^2+(93-54.5)^2=4928.5$$

または,
$$(26^2+30^2+31^2+42^2+48^2+56^2+60^2+79^2+80^2+93^2)-\frac{545^2}{10}=34631-29703=4928$$

後者は,計算が容易で小数点がでない.

2-5. 分散 (Sx^2, V, variance)

偏差平方和を $N-1$ で割った値である.分散は,統計学的に N で割った値である.しかし,一般的には,不偏分散(unbiased variance)「分散」と呼んでいる.分散分析も平方和を $N-1$ で割って分散を算出している.

$$\frac{1}{N-1}\times\sum(X_1-\overline{X})^2=547.6$$

毒性試験でまれに分散がゼロの群が認められる場合がある.この場合の対処法が大塚(1993)によって述べられている.

2-6. 標準偏差 (Sx, S.D., s.d., standard deviation)

$$\sqrt{分散}=\sqrt{547.6}=\pm23.4$$

標準偏差は得られたデータの分布をあらわす.したがって,**図 1-1** のように棒グラフに示された ±S.D. のエラーバーは,データの約 68% がこの中にあることを意味している.決して,平均値の振れ幅を示しているのでもなく,データの 95% がこの中に入っているわけでもない.

2-7. 標準誤差 ($S\overline{x}$, S.E., s.e., standard error)

分散を Sx^2,標準偏差を Sx,標本数を N で表せば,標準誤差 $S\overline{x}$ は次式で求められる.

$$\sqrt{\frac{Sx^2}{N}} \text{ または } \frac{Sx}{\sqrt{N}} \quad\quad \frac{標準偏差}{\sqrt{N}}=\frac{23.4}{\sqrt{10}}=\pm7.4$$

標準誤差は得られた平均値の信頼性をあらわす.したがって,棒グラフに示された ±S.E. のエラーバーは母平均の 68% 信頼限界をあらわすと見なしてよい.95% 信頼限界を示すためには ±2S.E. を採らなくてはならない.すなわち,データの分布を示すことに用いてはならない.エラーバーの幅を小さく見せるために故意に使うことは許されない(松本,1990).

図1-1に標準偏差と標準誤差の表現の比較を示した．

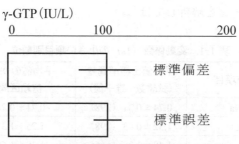

図1-1．標準偏差と標準誤差の表現の比較

　生物反応の多くは，測定値の平均値に占める標準偏差の割合が8～20%弱であることから，標準偏差の表示は，図式化した場合，バランスがとれているように思う．日本の生物を用いた文献は，約10%の割合で標準誤差が使用されている．米国NTPテクニカルレポートの定量値は，平均値±標準誤差で示している．

　また平均値，中央値と分布とが一目にして理解でき，慣れることによってきわめて有用との声が高い「箱ひげ図」の利用も試験・調査結果の考察には便利である．臨床検査分野では使用されている．箱ひげ図の作成法は，前回の本（毒性試験に用いる統計解析法の動向2010）の中里（1992）が詳しく述べている．

2-8. 変動係数（%）（C.V., coefficient of variation）

$$\frac{標準偏差}{平均値} \times 100 = \frac{23.4}{54.5} \times 100 = 42.9\%$$

　時々文献に使用されている．算出値の桁数および単位が異なった項目が混在している場合の分布の比較には有用である．変動の少ない電解質と変動の大きい酵素系の桁数の異なった計測値の分布の比較に適している．

　毒性試験に使用された153の毒性試験（化審法の28日間反復投与毒性試験）の対照群から得られた59の定量値（体重，血液学的，血液生化学的検査値および器官重量など）の変動係数の変化についてKobayashi *et al.*（2011）が発表している．表1-1に毒性試験から得られた定量値の変動係数（%）の違いを示した．

　全定量項目59の雄と雌の間に統計学的有意差がないことから変動係数を併合し，その平均値の小さい順に示した．

　最小の変動係数は，Naが0.74%，次いでCl, SG/urineおよびMCHCの順でAlbまでが4%台であった．5～9%台にlymph, K, TP, PT, Fib, ……epididymis, PLT, Liverが認められた．10%台にGlu, CRN, FC, ……Cho, thymus, prostateが認められた．20%台にRET, ALP, WC, ……OP/urine, uterus, LDHが認められた．変動係数30～40%台にmethemoglobin, TG, UV, neut-seg, CPKおよびγ-GTPが認められた．

　体重の変動係数7.1%とほぼ同様の項目は，PT, Fib, lungs, testisおよびsubmaxillary glandなどであった．電解質および計算値などの変動係数は小さく，酵素系および測定

法にノウハウがある UV（尿量），neut-seg（好中球）および methemoglobin などの項目は，変動係数が大きかった．多くの実験動物を用いた試験では，供試動物の体重の変動係数を頭に入れて種々のデータを解析してほしい．

表 1-1. 変動係数（%）の小さい項目別順位

順位	調査項目	平均値±標準偏差 （試験数／雄＋雌）	平均値の95% 信頼区間	中央値
1	Na	0.74±0.31　(298)	0.71 − 0.78	0.69
2	Cl	1.32±0.63　(298)	1.25 − 1.39	1.25
3	SG/urine	1.49±1.28　(166)	1.30 − 1.69	1.33
4	MCHC	1.63±1.26　(298)	1.49 − 1.77	1.44
5	MCV	2.66±1.02　(298)	2.55 − 2.78	2.54
6	Ca	2.72±1.13　(298)	2.59 − 2.84	2.46
7	MCH	2.85±1.24　(298)	2.71 − 2.99	2.87
8	Brain	3.51±1.32　(300)	3.36 − 3.66	3.35
9	HGB	3.52±1.94　(300)	3.30 − 3.74	3.27
10	HCT	3.58±1.51　(300)	3.41 − 3.75	3.37
11	TP	4.03±1.82　(302)	3.82 − 4.23	3.85
12	RBC	4.16±1.59　(300)	3.98 − 4.34	3.97
13	Alb	4.40±2.18　(302)	4.16 − 4.65	3.73
14	Lymph	5.13±2.84　(300)	4.81 − 5.45	4.55
15	K	6.26±5.38　(298)	5.65 − 6.87	5.48
16	PT	6.32±5.64　(300)	5.68 − 6.96	4.27
17	Fib	6.98±2.69　(74)	6.36 − 7.61	6.88
18	Lungs	7.16±3.86　(98)	6.38 − 7.93	6.65
19	Body weight	7.09±1.74　(302)	6.89 − 7.29	7.02
20	Testes	7.44±4.16　(150)	6.77 − 8.10	6.93
21	Submaxillary gland	7.57±2.98　(6)	4.48 − 10.7	7.40
22	APTT	7.69±3.39　(300)	7.31 − 8.07	7.33
23	IP	7.78±3.63　(298)	7.37 − 8.20	7.31
24	A/G	7.79±4.05　(298)	7.33 − 8.25	7.24
25	Kidneys	8.22±3.20　(300)	7.85 − 8.58	7.89
26	Heart	8.55±3.95　(216)	8.02 − 9.08	7.87
27	Epididymis	8.88±4.33　(88)	7.96 − 9.80	8.17
28	PLT	9.28±4.21　(300)	8.82 − 9.77	8.70
29	Liver	9.57±3.41　(300)	9.18 − 9.96	9.19
30	Glu	10.1±3.81　(300)	9.69 − 10.5	10.2
31	CRN	10.9±6.45　(300)	10.1 − 11.6	10.0
32	FC	11.2±3.96　(300)	10.7 − 11.6	10.7
33	Adrenals	12.4±4.81　(300)	11.9 − 13.0	12.1
34	Pituitary	12.9±4.17　(84)	12.0 − 13.8	12.2

35	Spleen	13.6 ± 5.36 (266)	12.9 – 14.2	12.8
36	ASAT	13.7 ± 6.44 (302)	13.0 – 14.4	12.8
37	BUN	13.8 ± 5.81 (300)	13.2 – 14.5	12.6
38	PL	13.9 ± 5.38 (50)	12.4 – 15.4	13.3
39	Ovaries	14.7 ± 4.90 (145)	13.9 – 15.5	14.4
40	Thyroid	16.2 ± 5.10 (102)	15.2 – 17.2	16.1
41	ALAT	16.2 ± 7.71 (302)	15.4 – 17.1	15.2
42	Bili	16.4 ± 17.8 (236)	14.2 – 18.7	12.6
43	Cho	17.7 ± 7.46 (302)	16.8 – 18.5	16.8
44	Thymus	18.1 ± 6.31 (248)	17.4 – 18.9	17.6
45	Prostate	18.9 ± 9.74 (7)	9.92 – 27.9	20.5
46	RET	20.2 ± 10.5 (238)	18.9 – 21.5	18.4
47	ALP	20.6 ± 7.43 (300)	19.8 – 21.5	20.2
48	WC	23.3 ± 11.5 (84)	20.7 – 25.8	21.5
49	ChE	24.2 ± 11.6 (54)	21.0 – 27.3	23.0
50	WBC	25.7 ± 8.47 (300)	21.8 – 26.7	25.1
51	OP/urine	26.6 ± 8.59 (48)	24.1 – 29.1	25.5
52	Uterus	27.6 ± 13.7 (16)	20.3 – 34.9	26.3
53	LDH	29.5 ± 14.5 (104)	26.7 – 32.3	25.8
54	Methemoglobin	34.3 ± 20.1 (12)	21.5 – 47.1	29.0
55	TG	34.4 ± 15.4 (302)	32.7 – 36.1	33.0
56	UV	37.9 ± 14.2 (216)	35.7 – 39.6	35.3
57	Neut-seg	41.3 ± 17.1 (300)	39.3 – 43.2	40.0
58	CPK	42.3 ± 16.3 (4)	16.3 – 68.2	36.3
59	γ-GTP	46.3 ± 55.1 (280)	39.9 – 52.8	30.0

2-9. 自由度（D.F., d.f., degrees of freedom）

　標本数（N）の大きさに関係する数で通常 D.F.（d.f.）で表す．有意差検定の場合，この値によって確率（有意差の判断）が変化する．一般に D.F. は，$N-1$ を用いる．自由度については，吉村（1989）によって「自由度をめぐる6つの疑問」について説明されている．

3．SAS JMP による解析

例題 1-1 の対照群の F344 雌ラット 109 週齢の血清 GPT 活性値の解析結果を示した．平均値の上限および下限の 95% 信頼限界の幅は，おおよそ ±2 標準誤差の範囲となる．正確には，t 分布表の自由度 $N-1$ の 9 の値 2.26（両側）を用いる．

すなわち，上限・下限 95% の信頼限界は，平均値 ± 標準誤差 $7.4 \times 2.26 = 71.2 - 37.7$ となる．

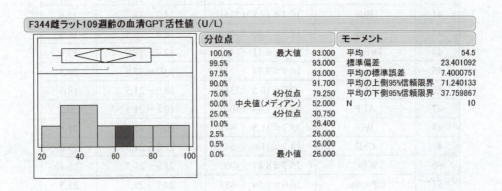

箱ひげ図の下の横かぎは Shortest half で，この中に全標本の 50% が含まれることを示している．平均値，標準偏差および標準誤差は，手計算値と同一の値が得られた．

4．エクセル統計 2008 による解析

例題 1-1 の解析結果を下記に示した．手計算の分散値とエクセル統計 2008 の不偏分散は同一である．手計算と標準偏差，標準誤差および変動係数は，同一の値が得られた．

基本統計量	
n	10
合計	545
平均	54.5000
標本標準偏差	23.4011
不偏分散	**547.6111**
標準偏差	22.2002
分散	492.8500
標準誤差	7.4001
変動係数	0.4294

エクセルは，偏差平方和が表示されないので不偏分散に $9 = (10-1)$ を掛ける．
生物統計は不偏分散を使用する．分散は偏差平方和を 10 で割った数値．

5．著者の意見

　ほとんどの毒性試験は，標準偏差を平均値の次に表示している．げっ歯類を用いた毒性試験の1群内の動物数は，化審法28日間反復投与毒性試験では5または6匹，90日程度以上の反復投与毒性試験では10〜20匹を使用している．いずれも試験責任者は，群内の分布またはふれを確認したいため，標準偏差を用いている．

　標本数が3または4匹と少なく，平均値の信頼性を重んじる薬理・薬効分野では，標準誤差を使用している場合が多い．いずれにせよ個体数（N），平均値（mean）および標準偏差（S.D.）を明記すれば標準誤差（S.E.）が計算できる．

　平均値の2標準偏差は，この幅に95%の動物が入ることを示している．平均値の2標準誤差は，平均値の信頼性を95%の確率で保証している．

◎引用論文および資料
・大塚芳正（1993）：分散が0の場合のBartlettの等分散性検定は？　医薬安全性研究会，No. 30, 13-15.
・中里ひろし（1992）：実験データのグラフ表示．pp.24-25, サイエンティスト社，東京．
・松本一彦（1990）：日本実験動物技術者協会．第6号，4-5.
・吉村　功（1989）：自由度についての補足．医薬安全性研究会，No. 28, 24-29.
・Kobayashi, K., Sakuratani, Y., Abe, T., Yamazaki, K., Nishikawa, S., Yamada, J., Hirose, A., Kamata, E., and Hayashi, M. (2011): Influence of coefficient of variation in determining significant difference of quantitative values obtained from 28-day repeated-dose toxicity studies in rats. *J. Toxicol. Sci.*, **36**(1), 63-71.

MEMO

第2章　統計用語

1．帰無仮説（null hypothesis）
一般的に毒性試験の統計処理は，この帰無仮説を設定することからはじまる．

「全群間または2群間に差がない」という仮説

5%水準で有意差（$P \leqq 0.05$）があれば帰無仮説を捨て差がありと判断する．なぜ帰無仮説をとるのか，その理由を吉田（1980）は，

「実際の研究では，母数の推定も必要であるが，それよりも，新しい飼料A1が，慣用の対照飼料A2より優れているかどうかの判断が必要となるケースが多い．この判断を確率論に基づいて下すのが，統計的な仮説の検定法である．新飼料A1がよいだろうと考えるからこそ，実験を計画するはずであって，A1がだめだと分かっておれば，実験を計画する気にはならないだろう．しかし，統計解析は，まず，飼料A1とA2は同じ飼料価値をもつという仮説をたてる．すなわち，A1＞A2という予測に反する，A1＝A2という仮説をたてる．そして，データから見て，A1＝A2とはいえない場合，この仮説を捨てて，A1とA2は同じではないと判断する．このように，統計的な仮説の検定は，ひとひねりひねった道順をたどるもので，内心は，A1＞A2と思っていながら，A1＝A2という仮説をたて，実はそれが誤りでA1≠A2を証明する手順をとる．生物を用いた毒性，効果および薬理試験を担当しているものは，できれば捨ててしまいたい仮説，A1＝A2を，帰無仮説と呼んでいる」

と述べている．対立仮説はこの逆であるが，われわれの毒性分野は，帰無仮説を採用する．

2．有意差のP値とは？
Pは確率（probability）を示す．$P \leqq 0.05$で有意差ありとは，差がないのに誤って「差あり」と判定する確率が5%以下を示す．したがって，差がないという帰無仮説は，危険率5%以下で捨てられ，統計学的有意差を示したことになる．この有意水準P値は，あくまでも試験結果を考察する上での目印（flagging）であって，算出された群間の差の方が重要である．統計処理は，算出された差について検定していることから，群間の差が10%以上も認められる体重やいくつかの血液学的検査値および器官（臓器）重量値の場合は，この差に注目すべきであり，統計学的有意差は，二の次であることを付け加えたい．またこのP値と仮説検定の手順を説明する．

測定値および統計手法を選択する→検定の有意水準αを選択する．この際2α（両側検定）またはα（片側検定）のどちらを選択するかを決めておく→計算値を算出する→この計算値が各表の棄却限界値（分布表）のαより大きければ帰無仮説を棄却し統計学的に群間差を示したことになる．最近の毒性試験結果は不等記号で表記せず，直接確率（P）値を記載している報告書が多い．

3．有意水準値は何%？

　有意水準の設定は，5% か 1% かまたは 0.1% にするか，どう決めるかという問題である．一般的には，前述の 3 点をとるが，有意水準値を何 % に設定するのが望ましいのかは，推計学の問題ではなく，人生観・社会観・自然科学の問題である．たとえ同じ 1% 水準といっても，それが赤血球数の差が認められるかどうかの場合の危険率と飛行機が墜落する危険率とでは，おのずから異なることが理解できよう．つまり，危険率を何 % にするかは，仮説が正しいにも関わらず仮説を捨ててしまうという誤りを犯した時に，こうむる損害の重大さによって決めるべきである．生物統計の解析では，有意水準値の境界をここ半世紀の間，国際的に 0.05 = 1/20 = 5% に設定している．

　著者は，特に毒性試験では定量値および定性値の統計学的有意差判断を 5% 水準に設定することを強く願う．試験責任者によっては，それを 10% および 1% 水準に設定している場合も散見される．また Bartlett の等分散検定の有意水準を 0.1% に設定している毒性試験もある．この有意水準の違いを編集委員への手紙として日本毒性学会誌（J. Toxicol. Sci., JTS）へ Kobayashi（2011）が指摘した論文を紹介する．この論文の全和訳を以下に述べる．タイトルは「毒性試験から得られる定量値の統計学的有意水準は 5% に設定したい」である．

　著者は，最近の本学会に投稿された毒性試験に使用された統計解析法の問題点を指摘し，その理由を推測し，その解決法を示す．

1）統計学的 5% 水準

　1/20 の間違いを許しましょう，という 5% 水準は，毒性試験を含めた生物試験でここ半世紀以上使用（Dunnett, 1955 and Kornegay et al., 1961）されてきた．すなわち，各検定法の 5% 水準の有意差を基にして毒性学的有意差を判断している．

2）Bartlett の等分散検定

　Finney（1995）は，Bartlett の等分散検定を不要といっている．理由は，毒性試験の検出力が強すぎるためである．したがって，彼は，分散分析（ANOVA）および Dunnett の多重比較検定（Dunnett の検定）を推奨している．多群設定で t 検定を用いて 1% 水準で有意差の判断をしている例（Jasuja et al, 2013）もある．

　Bartlett の検定を 1% 水準で解析している毒性試験は，JTS にいくつか掲載されている（Hayashi et al., 1994, Katsutani et al., 1999, Kudo et al., 2000, Mochizuki et al., 2008, 2009a, 2009b, Shirai et al., 2009, Tsubata et al., 2009, Shibayama et al., 2009, and Ishii et al., 2009）．いかにして 1% 水準を設定しているのか？　この理由について述べる．1% を設定している毒性試験は，Bartlett の検定で有意差を示した場合，次のノンパラの解析に Dunnett type の順位和検定（Saitoh et al., 1999 および山崎ら，1981 または Dunn の順位和検定，Hollander and Wolfe, 1973）を採用している．これらの検定の低検出力すなわち低用量群に有意差が認められないことは，周知のごとくである．したがって，この検定に採用されないように 1% 水準を設定している．

　著者は，前述の理由で Bartlett を 1% 水準に設定するのであれば，検出力のマイルドな Levene（1960），Nichols（1994）および Brown-Foresythe（SAS, 1996）の等分散検定を用いて 5% 水準で解析することを推奨する．

3）分散分析（ANOVA）

　　最近 ANOVA を 10% 水準に設定した論文（Obata *et al.*, 1999 and Kimura *et al.*, 2007）および 20% 水準に設定した論文（Matsumoto *et al.*, 1999）を紹介する．なぜなのか？ その理由を推測する．もし 5% 水準を設定した場合，時折 $P=0.05-0.65$ で有意差が無くても，Dunnett の検定で解析すれば有意差が認められる．したがって，10% 水準を設定して多くの定量値を有意差として次の Dunnett の検定に送っている．

　　解決策は，ANOVA を使用せず直接 Dunnett の検定を使用する（Kobayashi *et al.*, 2000 and Sakaki *et al*, 2000）．Dunnett 自身（1964）も ANOVA を必要としていない．Ohbayashi *et al.*, 2007 は，ANOVA を用いていない．また Miida ら（2008）は，Student の *t* 検定の前の *F* 検定の有意水準を 25% に設定している．

4）*t* 検定およびそのほかの検定

　　t 検定の有意水準を 1% に設定（Ambali, *et. al.*, 2007 and Kim *et al.*, 2010）している．特別な事情があるのだろうか？　設定群数は 4 である．5% 水準を設定してほしい．また Hashida *et al.*（2011）は，多重性を踏まえ Scheffé の検定の有意水準を 1% に設定している．この理由は，Scheffé の検定の検出力の低いことを考慮して有意水準を設定している．

5）JTS 以外の多くの論文

　　インターネットに公開されている既存化学物質 158 化審法および OECD（TG 407, 422）の毒性試験，NTP の 60 短期および 121 長期毒性試験では，全て 5% 水準で統計解析を実施している．また 77 の農薬抄録に記載されている 90 日間の亜急性毒性試験は，統計解析の詳細が不明だが試験結果から推測すると同様に有意水準を 5% に設定していると推測できる．医薬品の毒性試験は，非公開が多く有意水準の設定が把握できない．医薬品の毒性試験の統計解析は公開してほしい．

6）考察

　　毒性試験の定量値の統計学的判断は，全て 5% 水準を設定することを推奨する．もし検出力に問題があれば 5% を維持し，他の手法を選択するべきである．なるべく毒性学的有意差と同調した解析法を採用する．もし発がん性を評価するための Peto 検定（Peto *et al*, 1980 and FDA guidance, 2000）のように 5% 水準以外を採用する場合は，明快な理由を述べなくてはならない．著者は，毒性試験の統計学的有意水準を $\leq 5\%$ としたい．

4．なぜ生物試験では 5% 水準を採用するのか？

1）統計が育てられた農学の領域では，大学を出て 20 年くらいは現役で実務に就く．種子を蒔き収穫量を調べるという試験は，1 年単位である．そこで現役の研究生活のうち，1 回の言い過ぎ・間違いは，人の常として許してよかろう．20 回に 1 回ということで 5% の線が認知された．

2）八百長賭博の心理的な研究から，そうはざらにないという基準が，おおよそ 5% になる．

3) 碁でもテニスでもよいが，ほぼ互角と思える相手と何回か勝負し，続けて負けたとする．この時何回続けて負けたら相手のほうが強いと認めるだろうか．人の性格にもよるが，3回で認める人は少ないだろう．3回ぐらいなら，互角の相手に続けて負けることは珍しくない．それが4回続けて負けたとなると大抵の人は弱気になるに違いない．さらに5回となるとどうであろうか？ 5回続けて負けたら，互角という帰無仮説を棄却して，相手が強いことを認めるのが常識的な判断であろう．相手が互角の時に1回負ける確率は1/2である．5回続けて負ける確率は，$(1/2)^5 = 0.032$，3% 程度である．すなわち，「5回続けて負けたら，相手が強いと認める」という判断基準では，本当は互角なのに相手が強いと判断する確率，第1種の過誤の確率が5% 程度はあることになる（吉村ら，1987）．

2回続けて負ける確率は，$\frac{1}{2} \times \frac{1}{2} = 0.25 = 25\%$

3回続けて負ける確率は，$\frac{1}{2} \times \frac{1}{2} \times \frac{1}{2} = 0.125 = 12.5\%$

4回続けて負ける確率は，$\frac{1}{2} \times \frac{1}{2} \times \frac{1}{2} \times \frac{1}{2} = 0.063 = 6.3\%$

5回続けて負ける確率は，$\frac{1}{2} \times \frac{1}{2} \times \frac{1}{2} \times \frac{1}{2} \times \frac{1}{2} = 0.032 = 3.2\%$

有意水準 5% の意味は，毒性試験と一般の事例から解説する．
1) 毒性試験の20回に1回は差がないかもしれない
2) げっ歯類の反復投与毒性試験の動物数は，20匹以上を設定している試験が多い．この場合，異常を検出できる確率は 1/20 = 5%
3) 試験期間2年のげっ歯類を用いたがん原性試験の動物数は，50匹を設定する．この場合，がんを検出できる確率は 1/50 = 2%，しかし，実際投薬群の生存動物数は，多くて60%（30/50匹）内外である
4) 一般化学物質の化審法の28日間反復投与毒性試験は，5匹を設定する．この場合，異常を検出できる確率は 1/5 = 20%
5) 乗用コンバインドによる稲刈り時の稲穂のロスは，5% 以内といわれている
6) 国産ロケット H2 による軌道確保成功率は，2012 で 19/20，成功率 95% となり商業ベースが可能，現在（2015-2-10）の成功率は 26/27 で 96.3%
7) 外国人の視覚的増加の有意差は，市町村の人口動態から 5% を超えると「最近多い」と感じる
8) 日本の男性看護師の割合は少ないと TV で解説委員が述べていた．この割合は，4%（2014 年 3 月現在，静岡第一 TV）であった
9) 自動車保険のアクサダイレクトの TV CM で顧客満足度は 94.9%（2014-3-26）と微妙な数値を設定している．顧客のクレームに対応した数値を設定している
10) 2013 年の米国のスカイダイビングの激突事故は，24 人 /320 万回で 0.00075% となる

11）日本人間ドック学会は，ヒトの健康度をあらわす臨床検査値の「健康の基準」を健康人の 95% 値を使用している
12）ヒトに対する電磁波と乱数発生の「異常の定理」は，1/20 を基準に判断している（サイエンス ZERO/NHK，2014-5-4）
13）生物統計の有意水準値はここ半世紀（1960 年以来），国際的に 5% を採用している

5．5% 水準の棄却限界値は，以下（$P≦0.05$）または未満（$P<0.05$）どちらで判定するのか？

この決まりはない．試験結果が判断すればよい．各検定法の分布表の値（棄却限界値）も算出者によってその桁数は，小数点以下 3 から 7 桁と異なる．これは概して数学者の書いた文献はその桁が大きく，生物学者はそれが小さい．以下または未満かどちらが多く使用されているかいくつかの動物試験に対して調査したところ，内外を問わず両者に差はないようである．著者は，いまだにこの棄却限界値と同一な計算値を得たことはない．一般的には，5% 以下で判定したという場面が多い．したがって，$P≦0.05$ と表示をしたほうがよいと思う．20 回に 1 回の過ちは，許そうという万国の取り決めからもそう願いたい．

6．5% 水準はどの程度の差？

変動係数の大きさによって対照群と用量群間の有意差検出パターンは異なる．大体の目安は，ラットおよびマウスの体重の変化が対照群に対して ±7% の差があれば分布を利用し t 検定の片側検定で *$P<0.05$ で統計学的に有意差を示す．血清酵素類は，変動が大きいため CPK および $γ$-GTP が 30〜40% の差で $P<0.05$ となる．

定性値の発生率（死亡率および病理所見）の 5% 水準で統計学的有意差の認められる統計量は，0/5 対 4/5，1/5 対 5/5，0/10 対 4/10，0/50 対 5/50 および 18：32 程度である．一方グレート評価による病理所見および尿検査値を 2 群間検定の Mann-Whitney の U 検定による 5% 水準で有意差の認められるパターンを**表 2-1** に示した．

表 2-1. Mann-Whitney の U 検定による尿検査値，病理解剖および組織学所見値の有意差検出パターン

群	個別評価値	平均値	U 値	P 値	
				両側検定	片側検定
対照	0, 0, 0, 0, 0	0.0	10.0	0.690	0.345
用量	0, 0, 0, 0, 1	0.2			
対照	0, 0, 0, 0, 0	0.0	7.5	0.420	0.210
用量	0, 0, 0, 1, 1	0.4			
対照	0, 0, 0, 0, 0	0.0	5.0	0.156	0.075
用量	0, 0, 1, 1, 1	0.6			
対照	0, 0, 0, 0, 0	0.0	2.5	0.056	0.028*
用量	0, 1, 1, 1, 1	0.8			

*$P<0.05$.

7．両側と片側検定のどちらを選ぶ？
　片側検定を採用すると有意差が検出されやすい．
両側検定：①単に群間差があるかどうかの問いかけ
　　　　　　②群間の差の正負が事前に想定できない
　　　　　　③試験責任者が正負の両方向同時の結果を望む
片側検定：①強弱を扱う問いかけ
　　　　　　②群間の差の正負が事前に想定できる
　　　　　　③試験責任者が一方向のみの重要性を指摘する
　したがって，われわれの分野では，調査する場合，何らかの期待があるはずと思われることから片側検定を適用したい．多くの文献はどちらの検定で実施したかを明記していないものがきわめて多い．両側検定は 2α で片側検定は α で表示する．
　次に片側検定を設定する例をあげる．食パン1斤は450gである．砂糖1斤は600gである．食パン1斤が本当に450gであろうか？　連続7日間調査した結果を**例題2-1**に示した．日本固有の単位の斤は，各業界で適当に重さを決めている．

例題2-1．7日間の食パンの重量を調べた結果

食パン重量：444, 434, 450, 430, 458, 446, 422g　平均値：440　標準偏差：±12.4g

7-1．手計算による解析

$$t = \frac{|440-450|}{\frac{12.4}{\sqrt{7-1}}} = 1.976 \quad (\text{分母は標準誤差})$$

数表2-1．t 分布表（吉村ら，1987）

D.F.\$2\alpha$*	0.2	0.1	0.05	0.02	0.01	0.002	0.001
D.F.\α**	0.1	0.05	0.025	0.01	0.005	0.001	0.0005
5	1.476	2.015	2.571	3.365	4.032	5.893	6.869
6	1.440	**1.943**	**2.447**	3.143	3.707	5.208	5.959
7	1.415	1.895	2.365	2.998	3.499	4.785	5.408

*両側検定．**片側検定．

　両側検定を採用すると，t 分布表の値（棄却限界値）は2.447で，計算結果の1.976より大きい（**数表2-1**参照，自由度は $N-1=6$）．したがって，差が無いという「帰無仮説」は捨てることができない．
　しかし，われわれは「食パンが小さいのではないか？」という仮説をたてるのが一般的である．食パンが大きい場合は問題が無い．したがって，片側検定が妥当となる．片側の5%水準点は，1.943である．計算値の1.976は1.943より大きい．したがって，5%水準で「差が無いという帰無仮説」は捨てられ，食パンが10g少ないことになる．

げっ歯類を用いた毒性試験で，Dunnett の検定を使用し片側検定を採用している毒性試験（Gloria, *et al.*, 2006）の例を紹介する．

7-2. エクセル統計 2008 による解析

母平均の検定：*t* 分布

変数	食パン重量
n	7
平均	440.571
標準偏差	12.475
比較値	450.000
差	−9.429
統計量：*t*	1.9997
自由度	6
両側 *P* 値	0.0925
判定	
片側 *P* 値	0.0462
判定	*

P：0.0462 で有意差を示した（片側検定）．

8．両側検定および片側検定で実施した場合の有意差検出の差異

t 検定と Dunnett の検定それぞれの両側および片側検定による有意差検出の差異を表 2-2 に示した．*t* 検定による検定結果，片側検定に対して両側検定による有意差検出数は少なく片側検定のそれに比較して平均 85(76−95)％ を示した．Dunnett の検定による検定結果，片側検定に対して両側検定による有意差検出率は平均 86(71−95)％ を示した．すなわち，*t* 検定および Dunnett の検定各の片側検定および両側検定による有意差検出率の動向は同様の傾向を示し，両側検定による有意差検出数は少なく，片側検定のそれに比較して 85％ 前後を示した．

表 2-2．ラットを用いた慢性毒性発がん性併合試験に対する仮説を片側および両側検定で吟味した場合の有意差（*P*＜0.05）検出数の差異

測定項目	検定回数	*t* 検定		Dunnett の多重比較検定	
		片側検定	両側検定	片側検定	両側検定
体重	528	246 (100)	233 (95)	223 (100)	212 (95)
飼料摂取量	832	349 (100)	279 (80)	235 (100)	189 (80)
血液学的検査	352	159 (100)	126 (79)	123 (100)	105 (85)
生化学的検査	576	272 (100)	235 (86)	215 (100)	181 (84)
尿検査	64	11 (100)	10 (91)	7 (100)	5 (71)
器官重量	224	80 (100)	61 (76)	47 (100)	42 (89)
器官重量体重比	224	104 (100)	89 (86)	82 (100)	67 (81)
合計	2800	1221 (100)	1033 (85)	932 (100)	801 (86)

9. t 検定および Dunnett の検定の棄却限界値の比較検討

t 検定および Dunnett の検定の各 5% の棄却限界値（分布表）を抜粋し**数表 2-2** に示した．両側検定の表の値に対して片側検定の棄却限界値は 1/2 とはならず t 検定では 0.78 となり，Dunnett の検定で 4 群設定の場合は 0.85 となる．コンピュータがさほど普及していなかった手計算の時代（1970）は，計算値を下記の棄却限界値と比較して大きければ有意とした．しかし，エクセル統計 2008 およびそのほかの解析ソフトは，確率（P）が直接表示されることから棄却限界値（分布表）がさほど必要でなくなった．最近の毒性試験は，P 値を直接記述しているものも少なくない．

数表 2-2. t 検定および Dunnett の多重比較検定の両側および片側検定による棄却限界値（吉村ら，1987）

自由度	5% の棄却限界値			
	t 検定		Dunnett の多重比較検定[*]	
	両側検定	片側検定	両側検定	片側検定
1	12.706	6.314	—	—
2	4.303	2.920	—	—
3	3.182	2.353	3.867	2.912
4	2.776	2.132	3.310	2.598
5	2.571	2.015	3.030	2.433
6	2.447	1.943	2.863	2.332
7	2.365	1.895	2.752	2.264
8	2.306	1.860	2.673	2.215
9	2.262	1.833	2.614	2.178
10	2.228	1.812	2.268	2.149
·	·	·	·	·
21	2.080	1.721	2.370	2.021
22	2.074	1.717	2.363	2.016
·	·	·	·	·
31	2.040	1.696	2.317	1.986
32	2.037	1.694	2.314	1.984
·	·	·	·	·
41	2.020	1.683	2.291	1.969
42	2.018	1.682	2.289	1.968
·	·	·	·	·
60	2.000	1.671	2.265	1.952
120	1.980	1.657	2.238	1.934
240	1.970	1.651	—	—
∞	1.960	1.645	2.212	1.916
比率[**]	1：0.78		1：0.85	

[*]4 群設定の場合の値，[**]両側検定値の合計を 1 とした場合の値．

以下に示す 8 つの論文の記述を示す.

1）Shirley *et al.*（1997）は，Student および Cochran の *t* 検定で両側検定を使用している．そして分散分析で有意差が認められた場合，Dunnett の検定の片側検定で実施している
2）Dunnett（1955）は，対照群と各用量群間の差を高い・低い両方について検定したい場合は両側検定を，また対照群に対して高い・低いのどちらかを検定したい場合は，片側検定で実施することを推奨している
3）Gad *et al.*（1986）は，体重差の検定に両側検定を使用している
4）吉村ら（1992，1987）は，片側検定を推奨している．なぜならば毒性試験の多くの場合，試験責任者は平均値の増加が対照群に対して認めたか否かによって評価する．さらに定量データを対照群と比較する場合は，片側検定で吟味するべきといっている．そしてこの設定は試験前に設定する．両側検定は，試験前にその反応が予測できない場合に使用すべきである．試験後の選択は第 1 種の過誤を招く．群間差の有意差検出力の増加は重要なことである．通常毒性試験では，試験責任者が試験前に被験物質の生物学的または薬理学的影響を推察して決定する
5）佐久間（1977）は，片側または両側を採用するかは，どちらの研究の内容にふさわしいかを吟味することと，また同種の試験の報告を参考にすることを強調している
6）中村（1986）も検定が片側検定になるか両側検定になるかは，検定目的・内容から決まるものであって，統計を前提にしてはならないと述べている
7）石居（1975）は，両者の差が正か負のどちらかの片側だけを考えればよいのか，あるいは正負の両側ともに考慮しておかなくてはいけないかによって両者を使い分けすることが必要であると述べている
8）Kobayashi（1997）は，毒性試験の場合，片側検定を推奨している

　統計学的有意差は，両側または片側検定の選択によって評価が変化する．公表文献は，片側検定の使用例が少ない．しかし，米国 NTP テクニカルレポート /NIHs の既存化学物質の短期および長期の発がん性試験データベースでは，傾向検定を含めて全て片側検定を使用している．（※下図の出典は不明です．作者に対して申し訳ありません）

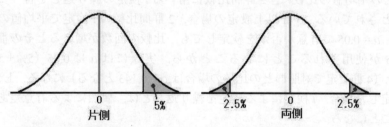

片側検定：対照群に対してどちらか一方を期待する場合は，一方の増または減で 5% 水準を設定．
両側検定：対照群に対して増減両者を期待の場合は，増で 2.5%，減で 2.5% を設定，あわせて 5% 水準を設定．

化審法の 28 日間反復投与毒性試験による既存化学物質 122 の報告書に記載されている統計解析法について調査し分類した（Kobayashi *et al.*, 2008）.

体重，臨床検査値および器官重量などの定量値に対する有意水準（棄却限界値）を片側または両側かどちらによって有意差を検出したか，その結果を**表 2-3** 示した．

表 2-3．有意水準を片側検定・両側検定の表示試験数（定量値）

仮説			合計
片側検定	両側検定	表示なし	
22	13	87	122

両側検定に比較して片側検定の表示が多かった．また表示なしの試験数が 87 と大半を占めた．

尿検査値および病理学的所見などの定性値に対する有意水準（棄却限界値）を片側または両側かどちらによって有意差を検出したか，その結果を**表 2-4** に示した．

表 2-4．有意水準を片側検定・両側検定の表示試験数（定性値）

仮説			合計
片側検定	両側検定	表示なし	
34	22	70	126

もっとも多い記載は，表示なし，片側検定および両側検定の順であった．定量値および定性値に使用した「表示なし」は，両側検定と推測する．

両側検定を使用している毒性試験（U.S. EPA, 2004）を紹介する．28 日反復投与毒性試験で検定法は Dunnett および Wilcoxon の検定である．

10．第 1 種の過誤

帰無仮説が正しい（差がない）にも関わらず，誤って帰無仮説を棄却（差があると判断）する過ちを，第 1 種の過誤とよぶ．以下に一つの例（**表 2-5**）を用いて説明する．

3 群以上の平均値の比較に，2 群間比較に用いる t 検定の繰り返しを行うことは，問題であるとされている．3 群以上設定の場合，2 群間比較の t 検定で平均値の比較を繰り返すと，$α = 0.05$ で有意か否かを検定しても，比較の回数が増えるとその都度の比較に $α = 0.05$ が使用されることになることから，実際には $α$ は 0.05（5％＋5％＋5％＝15％）以上（4 群設定で対照群との比較の場合は $α = 0.143$ となる）になる．したがって，多群を設定した場合，t 検定による検定を繰り返ことは，偶然による有意差ありの確率を増やすことになる．

4 群設定（A, B, C, D）の場合，t 検定で解析すると実質有意水準は，次の式で説明できる．$1 - (1 - 0.05)^3 = 1 - (0.95)^3 = 1 - 0.857 = 0.143$ となる．3 群以上の設定で t 検定を用いて解析している論文（Ogbonnia *et al.*, 2010, Abatan *et al.*, 2006, Hirano *et al.*, 1991, Bellringer, 1995, Maita *et al.*, 1981, Manna *et al.*, 2004, and Oduola *et al.*, 2007）を紹介する．

表 2-5. B6C3F₁ 雌マウスを用いた 13 週間毒性試験の肝重量 (g)

試験群	標本数	平均値±標準偏差	Tukey-Kramer's 多重範囲検定			t 検定の繰り返し		
			A	B	C	A	B	C
A	10	1.083 ± 0.057	−	−	−	−	−	−
B	10	1.098 ± 0.077	NS	−	−	NS	−	−
C	10	1.154 ± 0.050	NS	NS	−	*	NS	−
D	10	1.273 ± 0.062	*	*	*	*	*	*

NS: not significant, *$P<0.05$.

　全ての対の比較に用いる Tukey-Kramer 多重範囲検定法を用いた場合，有意差（*）が認められるのに対して 2 群間検定の t 検定では 4 群間に認められる．試験群 A（1.083）と C（1.154）の小さい差の 6.5% は，第 1 種の過誤となる．

　最近の過誤の概念から興味ある知見を述べている論文（西，2004）を紹介する．著者は，生物統計を長年担当してきた結果，西の意見に賛成したい．従来の過誤については，Neyman と Pearson らが提唱している理論を下記に示す．この理論が現在までの定説である．

Neyman と Pearson らの理論
正しい仮説を棄却する過ち………第 1 種の過誤
間違った仮説を採択する過ち……第 2 種の過誤

　仮説を棄却したり採択したりする決定を行う際に 2 種類の過誤があることを彼らは提唱している．各解析法ではこの 2 種の過誤を小さくするように数学的に工夫をして説明できるようにしている．西は，
「過誤の概念は非現実的である．根本的な問題は，我々が真実を知らないことである．現実の臨床試験では，我々は実験から学び，真実を知りたいと願うのであって，真実がすでに知られており，我々の観察を判断するのに利用できる，というようなものではない．現在利用できる情報だけに基づく決定は，それ以上の情報が利用できるときには間違っていたとわかることもあり得る．それ以上の情報が得られないとき，決定を行ったもとになる情報でその決定の評価を行うことは理論的に不可能である．一つの試験では，試験差そのものから得られる情報が，利用できる唯一の情報である．利用できる情報の調査と競合する利害の注意深いバランスを考慮した後でのみ，仮説の棄却や採択の判断が行われる．その後の試験の情報が利用できるようになるまでは，現在の判断が正しいか誤りかを判断する情報は存在しない．したがって，一つの試験にとっては，過誤の考え方はまったく意味を持たない」
と和訳して述べている．

　小さな差でも標本数が多くなると統計学的有意差が検出される．これを第 1 種の過誤という．

11. 検定結果をどう理解すべきか

統計学的有意差と生物学，医学，病理学，毒性学および公衆衛生学的（分野によってここの項は変わる）有意差の両者が一致すれば，算出された群間差は，自信をもって世に問うことができる．試験および調査結果から得られる統計学的結果と生物学的結果の組み合わせによって表2-6のごとく結論できる．

表2-6. 生物学的有意差と統計学有意差と解釈

生物学的有意差	統計学的結果	解釈
意味がある	有意である	得られた知見すなわち「意味がある」を採用する
意味がある	有意でない	得られた知見すなわち「意味がある」を採用する*
意味がない	有意である	得られた知見は捨てる
意味がない	有意でない	得られた知見は捨てる

*標本数を増やして再度検定を実施するという見解もあるが，審査側は，生物学的有意・毒性学的有意差によってNOAELを判断する．以前，短期28日間反復投与毒性試験において，試験責任者は，NOELの設定に統計学的有意差を優先していた．

12. 著者の意見

以上のように統計処理はあくまで試験・調査を実施した責任者が群間差を把握するための一つの指標である．決して統計処理の結果を生物学有意差に優先してはいけない．また標準偏差と標準誤差の意味を把握し，適切に使い分けをしてほしい．加えて有意水準は，片側検定の5%を設定したい．

◎引用文献および資料

・石居　進（1975）：生物統計学入門 ── 具体例による解説と演習 ──．pp.68，培風館，東京．
・佐久間昭（1977）：薬効評価 I．p.56，東京大学出版会，東京．
・中村義作（1986）：よくわかる実践統計．pp.106-107，海鳴社，東京．
・西　次男（訳）（2004）：臨床試験のための統計的方法．pp.194-195，サイエンティスト社，東京．
・吉田　実（1980）：畜産を中心とする実験計画法．pp.53-54，養賢堂，東京．
・吉村　功（1987）：毒性・薬効データの統計解析．サイエンティスト社，東京．
・吉村　功，大橋靖雄（1992）：毒性試験データの統計解析．地人書館，東京．
・山崎　実，野口雄次，丹田　勝，新谷　茂（1981）：ラット一般毒性試験における統計手法の検討（対照群との多重比較のためのアルゴリズム）．武田研究所報，**40**，No. 3/4，163-187．
・Abatan, M.O., Lateef, I., and Taiwo, V.O. (2006): Toxic effects of non-Steroidal antinflammatory agents in rats. *African Journal of Biomedical Research*, **9**, 219-223.
・Ambali, S., Akanbi, D., Igbokwe, N., Shittu, M., Kawu, M., and Ayo, J. (2007): Evaluation of subchronic chlorpyrifos poisoning on hematological and serum biochemical changes in mice and protective of vitamin C.J. *Toxicol. Sci.*, **32**, 111-120.
・Bellringer, M.E., Smith, T.G., Read, R., Gopinath, C., and Olivier, Ph. (1995): β-Cyclodextrin: 52-week toxicity studies in the rat and dog. *Fd Chem. Toxic.*, **33**(5), 367-376.
・Dunnett, C.W. (1964): New tables for multiple comparisons with a control. *Biometrics*, September 482-491.
・Dunnett, C.W. (1955): A multiple comparison procedure for comparing several treatments with a control. *J Am Stat Assoc*, **50**, 1096-1121.
・FDA (2001): Guidance for industry. Statistical aspects of the design, analysis, and interpretation of chronic ro-

dent carcinogenicity studies of pharmaceuticals. U.S. Department of Health and Human Services, Food and Drug Administration, Center for Drug Evaluation and Research (CDER).
- Finney, D.J. (1995): Thoughts suggested by a recent paper: Questions on non-parametric analysis of quantitative data (letter to editor). *J. Toxicol. Sci.*, **20**(2), 165-170.
- Gad, S. and Weil, C.W. (1986): Statistics and experimental design for toxicologists. pp.283-282, The Telford Press Inc., New Jersey, U.S.A.
- Gloria D.J., Price, C.J., Marr, M.C., Myers, C.B., and George, J.D. (2006): Developmental toxicity evaluation of berberine in rats and mice. *Birth Defects Research* (Part B), **77**, 195-206.
- Hashida, T., Kotake, Y., and Ohta, S. (2011): Protein disulfide isomerase knockdown-induced cell death is cell-line-dependent and involves apoptosis in MCF-7 cells. *J. Toxicol. Sci.*, **36**, 1-7.
- Hayashi, T., Yada, H., Auletta, C.S., Daly, I.W., Knezevich, A., L., and Cockrell, B.Y. (1994): A six-month interperitoneal repeated dose toxicity study of tazobactam/piperacillin and tazobactam in rats. *J. Toxicol. Sci.*, **19**, Suppl. II, 155-176.
- Hirano, T., Ueda, H., Kawahara, A., and Fujimoto, S (1991): Cadmium toxicity on cultured neonatal rat hepatocytes. Biochemical and ultrastructural analyses. *Histol Histopath*, **6**, 127-133.
- Hollander, M. and Wolf, D.A. (1973): Non-parametric statistical methods. pp.124-129. John Wiley, New York.
- Ishii, S., Ube, M., Okada, M., Adachi, T., Sugimoto, J., Inoue, Y., Uno, Y., and Mutai, M. (2009): Collaborative work on evaluation of ovarian toxicity (17). *J. Toxicol. Sci.*, **34**, SP175-SP188.
- Jasuja, N.D., Sharma, P., and Joshi, S.C. (2013): A comprehensive effect of acephate on cauda epididymis and accessory sex organs of male rats. *African Journal of Pharmacy and Pharmacology*, **7**(23), 1560-1567.
- Katsutani, N, Sagami, F., Tirone, P., Morisetti, A., Bussi, S., and Mandella, R.C. (1999): General toxicity study of gadobenate dimeglumine formulation (E7155) (4). *J. Toxicol. Sci.*, **24**, Suppl. I, 41-60.
- Kim, D., Cha, S-H., Sato, E., Niwano, Y., Kohno, M., Jiang, Z., Yamasaki, Y., Natsuyama, Y., Yamaguchi, K., and Oda, T. (2010): Evaluation of the potential biological toxicities of aqueous extracts from red tide phytoplankton cultures in in vitro and in vivo systems. *J. Toxicol. Sci.*, **35**(4), 591-599.
- Kimura, K., Tabo, M., Mizoguchi, K., Kato, A., Suzuki, M., Itoh, Z., Omura, A., and Takanashi, H. (2007): Hemodynamic and electrophysiological effects of mitemcinal (GM-611). A novel prokinetic agent derived from erythromycin in a halothane-anesthetized canine model. *J. Toxicol. Sci.*, **32**(3), 231-239.
- Kobayashi, K. (1997): A comparison of one- and two-sided tests for judging significant differences in quantitative data obtained in toxicological bioassay of laboratory animals, *Journal of Occupational Health*, **39**, 29-35.
- Kobayashi, K., Kanamori, M., Ohori, K., and Takeuchi, H. (2000): A new decision tree method for statistical analysis of quantitative data obtained in toxicity studies on rodent. *San Ei Shi*, **42**, 125-129.
- Kobayashi, K., Pillai, K.S., Sakuratani, Y., Abe, T., Kamata, E., and Hayashi, M. (2008): Evaluation and assessment of statistical tools used in short-term toxicity studies with small number of rodent, *J. Toxicol. Sci.*, **33**(1), 97-104.
- Kobayashi, K. (2011): "Letter to the Editor". *J. Toxicol. Sci.*, **36**(3), 393-394.
- Kornegay, E.T., Clawson, A.J., Smith, F.H., and Barrick, E.R. (1961): Influence of protein source on toxicity of gossypol in swine ration. *J Anim Sci.*, **20**, 597-602.
- Kudo, S., Tanase, H., Yamasaki, M., Nakao, M., Miyata, Y., Tsuru, K., and Imai, S. (2000): Collaborative work to evaluate toxicity on male reproductive organs by repeated dose studies in rats 23) A comparative 2- and 4-week repeated oral dose testicular toxicity study of boric acid in rats. *J. Toxicol. Sci.*, **25**, SP223-SP232.
- Levene, H. (1960): Robust tests for equality of variances. In Contributions to Probability and Statistics. (Olkin, I., Ghurye, G., Hoeffding, W., Madow, W.G., and Mann, H.B., eds.), pp.278-292, Stanford University Press, California.
- Maita, K, Hirano, M., Mitsumori, K., Takahashi, K., and Shirasu, Y. (1981): Subacute toxicity studies with zinc

sulfate in mice and rats. *J. Pesticide Sci.*, **6**, 327-336.
· Manna, S., Bhattacharyya, D., Mandal, T.K., and Das, S. (2004): Repeated dose toxicity of deltamethrin in rats. *Indian J Pharmacol*, **37**, 160-164.
· Matsumoto, K., Matsumoto, S., Yoshida, T., and Ooshima, Y. (1999): Sperm abnormalities and Histopathological changes in the testes in Crj: CD (SD) IGS rats. *J. Toxicol. Sci.*, **24**(1), 63-68.
· Miida, H., Arakawa, S., Shibata, Y., Honda, K., Kiyosawa, N., Watanabe, K., Manabe, S., Takasaki, W., and Ueno, K. (2008): Toxicokintic and toxicodynamic analysis of clofibrate based on free drug concentrations in nagase analbuminemia rats (NAR). *J. Toxicol. Sci.*, **33**(3), 349-361.
· Mochizuki, M., Shimizu, S., Kitazawa, T., Umeshita, K., Goto, K., Kamata, T., Aoki, A., and Hatayama, K. (2008): Blood coagulation-related parameter changes in Sprague-Dawley (SD) rats treated with Phenobarbital (PB) and PB plus vitamin K. *J. Toxicol. Sci.*, **33**(3), 307-314.
· Mochizuki, M., Abe, H., Wakabayashi, K., Yoshinaga, H, Okazaki, E., Saito, T., Fujita, M., Edamoto, H., and Asano, Y. (2009a): Changes in blood coagulation-related parameters in Phenobarbital-treated rabbits. *J. Toxicol. Sci.*, **34**(4), 357-362.
· Mochizuki, M., Shimizu, S., Urasoko, Y., Umeshita, K., Kamata, T., Kitazawa, T., Nakamura, D., Nishihata, Y., Ohishi, T., and Edamoto, H. (2009b): Carbon tetrachloride-induced hepatotoxicity in pregnant and lactating rats. *J. Toxicol. Sci.*, **34**(2), 175-181.
· Nichols, D.: Levene test, SPSS Inc.1994, nichols@spss.com
· Obata, S., Muto, H., Shigeno, H., Yoshida, A., Nagaya, J., Hirata, M., Furukawa, M., and Sunaga, M. (1999): A three-month repeated oral administration study of a low viscosity grade of hydroxypropyl methylcellulose in rats. *J. Toxicol. Sci.*, **24**(1), 33-43.
· Oduola, T., Adeniyi, F.A.A., Ogunyemi, E.O., Bello, I.S., Idowu, T.O., and Subair, H.G. (2007): Toxicity studies on an unripe Carica papaya aqueous extract: biochemical and haematological effects in wistar albino rats. *Journal of Medicinal Plants Research*, **1**(1), 1-4.
· OECD TG 407: OECD Guidelines for the testing of chemicals, Repeated dose 28-day oral toxicity study in rodents. Adopted: 3 October 2008, http://ntp.niehs.nih.gov/iccvam/suppdocs/feddocs/oecd/oecdtg407-2008.pdf (Accessed October 10, 2014).
· Ogbonnia, S.O, Mbaka G.O, nyika E.N, Osegbo O.M, and Igbokwe N.H. (2010): Evaluation of acute toxicity in mice and subchronic toxicity of hydroethanolic extract of Chromolaena odorata (L.) King and Robinson (Fam. Asteraceae) in rats. *Agric. Biol. J. N. Am.*, **1**(5), 859-865.
· Ohbayashi, H, Sasaki, T., Matsumoto, M., Noguchi, T., Yamazaki, K., Aiso, S., Nagano, K., Arito, H., and Yamamoto, S. (2007): Dose-and time-dependent effects of 2,3,7,8-tetrabromodibenzo-*P*-dioxin on rat liver. *J. Toxicol. Sci.*, **32**(1), 47-56.
· Peto, R, Pike, M.C., Day, N.E., Gray, R.G., Lee, P.N., Parish, S., Peto, J., Richardes, S., and Wahrendorf, J. (1980): Long-term and short-term screening assay for carcinogens: a critical appraisal, IARC Monographs, Supplement 2, International Agency for Research on Cancer, Lyon.
· Sakaki, H., Igarashi, S., Ikeda, T., Imamizo, K., Omichi, T., Kadota, M., Kawaguchi, T., Takizawa, T., Tsukamoto, O., Terai, K., Tozuka, K., Hirata, J., Handa, J., Mizuma, H., Murakami, M., Yamada, M., and Yokouchi, H. (2000): Statistical method appropriate for general toxicological studies in rats. *J. Toxicol. Sci.*, **25**, 71-98.
· SAS (1996): JMP Start Statistics, SAS Institute, U.S.A.
· Saitoh, M., Umemura, T., Kawasaki, Y., Momma, J., Matsushima, Y., Sakemi, K., Isama, K., Kitajima, S., Ogawa, Y., Hasegawa, R., Sakemi, K., Isama, K., Kitajima, S., Ogawa, Y., Hasegawa, R., Suzuki, T., Hayashi, M., Inoue, T., Ohno, Y., Sofuni, T., Kurokawa, Y., and Tsuda, M. (1999): Toxicity study of rubber antioxidant, mixture of 2-mercaptomethylbenzidazoles, by repeated oral administration to rats. *Food and chemical toxicology*, **37**, 777-787.
· Shibayama, H., Kotera, T., Shinoda, Y., Handa, T., Kajihara, T., Ueda, M., Tamura, H., Ishibashi, S., Yamashi-

ta, Y., and Ochi, S. (2009): Collaborative work on evaluation of ovarian toxicity (14). *J. Toxicol. Sci.*, **34**, SP147-SP155.
- Shirai, M., Sakurai, K., Saitoh, W., Matsuyama, T., Teranishi, M., Furukawa, T., Sanbuissho, A., and Manabe, S. (2009): Collaborative work on evaluation of ovarian toxicity (8). *J. Toxicol. Sci.*, **34**, SP91-SP99.
- Shirley, E.A. (1977): Non-parametric equivalent of Williams' test for contrasting increasing dose levels of a treatment. *Biometrics*, **33**, 386-389.
- Tsubota, K., Kushima, K., Yamauchi, K., Matsuo, S., Saegusa, T., Ito, S., Fujiwara, M., Matsumoto, M., Nakatsuji, S., Seki, J., and Oishi, Y. (2009): Collaborative work on evaluation of ovarian toxicity (12). *J. Toxicol. Sci.*, **34**, SP129-SP136.
- U.S. Environmental Protection Agency (2004): DIMETHOATE, Study Type: Repeated Dose (28-Day) Oral Toxicity Study in Rats. Work Assignment No. 1-01-38 (MRID 46288001).

MEMO

第3章 t 検定（分散を利用した検定）

1．t 検定（分散を利用した検定）の概略

　t 検定は，分散および標準偏差などの分布を用いて群間差を検定する検定で，通常は1標本および2群間の検定に用いる．

　本法は，教科書によると正規分布および等分散性仮定している手法である．しかし，この両者を解析または確認後，t 検定を実施している毒性試験は極めて少ない．最も多く使用されているのは，分散比の検定（F 検定）である．この検定は，2つの分散の大きさの比である．正規分布の検定ではない．後述の多重比較検定も同様である．

　検定の結果，有意差が認められれば群間差は，何％増減または定量値に単に差があったという表現ができる．毒性試験の分野では，2群の設定を採用しないことから t 検定の使用が激減している．t 分布表を棄却限界値として使用する検定を全て t 検定という．t 検定は3種類が用意されている．

2．1標本の t 検定

　イヌ飼育室の空調の温度調節が正常かどうか調べたい．温度を26℃に設定し，毎晩8時頃，作動後1時間経過時のデータを採取した．7日分のデータを**例題3-1**に示した．

例題3-1．イヌ飼育室の温度調節記録

測定日	1日目	2日目	3日目	4日目	5日目	6日目	7日目
測定値（℃）	26.5	26.2	26.3	25.7	26.8	25.8	26.8

データ数：7，平均値：26.3，標準誤差：0.166．

2-1．手計算による解析

$$t_{cal} = \frac{|26.3 - 26.0|}{0.166} = 1.807$$

　計算値の $tcal = 1.807$ を**数表3-1**，t 分布表［両側（2α）］の縦軸（自由度）$7-1=6$ の5％（0.05）値2.447と比較する．この場合，差があるかないか（設定温度に対する高温または低温）を吟味したいことから両側検定を用いる．$tcal$ は，2.447より小さいことから差の0.3℃は有意差なし（$P>0.05$）と判断する．

　したがって，有意水準5％で差がないという帰無仮説は棄却されず，空調の温度設定は，「間違っていない」との結論となる．

　上記の計算式に注目：検討したい差（群間）に占める標準誤差の割合を t 値として示している（**第2章**，**例題2-1**の食パンの例題を参照）．

数表 3-1. t 分布表（吉村ら，1987）

D.F.\\$2\alpha$（両側検定）	0.2	0.1	**0.05**	0.02	0.01	0.002	0.001
D.F.\\α（片側検定）	0.1	0.05	**0.025**	0.01	0.005	0.001	0.0005
5	1.476	2.015	**2.571**	3.365	4.032	5.893	6.869
6	1.440	1.943	**2.447**	3.143	3.707	5.208	5.959
7	1.415	1.895	**2.365**	2.998	3.499	4.785	5.408

2-2. SAS JMP による解析

解析結果を下記に示した．$P=0.1211$ は，$P>0.05$ なので統計学的有意差が認められなかったことになる．この場合，設定値に対して高くても低くても動物に対して影響があることから両側で解析する．片側検定の場合は，$P=0.0605$ で判断する．

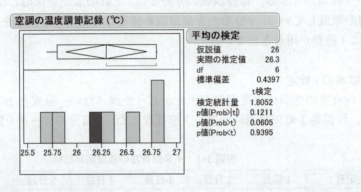

2-3. エクセル統計 2008 による解析

解析結果を下記に示した．両側および片側検定とも 5% 水準で有意差を認めなかった．SAS JMP 同様に両側で検定する．

母平均の検定：t 分布

変数	空調の温度調節記録（℃）
n	7
平均	26.300
標準偏差	0.440
比較値	26.000
差	0.300
統計量：t	1.8052
自由度	6
両側 P 値	0.1211
判定	
片側 P 値	0.0605
判定	

手計算と同様に両側および片側検定とも 5% 水準で有意差を認めなかった．

3．2 標本の t 検定

t 検定は，一般的に図 3-1 に示すように分散比の大きさおよび両群の標本数によって 3 種類が常用されている．しかし，Cochran-Cox は検出力が低いので使用を避けた方がよいとされている（医薬安全性研究会質疑応答，1995）．したがって，等分散の場合は Student，不等分散の場合は Aspin-Welch の t 検定が使用されている．平均値の差の検定である．後述の Dunnett の多重比較検定を Dunnett の t 検定とも呼ばれる．

最近の毒性試験を含めた生物・公衆衛生分野の試験・調査では 3 群以上の多群を設定することから，2 群間検定の t 検定の使用が少なくなってきた．また 2 群設定の場合，不等分散の検定を省略して Aspin-Welch の t 検定を使用している場合が多い．Student と比較しても大きな検出力の差はないといわれている．毒性試験では，通常対照群を含めて 3 群以上を設定するため t 検定が使用されていない．t 検定系を使用している論文は，Jain et al., 2007, Shimada et al., 2002, Moustafa et al., 2007, 長沢ら 2007, Al-Hasheda et al., 2009, Lalla et al., 2010, El-Kashoury et al., 2010, Park, 2010 および Manna et al., 2006 の 9 試験を紹介する．この中で 2 群のみの設定試験は，Jain et al., Shimada et al., moustafa et al. および Manna et al. の 4 試験である．残り 5 試験は，3 群以上の多群設定試験である．

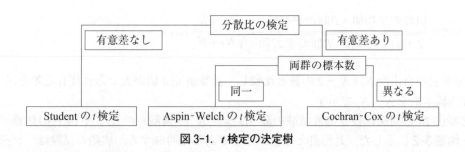

図 3-1. t 検定の決定樹

4．Student の t 検定（2 標本，対応なし）

両群の分布がほぼ同様な場合のみに実施する検定である．すなわち，両群の分散を算出し，分散比（分散の小さい群を分母に）を F 表と比較し同様の分散か否かを有意水準 5% で検定する．もし同様の分布を示した（$P>0.05$，有意差なし）ならば下記の式を用いて吟味する．Student は，W.S. Gosset（1876 – 1937）の筆名である．彼は英国のギネス麦酒会社の技師で，統計の方法を研究した．会社が論文発表（1908）を賛成しないため，筆名を使用した（統計教育推進会，1989）のである．会社は彼の死後，業績に敬意を払ったと伝えている．最近では Student の t 検定は，Aspin-Welch の検定にとって代わり使用例が減少の傾向にある．

t 検定の起源は,いくつかの説があるがゴセットのペンネームの「Student」に「t」が二つあることに由来するようである.詳しくは,http：//mat.isc.chubu.ac.jp/fpr/fpr1997/0191.html (Accessed October 10, 2014) を参照のこと.

両群の分散がほぼ同様な場合

$$tcal = \frac{|A群の平均値 - B群の平均値|}{\sqrt{A群の平方和 + B群の平方和}} \times \sqrt{\frac{N_1 \times N_2}{N_1 + N_2}(N_1 + N_2 - 2)}$$

t 分布表の自由度 $N_1 + N_2 - 2$ の値と比較し,計算値 $tcal$ 値が大であれば有意差を示す.各群内標本数を N_1, N_2 で示す.

化審法 28 日間反復投与毒性試験の雌 SD ラット (7 週齢) の投与後 14 日の体重データを**例題 3-2** に示した.対照群と用量群に差があるか吟味する.実際の試験は,対照群を含めて 4 群の試験である.

例題 3-2. 雌 SD ラットの投与後 14 日目の体重 (g)

算出値	対照群	用量群
個体値	170	160
	168	154
	170	162
	169	160
	179	151
	162	159
	172	148
	169	159
	169	150
	179	162
平均値 ± 標準偏差	170.7 ± 5.1	156.5 ± 5.3
標本数	10	10

4-1. 手計算による解析

算出数値	対照群	用量群
平均値	170.7	156.5
分散	25.8	27.6
平方和	232.1	248.5
標本数	10	10

4-2. エクセル統計 2008 による解析

2群の母平均の差の検定：対応のない場合

変数	対照群	用量群	差
n	10	10	
平均	170.700	156.500	14.200
不偏分散	25.789	27.611	
標本標準偏差	5.078	5.255	0.176

分散比の検定

4-3. 手計算による解析

$$F_9^9 = \frac{27.6}{25.8} = 1.07 \quad \text{（分散の小さい数値を分母に設定）}$$

5%のF分布表（**数表3-2**）の$N_1=9$，$N_2=9$の交点は3.17．したがって，計算値の分散比1.07は3.17より小さい．すなわち，5%水準より大きい確率（$P>0.05$）になるので両群の分布に差がなくきわめて同様の分布をしていることになる．したがって，Studentのt検定に進む．

数表3-2. F分布のパーセント点（**5% 水準点，$\alpha=5\%$**）（吉村ら，1987）

N_2/N_1	1	2	3	4	5	6	7	8	9	10	12	14	16	18	20	30
7	5.59	4.73	4.34	4.12	3.97	3.86	3.78	3.72	3.67	3.63	3.57	3.52	3.49	3.46	3.44	3.37
8	5.31	4.45	4.06	3.83	3.68	3.58	3.50	3.43	3.38	3.34	3.28	3.23	3.20	3.17	3.15	3.07
9	5.11	4.25	3.96	3.63	3.48	3.37	3.29	3.22	3.17	3.13	3.07	3.02	2.98	2.96	2.93	2.86
10	4.96	4.10	3.70	3.47	3.32	3.21	3.13	3.07	3.02	2.97	2.91	2.86	2.82	2.79	2.77	2.69
11	4.84	3.98	3.58	3.35	3.20	3.09	3.01	2.94	2.89	2.85	2.78	2.73	2.70	2.67	2.64	2.57

N_1＝分子の標本数マイナス1，N_2＝分母の標本数マイナス1．

4-4. エクセル統計 2008 による解析

等分散性の検定

統計量：F	1.0707
自由度 1	9
自由度 2	9
P 値	0.9207

F 分布の F は，R.A. Fisher に由来している．

4-5. 手計算による解析

$$tcal = \frac{|170.7 - 156.5|}{\sqrt{232.1 + 248.5}} \times \sqrt{\frac{10 \times 10}{10 + 10}(10 + 10 - 2)} = 6.145$$

計算値の $tcal = 6.14$ を**数表 3-3**，t 分布表［片側（α）＝0.05］の縦軸 $10 + 10 - 2 = 18$ の 1.73 と比較する．$tcal$ は 1.73 より大きいことからこの 2 群間の差は，5% 水準で有意差を認めたことになる．厳密にいえば 0.1% 水準の 2.61 よりも大きいことから 0.1% 水準でも有意差が認められたことになる．この場合，体重は，対照群に比較して用量群が小さいことを期待していることから片側検定を採用した．毒性試験の例では，2 群設定で Student の t 検定を使用している例を Nematbakhsh *et al.*, 2013 が発表している．

数表 3-3．t 分布のパーセント点（吉村ら，1987）

有意水準点 2α	0.20	0.10	0.05	0.02	0.01	0.002	0.001
有意水準点 α	0.10	**0.05**	0.025	0.01	0.005	**0.001**	0.0005
自由度 16	1.337	1.746	2.120	2.583	2.921	3.686	4.015
自由度 17	1.333	1.740	2.110	2.567	2.898	3.646	3.965
自由度 18	1.330	**1.734**	2.101	2.552	2.878	**2.610**	3.922
自由度 19	1.328	1.729	2.093	2.539	2.861	3.579	3.883
自由度 20	1.325	1.725	2.086	2.528	2.845	3.552	3.850

α：片側検定，2α：両側検定．

4-6. SAS JMP による解析

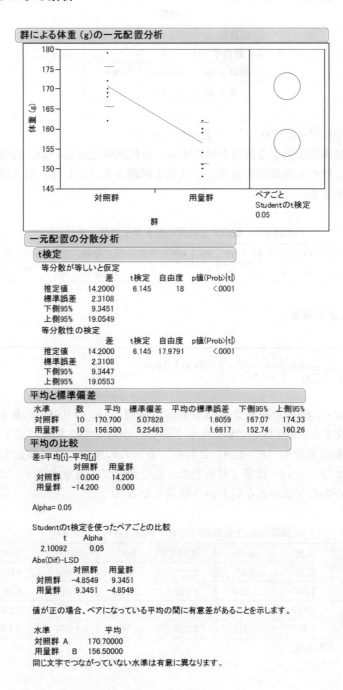

SAS JMP と手計算による値は同じく 6.145（絶対値）を示した．SAS JMP は，図中の円が離れている場合，統計学的有意差を示す．ここでは有意水準値を 0.05 に設定した．

4-7. エクセル統計 2008 による解析

t 検定

統計量：t	6.1449	
自由度	18	
両側 P 値	0.0000	**
片側 P 値	0.0000	**

手計算と同様に $P = 0.0000$ (**) を表示している.

次に両群内標本数が異なる例題を解析する. 毒性試験ではないが, 最近の学生の起床から家を出るまでの支度時間を調査した結果を例題 3-3 に示した. 男女間の支度時間に差があるか吟味する.

例題 3-3. 朝の支度時間の男女学生別データ（分）

男子	45	30	75	45	60	70	60	平均：55, 分散：250	平方和：1500
女子	60	90	45	70	80			平均：69, 分散：305	平方和：1220

4-8. 手計算による解析

$$tcal \frac{|55-69|}{\sqrt{1500+1220}} \times \sqrt{\frac{7 \times 5}{7+5}(7+5-2)} = 1.4496$$

計算値の $tcal = 1.4496$ を数表 3-4, t 分布表（両側（2α）= 0.05）の縦軸 $7+5-2=10$ の 2.228 と比較する. $tcal$ は 2.228 より小さいことからこの 2 群間（男子および女子学生間）の差は有意差なし（$P > 0.05$）と判断する. この場合, 片側検定も考えられるが一応両者に差がないという設定で解析した. したがって, 有意水準 5% で男女間に朝の支度時間に差があるとはいえないという結論となる.

数表 3-4. t 分布のパーセント点（吉村ら, 1987）

有意水準点 2α	0.20	0.10	**0.05**	0.02	0.01	0.002	0.001
有意水準点 α	0.10	0.05	0.025	0.01	0.005	0.001	0.0005
自由度 8	1.397	1.860	2.306	2.896	3.355	4.297	4.781
自由度 9	1.383	1.833	2.262	2.821	2.250	4.297	4.781
自由度 10	1.372	1.812	**2.228**	2.764	3.169	4.144	4.587

α：片側検定, 2α：両側検定.

4-9. SAS JMP による解析

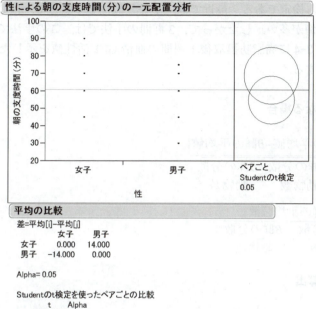

右の二つの円が重なっている場合は，統計学的有意差が認められない（$P>0.05$）．

4-10. エクセル統計 2008 による解析

2 群の母平均の差の検定：対応のない場合

変数	女子	男子	差
n	5	7	
平均	69.000	55.000	14.000
不偏分散	305.000	250.000	
標本標準偏差	17.464	15.811	1.653

等分散性の検定	
統計量：F	1.2200
自由度1	4
自由度2	6
P 値	0.7868

t 検定	
統計量：t	1.4497
自由度	10
両側 P 値	0.1778
片側 P 値	0.0889

等分散の検定結果，有意差は認められない（$P=0.7868$）ことから t 検定の結果（$P=0.1778$）を使用する．t 検定の両側および片側検定とも 5% 水準で有意差は認められなかった．

5．Aspin-Welch の t 検定（2 標本，対応なし）

両群の分布が異なるが，標本数が同一（最近では異なっていても実施する場合が多い）の場合に実施する検定である．最近では，不等分散性を考慮して，はじめからこの手法を応用している例が多い．したがって，2 群間の手法では，この手法で分析するのが最良である．例題 3-4 に高脂肪摂取後 1 週間の血清 GPT 活性値を示した．GPT 活性値に差があるか検定する．

両群の分散が異なる場合

$$tcal = \frac{|A群の平均値 - B群の平均値|}{\sqrt{\dfrac{A群の分散}{動物数} + \dfrac{B群の分散}{動物数}}}$$

$$C = \frac{A群の平均分散}{\dfrac{A群の分散}{動物数} + \dfrac{B群の分散}{動物数}}$$

自由度（N）の算出

$$N = \frac{1}{\dfrac{C^2}{A群の標本数 - 1} + \dfrac{(1-C)^2}{B群の標本数 - 1}}$$

分散比が異なることから各群の標本数 10 の場合，自由度を $2N-2$ より小さく設定し，厳しく有意差を検定する．

N を自由度として t 分布表の値と計算値の $tcal$ 値を比較し，$tcal$ 値が大であれば有意差を示す．

例題 3-4 にラットを用いた高脂肪接種後の血清 GPT 活性値を示した．

例題 3-4．高脂肪摂取後 1 週間後の血清 GPT 活性値（IU/L）

算出値		対照群	高脂肪摂取群
個体値		30	42
		34	60
		35	26
		32	48
		36	56
		41	31
		42	30
		28	80
		71	79
		35	93
平均値 ± 標準偏差		38 ± 12	55 ± 23
標本数		10	10

表 3-1 に手計算による算出数値を用いて計算する．

表 3-1. 算出数値

算出数値	対照群	高脂肪摂取群
平均値	38	55
分散	150	548
標本数	10	10

分散比の検定
5-1. 手計算による解析

$$F_9^9 = \frac{548}{150} = 3.65 \quad (分散の小さい数値を分母に設定)$$

5% の F 分布表（数表 3-2）の $N_1 = 9$, $N_2 = 9$ の交点は 3.17, したがって，分散比 3.65 は 3.17 より大きいことから 5% 水準で両群の分布（分散比）に有意差を示したことになり，また標本数が同一のため，Aspin-Welch の t 検定に進む．

5-2. エクセル統計 2008 による解析

等分散性の検定

統計量：F	3.6497
自由度 1	9
自由度 2	9
P 値	0.0672

5-3. 手計算による解析

$$tcal = \frac{|55 - 38|}{\sqrt{\frac{548 + 150}{10}}} = 2.03 \quad C = \frac{54.8}{54.8 + 15.0} = 0.79 \quad N = \frac{1}{\frac{0.79^2}{9} + \frac{(1 - 0.79)^2}{9}} = 13.5$$

t 分布表（数表 3-5）（α）= 0.05, 自由度値 14（計算値は 13.5）の交点 1.76, この値に比べて，$tcal$ 2.03 は大きいことから，この 2 群間には，有意差あり（$P < 0.05$）と判断する．この場合，一方向の影響を期待することから片側検定を用いる．

数表 3-5. t 分布のパーセント点（吉村ら，1987）

有意水準点 2α	0.20	0.10	0.05	0.02	0.01	0.002	0.001
有意水準点 α	0.10	0.05	0.025	0.01	0.005	0.001	0.0005
自由度 14	1.345	1.761	2.145	2.624	2.977	3.787	4.140

α：片側検定，2α：両側検定．

等分散で両群の標本数が同一の場合，Aspin-Welch の検定以外に Student の t 検定で実施し，有意水準を判定の際の自由度を $N-1$ にする手法も報告（Gad et al., 1986）されている．いずれも有意差検出に大きな差はない．

5-4. エクセル統計 2008 による解析

t 検定（Welch の方法）

統計量：t	1.9275	
自由度	13.5876	
両側 P 値	0.0751	
片側 P 値	0.0376	*

片側検定で有意差を示した．自由度は，手計算値と同一であった．

6．Cochran-Cox の t 検定（2 標本，対応なし）

両群の分布および標本数が異なる場合に実施する検定である．日本では最近検出力が低いとして使用されなくなりつつあるが，諸外国では，種々の論文に常用されている．

例題 3-5 に高脂肪摂取後 1 週間後の血清 GPT 活性値を示した．GPT 活性値に差があるか検定する．

両群の分散および標本数が異なる場合

$$tcal = \frac{|A群の平均値 - B群の平均値|}{\sqrt{\dfrac{A群の分散}{動物数} + \dfrac{B群の分散}{動物数}}}$$

t 分布表から対照群および投与群の動物数を自由度としておのおのの t 値を引き出し，これをそれぞれ t_1 と t_2 とする．

$$t'cal = \frac{\dfrac{t_1 \times A群の分散}{動物数} + \dfrac{t_2 \times B群の分散}{動物数}}{\dfrac{A群の分散}{動物数} + \dfrac{B群の分散}{動物数}}$$

$tcal$ と $t'cal$ の値を比較し，$tcal$ 値が大であれば有意差を示す．

例題 3-5 に示したデータを解析する．対照群のラットは，1 匹少ない 9 匹である．

例題 3-5．高脂肪摂取後 1 週間後の血清 GPT 活性値（IU/L）

算出値	対照群	高脂肪摂取群
個体値	57	42
	45	60
	55	26
	46	48
	26	56
	33	31
	41	30
	35	80
	43	79
	−	93
平均値 ± 標準偏差	42 ± 10	55 ± 23
標本数	9	10

表 3-2 に手計算による算出数値を用いて計算する．

表 3-2．算出数値

算出数値	対照群	高脂肪摂取群
平均値	42	55
分散	101	548
標本数	9	10

分散比の検定
6-1．手計算による解析

$$F_9^9 = \frac{548}{101} = 5.43 \quad (分散の小さい数値を分母に置く)$$

5% の F 分布表（**数表 3-2**）の $N_1 = 9$，$N_2 = 8$（分散比を求めたときの分母の値を縦軸の N_2 に，分子の値を横軸の N_1 に，この交点の値を読む）の交点は 3.38，したがって，分散比 5.43 は 3.38 より大きいことから 5% 水準で両群の分布に差を示したことになり，また両群の標本数も異なるため，Cochran-Cox の t 検定に進む．

6-2. エクセル統計 2008 による解析

等分散性の検定

統計量：F	5.4353	
自由度 1	8	
自由度 2	9	
P 値	0.0259	*

6-3. 手計算による解析

$$t_{cal} = \frac{|55-42|}{\sqrt{\frac{548}{10}+\frac{101}{9}}} = 1.21$$

$$t'_{cal} = \frac{\frac{1.833 \times 548}{10}+\frac{1.860 \times 101}{9}}{\frac{548}{10}+\frac{101}{9}} = 1.83$$

$tcal < t'cal$ であり 2 群間の差は有意差なし（$P > 0.05$）と判断する．

t_1 の 1.833 と t_2 の 1.860 は t 分布表（片側）（**数表 3-4**）から自由度 9＝(10−1) と 8＝(9−1) に対応する値を代入する．

6-4. エクセル統計 2008 による解析

t 検定（Welch の方法）

統計量：t	1.4981
自由度	12.4695
両側 P 値	0.1590
片側 P 値	0.0795

エクセル統計は，Cochran-Cox の t 検定が格納していなすため Welch の検定で解析したが Cochran-Cox の t 検定と大きな違いがない．

6-5. SAS JMP による解析

SAS JMP では等分散性を前提としている．したがって，参考程度として参照すること．

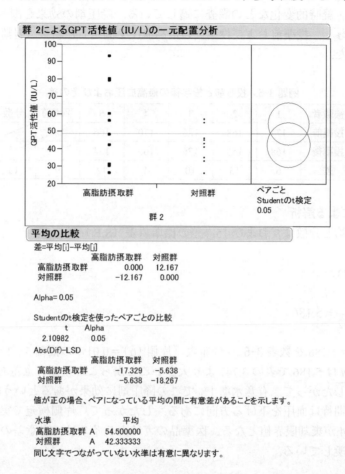

最後に t 検定を用いる場合，F 検定，Student, Aspin-Welch および Chochran-Cox の t 検定の何を使用するのか？ この問題に対して高岸（2013）は「独立2群間の平均値の比較の際に生じる多重性の問題について」と題して，「現状では，サンプル数を極力揃えてステューデント法を用いる，というのが最良の方法のようである」と述べている．

7. 対応のある t 検定

同一サンプルを用いて使用前・使用後の差の検定である．ダイエット食品の効果の証明や社会動向・経時的変化などの調査に適している．降圧剤の効果を調べるため，5人の被験者に投与し，投薬前および投薬後の最高血圧を測定した結果（岩崎，2000）を**例題 3-6** に示した．

例題 3-6. 投与前と投与後の最高血圧およびその差

被験者	1	2	3	4	5	平均値	分散
投薬前	174	168	186	170	166		
投薬後	168	155	176	166	154		
差	6	13	10	4	12	9	15

7-1. 手計算による解析

差の標本平均と分散は 9 および 15，差の標準誤差（S.E.）は，

$$\sqrt{\frac{15}{5}} = 1.732$$

$$t_{cal} = \frac{9}{1.732} = 5.186$$

計算値 $t_{cal} = 5.186$ を**数表 3-6**，t 分布表（片側（α）= 0.01）の縦軸 5－1＝4 の 3.747 と比較する．t_{cal} は 5.186 で表の 3.747 より大きいことからこの差は有意差あり（$P < 0.01$）と判断する．したがって，有意水準 1% でこの降圧剤に効果があるという結論となる．

この場合の期待は血圧を下げる方向にある．したがって，片側検定で実施する．両側検定では 4.604 が棄却限界値となる．医薬品のガイドラインは，有意差の検出しにくい両側検定を推奨している．

数表 3-6. t 分布のパーセント点（吉村ら，1987）

有意水準点 2α：	0.20	0.10	0.05	0.02	0.01	0.002	0.001
有意水準点 α：	0.10	0.05	0.025	**0.01**	0.005	0.001	0.0005
自由度 4	1.533	2.132	2.776	**3.747**	4.604	7.173	8.610

α：片側検定，2α：両側検定．

t 検定の注意

2 群間のみの 1 回の比較で 5% 水準を維持している．したがって，多群を設定し対照群に対していくつかの群間の比較（輪切り）は，第 1 種の過誤を招くことから多重比較検定で検定する．

7-2. SAS JMP による解析

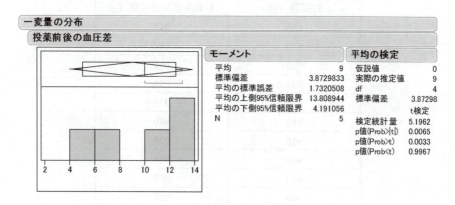

片側検定の結果，$P = 0.0033$ で統計学的有意差が認められた．手計算と同一であった．入力値は差を入力する．前述の食パンの重量の解析と同一である．

7-3. エクセル統計 2008 による解析

2群の母平均の差の検定：対応のある場合

変　数	投与前	投与後	差
サンプル対	5		
平　均	172.800	163.800	9.000
不偏分散	63.200	86.200	
標本標準偏差	7.950	9.284	

t 検定

統計量：t	5.1962	
自由度	4	
両側 P 値	0.0065	**
片側 P 値	0.0033	**

手計算および SAS JMP とも同一な結果が得られた．入力は，投薬前・投薬後の二つの数値を入力する．

8．対応がなく差の特定仮説に対する適合検定

ある製薬会社の A ホルモン剤は，ブロイラーに混餌投与すると 70 日齢で鶏の体重が 80g 増加するとパンフレットに記載されていた．今各群 10 羽ずつ用いて確認試験を実施した．例題と計算に必要な値を**例題 3-7** に示した．この結果は，宣伝どおりと見なすか？（柴田，1970）実際の試験結果の差は 53g であった．ブロイラーは，米国の生体重による区分で次にフライヤーとロースターがつづく．

例題 3-7. ブロイラーに対する A ホルモン剤の効果

対照群（g）	A ホルモン投与群（g）
885	940
870	980
920	950
880	955
915	975
840	940
935	920
905	985
910	895
860	910
合　計　＝8920	合　計　＝9450
平均値　＝892	平均値　＝945
分　散　＝895.55	分　散　＝916.66
平均分散＝89.55	平均分散＝91.66

8-1. 手計算による解析
分散比の検定

$$F_9^9 = \frac{916.6}{895.5} = 1.02$$

となりこれに対応する確率は，$P>0.2$ となり，きわめて同一な分散を示している．
　次に t 検定に進む．仮説は A ホルモン投与群の平均値－対照群の平均値＝80g というのが仮説である．

$$t_{(20-2)} = \frac{|945-892-80|}{\sqrt{91.66+89.55}} = \frac{27}{13.46} = 2.01$$

　91.66 と 89.55 は各群の分散を動物数で割った値（平均分散）を示す．D.F.＝18 の t 値は，**数表 3-3** から両側検定で 2.01 に対応する確率が，$0.05-0.1$（$P>0.05$）の間にありこの仮説を捨てることができない．したがって，宣伝どおりの効果があったと結論する．

9．著者の意見
　2 群設定の試験では，等分散性および動物数を考慮して最近は，Aspin-Welch の t 検定が比較的多く使用されている．t 検定は，3 群以上設定に用いる多重比較・範囲検定のように等分散性および正規性によってノンパラメトリック検定（順位和検定）の選択に困惑する場面がない．この理由は，分散比に統計学的有意差によって不等分散が認められた場合に Aspin-Welch の t 検定が用意されているからである．
　著者は，3 群以上の設定の場合，t 検定の応用が最良と思っている．この場合，「第一種の過誤があることから使用してはならない」と一般的にいわれている．

毒性試験は，無影響量と中毒量を設定することから，特に高用量群は，対照群および低用量群に対して動物数の減少および分布の大小が認められるように用量を設定している．したがって，動物数および分布の変化は少なくない．このように動物数および分布の変化が高用量群に認められる場合，多重性を考慮すればこの影響・変化が解析全体（全平方和）の要因に入り込み検出力が低下する．いわゆる「輪切り・繰り返しの検定」の t 検定の応用は，この要因が排除される．

◎引用論文および資料
- 統計教育推進会（1989）：統計小辞典．p.134，日本評論社，東京．
- 岩崎　学（2000）：成蹊大学工学部岩崎研究室 HP．
- 柴田寛三（1970）：生物統計学講義．東京農業大学．
- 長沢峰子，福井理恵，木澤和夫，鬼頭暢子，早川大善，三善隆宏，藤堂洋三（2007）：Garenoxacin のラットにおける反復投与毒性試験．日本化学療法学会誌，**55**，S-1，34-41．
- 高岸聖彦（2013）：2 標本 t 検定と多重性の問：独立 2 群間の平均値の比較の際に生じる多重性の問題について．北里大学獣医学部，2013 年 2 月 22 日．http://www2.vmas.kitasato-u.ac.jp/lecture0/statistics/stat_info03.pdf (Accessed September 17, 2014).
- 吉村功ら（1987）：毒性・薬効データの統計解析．サイエンティスト社，東京．
- Al-Hashem, F., Dallak, M., Bashir, N., Abbas, M., Elessa, R., Khalil, M., and Al-Khateeb, M. (2009); Camel's milk protects against cadmium chloride induced toxicity in white albino rats. *American Journal of Pharmacology and Toxicology*, **4**(3), 107-117.
- El-Kashoury, A.A., Salama, A., Selim, A.I., and Mohamed, R.A. (2010): Chronic exposure of dicofol promotes reproductive. *Life Science Journal*, **7**(3), 5-19.
- Gad, Shayne and Weil, S. Carrol (1986): Statistics and experimental design for toxicologists. pp.18, The Telford press, New Jersey, U.S.A.
- Jain, G.C., Pareek, H., Sharma, S., Bhardwaj, M., and Khajja, B.S. (2007): Reproductive toxicity of vanadyl sulphate in male rats. *Journal of Health Science*, **53**(1), 137-141.
- Lalla, J.K., Shah, M.U, and Edward F III Group (2010); Preclinical Animal Toxicity Studies: Repeated dose 28-day subacute oral toxicity study of oxy powder in rats. *International Journal of Pharma and Bio Science*, **1**(2), No page numbers, total volume of 33 pages.
- Manna, S., Bhattacharyya, D., Mandal, T.K., and Das, S. (2006): Sub-chronic toxicity study of Alfa-cypermethrin in rats. *Iranian Journal of Pharmacology & Therapeutics*, **5**(2), 163-166.
- Moustafa, G.G., Ibrahim, Z.S., Hashimoto, Y., Alkelch, A.M., Sakamoto, K., Ishizuka, M, and Fujita, S. (2007): Testicular toxicity of profenofos in matured male rats. *Archives of toxicity*, **81**(12), 875-881.
- Nematbakhsh, M., Ebrahimian, S., Tooyserkani, M., Eshraghi-Jazi, F., Talebi, A., and Ashrafi, F. (2013): Gender difference in cisplatin-induced nephrotoxicity in a rat model: Greater intensity of damage in male than female. *Gender and Cisplatin-Induced Nephrotoxicity*, **5**(3), 818-821.
- Park, E-J., Kim, H., Kim, Y., and Choi, K. (2010): Repeated-dose toxicity attributed to aluminum nanoparticles following 28-day oral administration, particularly on gene expression in mouse brain. *Toxicological & Environmental Chemistry*, **93**(1), 120-133.
- Shimada, H., Nagano, M., Yasutake, A., and Imamura, Y. (2002): Wistar-Imamichi rats exhibit a strong resistance to cadmium toxicity. *Journal of Health Science*, **48**(2), 201-203.

MEMO

第4章　正規性の検定

1．正規性の検定の概略

　分散を利用する検定，t検定，分散分析および各種多重比較・範囲検定などは，正規分布が前提となる．同時に群間の分散の一様性も要求される．しかし，一般的に等分散性の検定は利用されているが，正規分布の検定を実施した後の多重比較検定などの例はきわめて少ない（野村，2002）．おそらく等分散性を確認すれば正規性をカバーできるということで正規性の検定を省略していると考えられる．正規性の検定法は，あまり使用していないためかその手法が知られていない．正規性を検定するためには，いくつかの手法（武藤，2000）が紹介されている．どの検定を使用するかによって統計学的有意差の判断が異なる．この検定は，日本の毒性試験の分野では使用されていない．この理由は，下記に示したいくつかの手法があるが，手法によって検出力が異なるからである．

　下記にいくつかの解析法を示した．
1）Kolmogorov-Smirnov 検定
2）Lilliefors 検定
3）Shapiro-Wilk の W 検定
4）カイ分布を用いる適合度検定
5）歪度および尖度
6）肉眼的または経験的判断（NTP，1997）

　生物を用いた論文では，Shapiro-Wilk の W 検定の応用が多い．また統計ソフトは，複数の正規分布のソフトが内蔵されていない場合が多い．以下に Shapiro-Wilk の W 検定を中心に解析法を示し，他の解析法と比較し，正規分布の検定法の特性について解説する．

　SAS JMP では，「N が 2000 より大きい場合に Kolmogorov-Smirnov 検定および Lilliefors 検定を使用する．また N が 2000 以下の場合は，Shapiro-Wilk の W 検定を使用する」と説明している．

2．Kolmogorov-Smirnov 検定

　エクセル統計 2008 には Kolmogorov-Smirnov 検定および歪度と尖度による検定が使用できる．**例題 4-1** に示したラットの増体重を解析する．いずれも有意差は，認められず正規性を示している．両者とも手計算は割愛する．エクセル統計 2008 および STATISTICA は同様な結果（有意差なし＝正規性を認める）を得た．Aldona *et al.*, 2005 は，本法を用いて SD ラットに対する顆粒球コロニー刺激因子の安全性を検索している．この論文の詳細は，正規性の解析に Kolmogorov-Smirnov 検定および Shapiro-Wilk の W 検定，加えて等分散性の解析に Levene の検定（Levene, 1960）を使用している．

例題 4-1. 雄若齢 F344 ラットの増体重

調査項目	動物番号									
	1001	1002	1003	1004	1005	1006	1007	1008	1009	1010
増体重（g）	71	86	92	95	100	102	105	108	118	123
観察度数	1		2			4				1

2-1. エクセル統計 2008 による解析

コルモゴロフ・スミルノフ検定

統計量	自由度	P 値
0.1000	10	1.6970

歪度と尖度による検定

カイ二乗値	自由度	P 値
0.8662	2	0.6485

2-2. 統計ソフト STATISTICA による解析

Kolmogorov-Smirnov 検定	$D = 0.1000, P > 0.20$
リリフォース	$P > 0.20$
シャピロ＆ウイルクス	$W = 0.98157, P < 0.973$

3. Shapiro-Wilk（シャピロウィルク）の W 検定

この検定の帰無仮説は「変数は正規分布にしたがう」となる．したがって，$P \geq 0.05$ となれば，帰無仮説を保留し，正規分布であることを仮定することになる．

計算し易いように少数例を用い説明する．例題 4-1 を用いる．

3-1. 手計算による解析
Shapiro-Wilk の W 検定の計算（椿ら，2001）

平方和 = 2072

$123 - 71 = 52, 118 - 86 = 32, 108 - 92 = 16, 105 - 55 = 10, 102 - 100 = 2$

これら算出した値はいずれも分布（バラツキ）をあらわす値である．動物数が奇数の場合，残った値は使用しない．

次にこれらの値と算出した係数（**数表 4-1**）の積を算出して結合する．

この場合，動物数は，10(n) で i = 1, 2, 3, 4, 5 に対する値，0.5739, 0.3291, 0.2141, 0.1224, 0.0399 を下記の式に代入する．

$(0.5739)(52) + (0.3291)(32) + (0.2141)(16) + (0.1224)(10) + (0.0399)(2) = 45.10$

そして，統計量 W を算出する．

$$W = \frac{45.10^2}{2072} = 0.98166$$

数表4-2から0.98166は$P>0.95$（$P=0.95-0.98$, n=10）で，これらの10個の値は，非常に正規分布に近いことがわかる．算出した値の範囲は，$0<W<1$となり，正規分布の場合は1に近くなる．W値が小さいと非正規性を示す．

Shapiro-WilkのW検定を用いたF344ラットを用いた90日間混餌投与による毒性試験（Griffis *et al.*, 2010 and Risom *et al.*, 2003）を紹介する．

数表4-1． Coefficient for Shapiro-Wilk test（Conover, 1999）

i\n	2	3	4	5	6	7	8	9	**10**
1	0.7071	0.7071	0.6872	0.6646	0.6431	0.6233	0.6052	0.5885	**0.5739**
2	–	0.0000	0.1667	0.2413	0.2806	0.3031	0.3164	0.3244	**0.3291**
3	–	–	–	0.0000	0.0875	0.1401	0.1743	0.1976	**0.2141**
4	–	–	–	–	–	0.0000	0.0561	0.0947	**0.1224**
5	–	–	–	–	–	–	–	0.0000	**0.0399**

数表4-2． Quantiles of the Shapiro-Wilk test statistic

n	0.01	0.02	0.05	0.10	0.50	0.90	**0.95**	0.98	0.99
9	0.764	0.791	0.829	0.859	0.935	0.972	**0.978**	0.984	0.986
10	0.781	0.806	0.842	0.869	0.938	0.972	**0.978**	0.983	0.986
11	0.792	0.817	0.850	0.876	0.940	0.973	**0.979**	0.984	0.986
12	0.805	0.828	0.859	0.883	0.943	0.973	**0.979**	0.984	0.986

3-2． SAS JMPによる解析結果

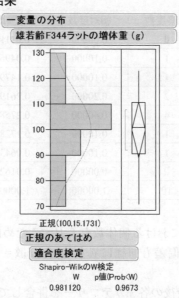

Shapiro-Wilk の W 検定の有意差表示は，計算値の W と Shapiro-Wilk の分布表の W 値との比較であることから理解が難しい．この場合，帰無仮説は「変数は正規分布にしたがう」という仮説が棄却できない．すなわち，正規分布を示している（$P>0.05$）．

3-3. 統計ソフト STATISTICA による解析

| シャピロ&ウイルクス | $W=0.98157, P<0.973$ |

エクセル統計 2008 は，Shapiro-Wilk の W 検定が内蔵されていないことから統計ソフト STATISTICA を用いて解析した結果，SAS JMP と同一な解析結果を得た．

4．歪度と尖度

Skewness：歪度（ワイド）・歪み度・ゆがみ：ひずみ度は，左右対称か否かを判定する統計量である．正規分布では，歪み度は 0 である．右に裾を引く場合は，正である．左に裾を引く場合は，負になる．スキューネスと読む．

Kurtosis：尖度（センド）・尖り度：とがり度は，正規分布の場合 0 となる．扁平の分布は負となる．カートーシスと読む（新村，2000）．

歪み度と尖り度をくわえて，絶対値 2 以上の場合，正規性は保証できない傾向にある．エクセル統計 2008 は，計算が可能である．

5．正規分布へのあてはめ（面積を計算する方法）

例題 4-1 を用いて適合検定によって解析する．解析ソフトは群馬大学の JavaScript を用いた．

5-1. JavaScript による解析

階級開始値	観察度数	相対度数	理論比	期待値
60.0000	**0**	0.00000	0.01115	0.11146
70.0000	**1**	0.10000	0.04965	0.49648
80.0000	**1**	0.10000	0.14791	1.47908
90.0000	2	0.20000	0.26191	2.61913
100.000	4	0.40000	0.27588	2.75875
110.000	**1**	0.10000	0.17286	1.72857
120.000	**1**	0.10000	0.06439	0.64390
130.000	**0**	0.00000	0.01626	0.16262
合計	10	1.00000	1.00000	10.00000

平均値＝100.5（各クラスにおける個体数を入力するため前述の 100.0 とは異なる．したがって，分散および標準偏差も同様に異なる），分散＝184.000，標準偏差＝13.5647 となる．

適合度の検定は，最初と最後の各 3 カテゴリーを併合して自由度を 1 に設定している．

第 4 章 正規性の検定

カイ二乗値 = 0.82141，自由度 = 1，有意確率 = 0.36477，有意差を認めず正規性を確認できた．したがって，この場合 Shapiro-Wilk の W 検定と同一の結果となった．
著者の解釈：自由度 = 1（カテゴリーマイナス 3 = 4 − 3 = 1）したがって，カテゴリー（区間）は 4 以上に設定すること．カテゴリー 4 とは，階級開始値 60, 70, 80 を併合して 1 階級，90 を 1 階級，100 を 1 階級および 110, 120, 130 を併合して 1 階級と数える．

面積を解析する場合で生データをクラスに分ける場合は，なるべくクラス・階級幅を多く設定すると正規性が確保される．**表 4-1** は，Crimson clover の花粉粒（μ）の直径を解析した結果（柴田，1970）である．

表 4-1. クラス（階級幅）の設定による有意差の変化

	観測値	観察個数	クラス	観測値	観察個数	クラス	観測値	観察個数	クラス
データの整理	17	−	2	15	−	4	13	0	11
	19	1		19	4		19	11	
	21	1	9	23	21	21	25	83	83
	23	9		27	71	71	31	39	39
	25	12	12	31	33	33	37	4	4
	27	31	31	35	7		43	0	
	29	40	40	39	3	10			
	31	20	20	43	0				
	33	13	13						
	35	6	6						
	37	1	4						
	39	2							
	41	1							
	43	−							
クラスの数	9			5			4		
カイ二乗値	8.197			6.983			4.093		
自由度	9 − 3 = 6			5 − 3 = 2			4 − 3 = 1		
有意水準（直接確率）	$P = 0.223$			$P = 0.030$			$P = 0.043$		
判定	正規性			非正規性			非正規性		

区間の分けの選び方は，自由度を，なるべく 5 以上 20 以下に設定する．自由度は，クラス数を k で表せば k − 3 で表される．この理由は，通常 k − 1 となるが，平均値と標準偏差を標本から推定したので自由度はさらに 2 へるから，D.F. = (k − 1) − 2 = k − 3 となる．したがって，正規性の検定は，解析者によって検出力が異なることが示唆される．
Shapiro-Wilk の W 検定は，極端に大きい数値から極端に小さい数値の差を利用していることから，分布の違いを検定していることが肌で感じられる．
Shapiro-Wilk の W 検定は，同様な分布の場合，標本数が大きくなると有意差の検出力が低下する例を**表 4-2** に示した．

6．ほぼ同一分布で標本数が異なるデータに対するShapiro-WilkのW検定の検出力

Shapiro-WilkのW検定は，標本数の違いによって検出力が異なることが示唆されることからほぼ同一の分布を設定して，標本数を異なる場合を想定してShapiro-WilkのW検定を実施した．使用したデータは，F344ラットの13週間の増体重から抜粋したデータを使用した．動物数17, 34, 51および68の平均値および標準偏差は，全て103±15となる．実際の体重データは，70, 80, 85, 90, 94, 99, 101, 102, 104, 105, 108, 111, 112, 114, 121, 125, 131gの17で，34, 51および68匹は，各々この2, 3および4倍の動物数を設定した．

表4-2．標本数の違いによるShapiro-WilkのW検定の検出力

動物数	ヒストグラム	平均値	変動係数(%)	Shapiro-WilkのW検定		Kolmogorov-Smirnov検定*	
				W値	有意水準	D値	有意水準
17		103	15.5	0.987278	0.9891 (NS)	0.156692	>0.2 (NS)
34			15.3	0.968746	0.5017 (NS)	0.129695	>0.2 (NS)
51			15.2	0.959888	0.1486 (NS)	0.120719	>0.2 (NS)
68			15.2	0.954862	0.0383 (S)	0.116236	0.1162 (NS)

*統計ソフトは，STATISTICAによる．
NS：有意差を示さない＝正規性を示す．S：有意差を示す＝正規性を示さない．

ほぼ同一な分布（ヒストグラム）の場合は標本数が小さいとW値が大きくなる．標本数が大きくなるに従って正規性の検出が低下する．

カイ分布を利用した場合は，グループ数を適当に調節できるが，Shapiro-WilkのW検定ではグループの設定ができない．したがって，大標本の場合，Shapiro-WilkのW検定は，正規性の確保が難しいことが推測される．

Shapiro-WilkのW検定に比較してKolmogorov-Smirnov検定は，検出力が低い．したがって，標本数が大きい場合は，Kolmogorov-Smirnov検定の使用を推奨する．

7．正規分布の不思議

実際の毒性試験から得られた定量データに対してShapiro-WilkのW検定による正規分布の検定を実施した結果，興味ある現象が認められたので記述する．定量値のなかでももっとも正規分布が認められる項目のひとつに体重がある．1試験の50匹の各対照群は，正規分布をしているが群内標本数（150匹程度から）が増加すると正規分布が認められない．10試験を併合した500匹程度は，全く正規性が保たれない．次に正規分布を示さないといわれている血小板数について同様に吟味した結果，50匹の対照群で正規分布を示さず，群内標本数が350匹程度に増加しても正規分布が認められない（Kobayashi, 2005）．

8．正規分布と等分散性

一般的には，二標本の Student の t 検定は，正規分布および等分散である必要があり，正規分布でも，不等分散の場合には，Welch の方法が必要になる．等分散とは各群のヒストグラムの形が似ているものである．等分散の検定には，二群間検定の場合は，F 検定が用いられる．三群以上の場合は，Bartlett および Levene の等分散検定がある．

正規性の検定（Shapiro-Wilk の W 検定）は，データ数が 30 程度必要である．よって，少数例では正規性の確認ができない．この場合，あまり気にせず，t 検定や分散分析を使用してもよいというものと，正規性が確認できない場合には，最初からノンパラメトリック法（順位和検定）を用いるべきという学者がいる．

正規分布と等分散との組み合わせを図 4-1 に示した．(1)の場合がもっとも検出力が高く統計解析に適している．

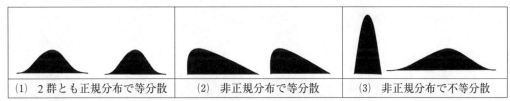

| (1) 2群とも正規分布で等分散 | (2) 非正規分布で等分散 | (3) 非正規分布で不等分散 |

図 4-1．正規分布と等分散の組み合わせ

9．著者の意見

カイ分布を用いる適合度検定とは，階級幅の設定の違いによって正規性の判断が異なる．すなわち，階級に所属する個体数が大きい場合，正規性を保つことが困難となり，逆にクラス数を多く設定すると正規性が保たれる傾向にある．実際の使用場面では，Shapiro-Wilk の W 検定またはカイ分布を用いる適合度検定のどちらを選択するかは，試験責任者にお任せする．また肉眼的判断も一考である．動物数の大きさによって各検定の検出力が異なることから使用する際は十分に検討すること．

◎引用論文および資料
・柴田寛三（1970）：生物統計学講義．東京農業大学，東京．
・椿　美智子，椿　広計（2001）：医学研究のための統計的方法．pp.356-357，サイエンティスト社，東京．
・新村秀一（2000）：パソコン楽々統計学．pp.53，ブルーバックス B-1198，講談社，東京．
・野村　護（2002）：GLP 試験の日・欧相互承認協定発効に伴う統計解析の問題点．医薬安全性研究会会報，No.47，pp.41，サイエンティスト社，東京．
・武藤眞介（2000）：STATISTICA によるデータ解析．朝倉書店，東京．
・Aldona, L., Bacardi, D., Merino, N., Cosme, K., Porras, D., Carreras, I., Ali, A., Suarez, J. Vazquez, A., and Cruz, Y. (2005): Safety evaluation of granulocyte colony-stimulating factor obtained at CIGB. *Biotechnologia Aplicada*, **21**(5), 50–53.
・Conover, W.J. (1999): Practical nonparametric statistics. Third edition, pp.450–452 and 550–553. John Wiley & Sons Inc. New York, U.S.A.
・Griffis, L.C., Twerdok, L.E., Francke-Carroll, S., Biles, R.W., Schroed, R.E., Bolte, H., Faust, H., Hall, W.C., and Rojko, J. (2010): Comparative 90-day dietary study of paraffin wax in Fischer-344 and Sprague-Dawley

rats, *Food and Chemical Toxicology*, **48**, 363-372.
- JavaScript: http://aoki2.si.gunma-u.ac.jp/JavaScript/ (Accessed October 10, 2013).
- Kobayashi, K. (2005): Analysis of quantitative data obtained from toxicity studies showing non-normal distribution. *J. Toxicol. Sci.*, **30**(2), 127-134.
- Levene, H. (1960): Robust tests for equality of variances. In Contributions to Probability and Statistics. (Olkin, I., Ghurye, G., Hoeffding, W., Madow, W.G., and Mann, H.B., eds.), pp.278-292, Stanford University Press, California.
- National Toxicology Program (1997): Toxicology and carcinogenesis studies of *t*-butylhydroquinone. No. 459, pp.27, National Institutes of Health (NIH), USA.
- Risom, L., Dybdahl, M., Bornholdt, J., Vogel, U., Wallin, H., Moller, P., and Loft, S. (3003): Oxidative DNA damage and defense gene expression in the mouse lung after short-term exposure to diesel exhaust particles by inhalation. *Carcinogenesis*, **24**(11), 1847-1852.

第 5 章　等分散検定

1．等分散検定の概略

等分散検定の目的は，2 群間または多群間の分布状態を把握して分布が異なれば有意差検出感度が低い順位和検定の選択に，分布が良ければ分散を利用した検定法のどちらを選択するかの判断として一般的に用いられている．等分散検定には，一般的に 3 群以上では，Bartlett の等分散検定および Levene の等分散検定，2 群間検定では，F 検定（分散比の検定）が使用されている．

等分散性の実際の使用は，2 群間検定の F 検定では分散のずれを把握して約 3 倍以上（$P<0.05$）のずれが分散比にあれば Aspin-Welch または Cochran-Cox の t 検定の若干有意差検出力の低い検定法へ導く指標となる．3 群以上の場合に使用される等分散検定の使用目的は不等分散（有意差）の場合，分散を利用しない順位和検定（non-parametric 検定）に導くために使用されている．しかし，一部の毒性試験は，Mann-Whitney の U 検定の繰り返しで 2 群間を解析している．

2．Bartlett の等分散検定

この検定法は，多群間（3 群以上）の分布の違いを検定（吉村ら，1987）する目的で実施される．1 群中の標本数は，10 以上あれば十分である．t 検定の前に実施する F 検定と同一の考えをもった検定である．一般的にこの検定で不等分散（$P<0.05$）を示せば分布を利用しない順位和検定となる．イヌおよび化審法の毒性試験などのように 1 群内 3〜8 と例数が小さい場合は応用しない場合が多い．

Bartlett の等分散検定の基本的計算式

$$V = \frac{(各群の分散 \times (標本数 - 1))\text{の総和}}{標本総数 - 群数}$$

$$X^2 cal = 2.3026 \times \frac{\{(総個体数 - 群数) \times \log V - 各群の個体数 - 1 \times \log 分散の総和\}}{1 + \dfrac{(各群の個体 - 1)\text{の総和}}{3 \times 群数 - 3} - \dfrac{1}{総標本数 - 群数}}$$

標本数が少ないと有意差はでにくいのが特徴である．標本数は 10 以上はほしい．等分散を示し各群の個体数が等しい場合の**例題 5-1** に示した．

例題 5-1. B6C3F₁ 雌マウスを用いた 13 週間毒性試験の肝臓重量（g）

	対照群	低用量群	中用量群	高用量群
個体値	1.08	1.09	1.16	1.33
	1.08	1.12	1.26	1.37
	1.15	1.15	1.15	1.20
	1.09	1.09	1.08	1.32
	1.16	1.04	1.13	1.33
	1.00	0.99	1.18	1.24
	1.12	1.24	1.18	1.24
	1.01	1.15	1.12	1.25
	1.12	0.99	1.17	1.18
	1.02	1.12	1.11	1.27
平均値±標準偏差	1.08±0.06	1.10±0.08	1.15±0.05	1.27±0.06
動物数	10	10	10	10
分散	0.00327	0.00593	0.00245	0.00387

2-1. 手計算による解析

$$V = \frac{0.00327 \times 9 + 0.00593 \times 9 + 0.00245 \times 9 + 0.00387 \times 9}{40-4} = 0.00388$$

$$X^2 cal = 2.3026 \times \frac{\{(40-4) \times \log 0.00388 - 9 \times \log 0.00327 - 9 \times \log 0.00593 - 9 \times \log 0.00245 - 9 \times \log 0.00387\}}{1 + \frac{\frac{1}{9} + \frac{1}{9} + \frac{1}{9} + \frac{1}{9} - \frac{1}{40-4}}{3 \times 4 - 3}}$$

$$= 2.3026 \times \frac{93.1968 - 92.3805}{1.04653} = \frac{1.87961}{1.04653} = 1.7960$$

χ^2 分布表（**数表 5-1**）より自由度 3，すなわち 4（群数）−1＝3 の 5％ 水準値 7.815 と比較すると 1.796 は小さい．したがって，$P>0.05$ となり，この 4 群間の分布には差がなく等分散性（一様性）が認められたことになる．式の対数は常用対数である．自然対数を用いる場合は係数の 2.3026 を除く．

数表 5-1. カイ二乗分布のパーセント点（吉村ら，1987）

有意水準点, α	0.100	**0.050**	0.010	0.001
階級-1				
1	2.706	3.841	6.635	10.828
2	4.605	5.991	9.210	13.816
3	6.251	**7.815**	11.345	16.266
4	7.779	9.488	13.277	18.467
5	9.236	11.070	15.086	20.515

2-2. SAS JMP による解析

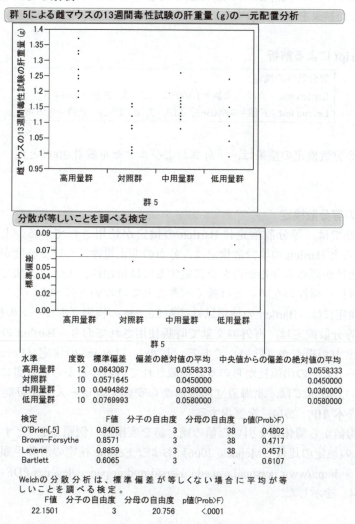

SAS JMP による解析結果，Bartlett の検定を含めて O'Brien, Brown-Forsythe および Levene の 4 解析法では，5% 水準で各群間による肝臓重量の分布に大きな変化がないことがわかった．

2-3. エクセル統計 2008 による解析

等分散性の検定　バートレット検定

目的変数	カイ二乗値	自由度	P 値
変数 Y	1.8009	3	0.6147

SAS は F 値を算出している．エクセル統計 2008 はカイ二乗値を算出している．P 値は，両者同一である．エクセル統計 2008 の計算値 1.8009 と手計算値 1.796 は，ほぼ同一であった．

SAS JMPとエクセル統計2008は計算法が異なることから他のソフト（JavaScript）によって解析した結果を下記に示す．

2-4. JavaScriptによる解析

> 等分散性の検定
> Bartlett test：カイ二乗値 = 1.80087, d.f. = 3, P 値 = 0.61475
> Levene test：F 値 = 0.690363, d.f.1 = 3, d.f.2 = 36, P 値 = 0.56389

Bartlettの等分散検定の結果は，手計算およびエクセル統計2008と同一の結果であった．

3．Leveneの等分散検定

多くの分野では，等分散検定にBartlettの検定が使用されている．しかし，Finney (1995) によるとBartlettの等分散検定は，分布の非正規性について感度が高くデータについて等分散性が認められるか否かを判定するには信頼性に欠ける方法であり，毒性試験では，分散に一様性のないことは驚くべきことではないと述べている．多群設定の場合，等分散検定には，Bartlettの検定以外にもLeveneの検定（ルビーンの検定）がある．

Leveneの等分散検定は，海外の文献で時折使用されており，Bartlettの等分散検定に比較して検出力が穏やか（低い）である．しかし，Leveneの検定（Levene, 1960）は，スタンフォード大学の出版社からの本に掲載されていることから参考書にほとんど引用されていない．日本では，北海道立図書館から安価でコピー入手が可能．Leveneの検定の手法（青木/HP, 2014）を解説する．

各群の平均値から個体値を引いた値の絶対値を変換値（**例題5-2**）とする．LeveneおよびBartlettの検定の比較（Mendes, 2006）およびLevene検定の計算手順を述べているホームページ http://www.personal.psu.edu/users/d/m/dmr/papers/levenes.PDF（Accessed October 10, 2014）を示した．

例題 5-2. 臨床検査値

群	対照			低用量			高用量		
	測定値	平均値	変換値	測定値	平均値	変換値	測定値	平均値	変換値
個体値	3.00	5.62	2.62	7.10	9.24	2.14	9.70	8.94	0.76
	7.80		2.18	6.20		3.04	10.0		1.06
	10.3		4.68	15.5		6.26	11.9		2.96
	2.80		2.82	9.40		0.16	4.20		4.74
	4.20		1.42	8.00		1.24	8.90		0.04

3-1. 手計算による解析（基礎数値およびP値はコンピュータを用いた）

変換値を使って1元配置分散分析を実施する（**表5-1**）．

表 5-1. 臨床検査値の 1 元配置の分散分析表

要因	自由度	平方和	分散	F 値	P 値
全体	14	44.0150			
群間	2	1.9226	0.9613	0.2740	0.7649
誤差	12	42.0925	3.5077		

　この結果，F 値 = 0.2740，群間自由度 2，誤差の自由度 12，P 値 = 0.7649（コンピュータによって算出した）で各群間の分散の有意差は認められない．
　本法は Bartlett の検定に比較して計算手法が容易で分散の違いを検定していることが肌で感じられる．Brown-Forsythe の検定は，各群の中央値からの差を分散分析で検定している．Levene の検定を用いた毒性試験の論文（Risom *et al.*, 2003, Aldana *et al.*, 2005, Lee *et al.*, 2005, and Shibui, *et al.*, 2014）を紹介する．
　最近の魚類を用いた毒性試験用の OECD ガイドライン 210（26 July, 2013）に Levene の検定を含めたいくつかの解析ツールが示されている．

3-2. エクセル統計 2008 による解析

ルビーン検定

F 値	自由度	自由度 2	P 値
0.2740	2	12	0.7649

4．各種等分散の検出力

　等分散検定には，非正規性を前提とした Bartlett の検定と正規性を前提とした O'Brien, Brown-Foresythe および Levene の検定が用意（SAS, 1996）されている．Bartlett の等分散検定は，検出力が他の手法に比較して高いことから，せっかく苦労して入手した測定値を順位に変換した手法で検定しているのが現状である．上述 4 手法を用いてマウスの飲水量の等分散性を SAS JMP で吟味した結果を**例題 5-2** に示した．

例題 5-2.　B6C3F$_1$ 雌マウスの 13 週齢の飲水量（g/week）

群	動物数	平均値±標準偏差	実質有意水準，P			
			O'Brien	Brown-Foresythe	Levene	Bartlett
1	10	43.8 ± 9.0	0.0459	0.0340	0.0014	< 0.0001
2	10	35.4 ± 3.4				
3	10	31.9 ± 1.5				
4	10	30.7 ± 2.1				

　いずれも 5% 水準で有意差を示すが，有意差の検出力は，Bartlett がもっとも高く，次いで Levene, Brown-Foresythe および O'Brien の等分散検定の順である．また，ほぼ同一の分布がみられる場合は，4 手法とも同程度の検出力を示す．

5．著者の意見

計算は，Bartlett の検定が対数を使用し，くわえて，計算式が複雑であることから手計算は苦労する．Brown-Foresythe および Levene の検定は各群の中央値および平均値などからどのくらい各個体が離れているかを計算して，その値に対して分散分析で群間差を検出する．したがって計算は，分散分析のプログラムがあれば可能で，また手計算でも対応できる．著者は，調査および試験を設定した場合，Levene および Brown-Foresythe などの正規性を前提とした手法を推奨する．

Bartlett の等分散検定の特徴は，イヌを用いた毒性試験などのように，群内標本数が 3～6 匹と小さいと有意差は検出しにくい．したがって，イヌの試験にはこの検定がほとんど使用されていない．また Bartlett の検定は，少しでも平均値から離れた数値が存在すると有意差が検出されやすい．げっ歯類を用いた反復投与毒性試験は，ほとんど Bartlett の等分散検定を使用している．したがって，いくつかの定量項目は，分散を利用しないノンパラメトリックの順位和検定で解析されている．

◎引用論文および資料

・青木繁伸 /HP：http://aoki2.si.gunma-u.ac.jp/JavaScript/ (Accessed September 17, 2014).
・吉村 功（編）(1987)：毒性・薬効データの統計解析．サイエンティスト社，東京．
・Aldana, L., Bacardí, D., Merino, N., Cosme, K., Porras, D., Carreras, I., Alí, A., Suárez, J., Vázquez, A., and Cruz1, Y. (2005): Safety evaluation of granulocyte colony-stimulating factor obtained at CIGB. *Biotecnología Aplicada*, **22**, 50-53.
・Finney, D.J. (1995): Thoughts suggested by a recent paper: Questions on non-parametric analysis of quantitative data (letter to editor). *J. Toxicol. Sci.*, **20**, 165-170.
・Mendes, M. (2006): A new alternative in testing for homogeneity of variances. *Journal of Statistical Research*, **40**(2), 65-83. http://www.isrt.ac.bd/sites/default/files/jsrissues/v40n2/v40n2p65.pdf (Accessed October 10, 2014).
・Lee, J-S., Park, J-I., Kim, S-H., Park, S-H., Kang, S-K., Park, C-B., Sohn, T-U., Jang, J.Y., Kang, J-K., and Kim, Y-B. (2004): Oral single- and repeated-dose toxicity studies on Geranti Bio-Ge Yeast®, organic germanium fortified yeast, in rats. *J. Toxicol. Sci.*, **29**(5), 541-553.
・Levene, H. (1960): Robust tests for equality of variances. In Contributions to Probability and Statistics. (Olkin, I., Ghurye, G., Hoeffding, W., Madow, W.G., and Mann, H.B., eds.), pp.278-292, Stanford University Press, California.
・OECD guidelines for the testing of chemicals (2013): Fish, early-life stage toxicity tests. TG 210, 26 July, 2013.
・Shibui, Y., Miwa, T., Kodama, T., and Gonsho, A. (2014): 28-Day dietary toxicity study of L-phenylalanine in rats. *Fund. Toxicol. Sci.*, **1**(2), 29-38.
・Risom, L., Dybdahl, M., Bornholdt, J., Vogel, U., Wallin, H., Moller, P., and Loft, S. (2003): Oxidative DNA damage and defence gene expression in the mouse lung after short-term exposure to diesel exhaust particles by inhalation. *Carcinogenesis*, **24**(11), 1847-1852.
・SAS (1996): JMP Start Statistics. SAS Institute, U.S.A.

第6章　3群以上の多群間検定（分散を利用した検定）

1．1元配置の分散分析（One-way Analysis of Variance, ANOVA）

3群以上の設定の場合に用いる．一般的には，この検定で有意差（$P<0.05$）が検出された場合，どこの群間かは不明である．ANOVAのみで記述している毒性試験（Tripathi *et al.*, 2006, Galav and Alam, 2013, and Akhtar *et al.*, 2009）を紹介する．したがって，どの群間に有意差が認められるのかは，いくつかの検定法で吟味する．はじめに，1元配置の分散分析を説明する．毒性試験では，通常対照群を含めて4群以上を設定することから分散分析が常用されている．ANOVAで有意差が認められた場合，対照群と各用量群のみの比較の場合は，Dunnettの多重比較検定を使用する．なお，2群設定の場合ANOVAで解析するとt検定と同一のP値が算出される．またANOVAで有意差が認められた場合，次のいくつかの検定法が待っている．ANOVAの計算手順を以下に示した．

1）全平方和の算出
2）群間平方和の算出
3）誤差項の平方和を計算，全平方和マイナス群間平方和
4）それぞれの平方和を自由度で割って分散を算出
5）分散比を算出してF分布表の値と比較して有意差を判定する

例題6-1に化審法によるラットを用いた28日間反復強制経口投与毒性試験のSD雄ラットのヘマトクリット値を示した．

例題6-1．SD雄ラットを用いた28日間反復強制経口投与毒性試験のヘマトクリット値

計算値	投与後28日のヘマトクリット値（%）			
	対照群 (0mg/kg)	低用量群 (5mg/kg)	中用量群 (15mg/kg)	高用量群 (45mg/kg)
個体値	45.5	44.2	46.2	40.2
	43.4	46.0	44.5	41.5
	43.2	45.4	45.1	38.5
	45.1	43.7	43.7	41.1
	45.0	47.0	41.0	38.0
動物数	5	5	5	5
平均値±標準偏差	44.4±1.1	45.3±1.3	44.1±2.0	39.9±1.6
合計	222.2	226.3	220.5	199.3
総合計	868.3			

1-1. 手計算による解析

1）全平方和

$$(45.5^2 + 43.4^2 + 43.2^2 + 45.1^2 + 45.0^2 + 44.2^2 + 46.0^2 + 45.4^2 + 43.7^2 + 47.0^2 + 46.2^2 + 44.5^2$$
$$+ 45.1^2 + 43.7^2 + 41.0^2 + 40.2^2 + 41.5^2 + 38.5^2 + 41.1^2 + 38.0^2) - \frac{(868.3^2)}{20}$$
$$= 37821.69 - 37697.2445 = 124.4455$$

2）群間平方和

$$\frac{222.2^2}{5} + \frac{226.3^2}{5} + \frac{220.5^2}{5} + \frac{199.3^2}{5} - \frac{(868.3)^2}{20} = 37785.054 - 37697.2445 = 87.8095$$

分母の 5 は，各群の測定した動物数，20 は総動物数を表す．

3）誤差項の平方和

　全平方和 − 群間平方和 = 誤差項の平方和．分散分析表を**表 6-1** に示した．

表 6-1. 分散分析表

要因	平方和	自由度	分散	分散比	確率
全体	124.4	19			
群間	87.8	3	29.27	12.79	$P<0.001$
誤差	36.6	16	2.288		

　F 分布表の 0.1% 水準の**数表 6-1** の縦軸 16，横軸 3 の交点 9.005 と比較して，算出値の 12.79 は大きいので，0.1% 水準で有意差ありと判断する．

数表 6-1. F 分布のパーセント点（0.1% 水準点）（吉村ら，1987）

$N_1\backslash N_2$	1	2	3	4	5	6	7	8	9	10
16	16.120	10.970	9.005	7.944	7.271	6.804	6.460	6.194	5.983	5.811

N_1：誤差項の自由度，N_2：群間の自由度．

　したがって，この 4 群間のどこかの群間に 0.1% 水準で有意差を示したことになる．各群間差を吟味したい場合は，以下の解析法による．

　対照群対低用量群，対照群対中用量群および対照群対高用量群を解析する毒性試験の場合は，Dunnett の多重比較検定法（Dunnett's multiple comparison test）である．全群間（全対）の比較は（総あたり，4 群を設定した場合は，6 組の組み合わせができる）Tukey および Duncan の多重範囲検定（Tukey's and Duncan's multiple range tests）を使用する．

1-2. SAS JMP による解析

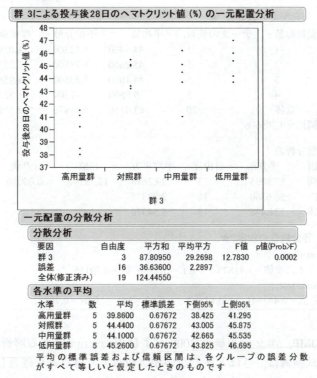

1-3. エクセル統計 2008 による解析

分散分析表

因子	平方和	自由度	平均平方	F 値	P 値	判定
因子A	87.8095	3	29.2698	12.7830	0.0002	**
誤差	36.6360	16	2.2897			
全体	124.4455	19				

**1% 有意.

1-4. JavaScript による解析

```
★ 一元配置分散分析 ★
群変数の値    データの個数    平均値      不偏分散    標準偏差
    1              5         44.4400     1.12300     1.05972
    2              5         45.2600     1.78800     1.33716
    3              5         44.1000     3.83500     1.95832
    4              5         39.8600     2.41300     1.55338
   全体           20         43.4150     6.54976     2.55925
相関比 = 0.705606
```

分散分析表

要因	平方和	自由度	平均平方	F値	P値
群間	87.8095	3	29.2698	12.78298	0.00016
群内	36.6360	16	2.28975		
全体	124.446	19	6.54976		

★ 等分散性の検定 ★

Bartlett test
　カイ二乗値 = 1.41873　　d.f. = 3　　P値 = 0.70115

Levene test
　F値 = 0.443941　　d.f.1 = 3　　d.f.2 = 16　　P値 = 0.72487

　手計算，SAS JMP，エクセル統計 2008 および JavaScript による解析は，同一な計算結果となった．試験例は，さほど多くないが ANOVA で有意差を確認してから t 検定で群間の差を検定している論文もある（Ogbonnia et al., 2009 and Lalla et al., 2010）．ANOVA で有意差が認められた場合の多くは，t 検定で有意差が認められる．t 検定の検出力は，ANOVA に比較して高いことによる．

2．Dunnett の多重比較検定（Dunnett's multiple comparison test）（Dunnett, 1955 and Dunnett, 1964）

　一つの対照群と各用量群間の解析法である．毒性試験用といっても過言ではない．
1）一つの基準となる群と各群の比較のみに使用する
2）各群の分散がほぼ等しく標本（動物）数も同一の場合
3）分散分析表の誤差項の標準誤差を用い下記の式によって，対照群対低用量群，対照群対中用量群および対照群対高用量群の平均値の差を吟味する
4）通常 5 および 1% 水準で判定する

　例題 6-1 を Dunnett の多重比較検定（Dunnett の検定）で解析する．計算法はいくつか発表されている．表 6-2 に手計算に必要な数値を示した．

表 6-2．投与後 28 日のヘマトクリット値（%）測定結果

群	対照群	低用量群	中用量群	高用量群
動物数	5	5	5	5
平均値	44.4	45.3	44.1	39.9

計算式1は次に示した．

$$Rp = Dunnettの分布値表からの値 \times \sqrt{2 \times \frac{誤差項の分散}{1群内の標本数}}$$

Rp 値と各群間の差を比較し各群間の差が大きければ有意差を示す．2は定数．

2-1. 手計算による解析

$$Rp = 2.592 \times \sqrt{2 \times \frac{2.288}{5}} = 2.4796$$

2.592は，Dunnettの t 分布表（**数表6-2**）（5%水準）の縦軸の自由度16と横軸の自由度4（設定した群数）の交点．この場合，薬物投与によるヘマトクリット値が増加/減少が未知のため両側検定を採用した．片側検定の場合は2.226（**数表6-3**）となる．1および0.1%水準で検定する場合は，同一の自由度で各棄却限界値を挿入する．1および0.1%水準でも解析してほしい．ここでは割愛する．

2.4796より各群間差が大きければ両側検定で統計学的に有意差を示したことになる．対照群に対して高用量群のみ $P<0.05$（5%水準）で統計学的有意差が認められた（**表6-3**）．

表6-3. 手計算による解析結果

群間比較	各群間との差*	差は±2.4796より	有意差
対照群対低用量群	+1.2	小さい	$P>0.05$ で有意差なし
対照群対中用量群	−0.3	小さい	$P>0.05$ で有意差なし
対照群対高用量群	−4.5	大きい	$P<0.05$ で有意差あり

*通常は絶対値を表示するが，今回は対照群に対して用量群に増減が認められたことから増減を表示した．

数表6-2. Dunnettの多重比較のパーセント点（両側5%）（吉村ら，1987）

誤差項の自由度 \ 群数	2	3	4	5	6	7	8
16	2.120	2.424	2.592	2.708	2.795	2.866	2.924

数表6-3. Dunnettの多重比較のパーセント点（片側5%）（吉村ら，1987）

誤差項の自由度 \ 群数	2	3	4	5	6	7	8
16	1.746	2.056	2.226	2.342	2.429	2.499	2.557

Dunnettの棄却限界値（表）の横軸は群数を示す．原著（Dunnett, 1964）は，対照群を除いた群数（群数−1）を表示している．吉村らは群数を表示している．両者とも数値は同一である．

計算式2（Dunnett, 1955, 1964）．

誤差項の分散（平均平方）は2.288（**表6-1**）である．

群数は4，自由度16のDunnettの棄却限界値（**数表6-4**）（0.1%の両側検定）は4.506．

$$\text{対照群対低用量群} = \frac{|44.4 - 45.3|}{\sqrt{2.288} \times \sqrt{\frac{2}{5}}} = \frac{|0.9|}{0.9566} = 0.9408 \qquad \therefore p > 0.05$$

$$\text{対照群対中用量群} = \frac{|44.4 - 44.1|}{\sqrt{2.288} \times \sqrt{\frac{2}{5}}} = \frac{|0.3|}{0.9566} = 0.3136 \qquad \therefore p > 0.05$$

$$\text{対照群対高用量群} = \frac{|44.4 - 39.9|}{\sqrt{2.288} \times \sqrt{\frac{2}{5}}} = \frac{|4.5|}{0.9566} = 4.7041 \qquad \therefore p < 0.001$$

数表 6-4. Dunnett の多重比較のパーセント点（両側 0.1%）（吉村ら，1987）

誤差項の自由度＼群数	2	3	4	5	6	7	8
16	4.016	4.327	**4.506**	4.631	4.728	4.806	4.872

各計算値を**数表 6-4** の 4.506 と比較し，大きければ 0.1% 水準（両側検定）で有意差を認めたと判断する．結果，対照群と高用量群のみに 0.1% 水準で有意差を示したことになる．5% 水準とも同様の結果となる．

2-2．SAS JMP による解析

SAS JMP にデータを入力する場合，生データの対照群の文字列を右クリックすることで「ラベルあり」の表示をすることにより，対照群を認識しヘマトクリット値の差が解析できる．有意水準の設定は，検定ごとに任意に入力する．デフォルトは 5%（両側）を設定している．この例では，0.1% を設定した．

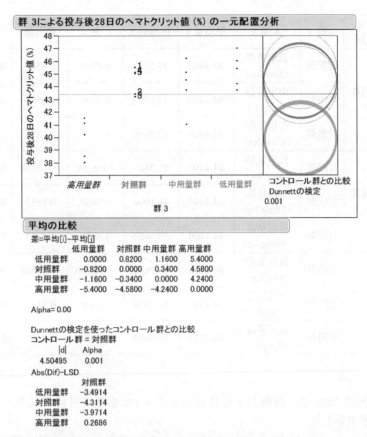

両側検定 0.1% 水準で有意差を示した.

2-3. エクセル統計 2008 による解析

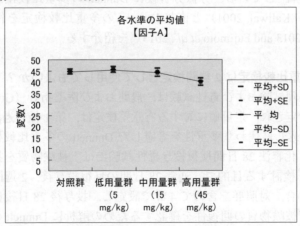

手法	対立仮説	水準1	水準2	平均値1	平均値2	差	統計量	P値	判定
Dunnett	対照群 ≠	対照群	低用量群 (5mg/kg)	44.4400	45.2600	0.8200	0.8568	0.7290	
		対照群	中用量群 (15mg/kg)	44.4400	44.1000	0.3400	0.3553	0.9698	
		対照群	高用量群 (45mg/kg)	44.4400	39.8600	4.5800	4.7857	0.0006	**
	対照群 <	対照群	低用量群 (5mg/kg)	44.4400	45.2600	−0.8200	−0.8568	0.3895	
		対照群	中用量群 (15mg/kg)	44.4400	44.1000	0.3400	0.3553	0.8584	
		対照群	高用量群 (45mg/kg)	44.4400	39.8600	4.5800	4.7857	1.0000	
	対照群 >	対照群	低用量群 (5mg/kg)	44.4400	45.2600	−0.8200	−0.8568	0.9476	
		対照群	中用量群 (15mg/kg)	44.4400	44.1000	0.3400	0.3553	0.6081	
		対照群	高用量群 (45mg/kg)	44.4400	39.8600	4.5800	4.7857	0.0003	**

**1% 有意.

エクセル統計2008は，両側および片側検定の0.1%水準で対照群に対して高用量群のみに有意差を示した．

手計算，SAS JMPおよびエクセル統計2008は，対照群に対して高用量群のみ両側検定 $P<0.001$ で有意差を示した．

毒性試験に用いるDunnettの検定は，小林（1983）によって日本で最初に紹介している．英文論文ではYoshida（1988）が分散分析で有意差が認められた場合，TukeyおよびDunnettの手法を解説している．分散分析後にDunnettの多重比較検定で解析している論文（Balingar and Kaliwal, 2001）と直接Dunnettの多重比較検定を使用している論文（Kumamoto, et al. 2013 and Fujimoto et al., 2013）を紹介する．

3．Dunnettの多重比較検定は2群間検定として使用してもよいか？

日本における薬理試験および毒性試験は，農薬および医薬指針（Guideline）によって通常3群以上が設定され，定量値に対する有意差検定は，第1種の過誤を招き易いことからt検定の繰り返しに代わり多重性を考慮したDunnettの多重比較検定が広く使用されている．また，化審法28日間反復投与毒性試験では，被験物質を投与後その影響が回復するか否かを検討する目的で，通常28日間の反復投与後，2週間の回復性試験を設定する．この場合，対照群を含めて4群で設定し，投与後28日後に対照群と高用量群の2群によって被験物質の回復性を確認するための解析にDunnettの検定を使用することは全く問題ない．Dunnettの検定を使用せずにt検定を用いている報告書がほとんどである．この理由は，計算ソフトを作成する段階にある．

Arts *et al.*（1994）らは，同一の毒性試験投薬期間を Dunnett の検定でまた回復期間を t 検定で分割して統計処理を実施している．そこで回復性試験が設定されている場合に Dunnett の検定の応用が試験期間を通して可能かどうか実際の毒性試験から得られた定量データを使用して，Dunnett の検定および2群間検定の t 検定を実際に計算し有意差を比較検討した．Dunnett の原著論文（Dunnett, 1955, 1964）では，一つの対照群に対して異なった薬剤をいくつかの濃度に分けて設定し，また異なった製法で合成した化合物を用いた試験および対照群に対して異なった薬剤 A，B を用いて動物に対してその影響を検索している．

日本では，一般的に多重性を応用した検定としてこの Dunnett の検定が常用されている．Dunnett の検定法について検討した結果，下記のごとく集約した．回復試験では，t 検定および Student の t 検定で解析している毒性試験例（下ら，1994 および Zapatero *et al.*, 1999）を紹介する．

1）Dunnett の検定で2群間を計算した場合，計算値が t 検定と同一となる．したがって，Dunnett の検定は2群設定の場合でも応用が可能である
2）計算に必要な誤差項の分散値は，各群の分散に N−1 を乗じた値の和を総個体数から群数を減じた値で除した値と同一である．したがって，3群以上の設定では，3群の変動が比較の2群間の差に影響する
3）Dunnett の t 分布表は，最小群数（2群の場合）の縦軸の数値が t 分布表と同一なことから，2群の場合は t 分布を利用した検定法と同様である
4）2群の回復性試験を含んだ多群設定による毒性試験は，試験期間を通して Dunnett の検定の使用が可能であることがわかる
5）Dunnett の多重比較検定は，t 検定の拡張版であることがわかる（**数表 6-5**）

数表 6-5．2群の場合の Dunnett および t 分布表の棄却限界値

棄却限界値	動物数の自由度									
	5	6	7	8	9	10	11	12	13	14	15
Dunnett 自身	2.02	1.94	1.89	1.86	1.83	1.81	1.80	1.78	1.77	1.76	1.75
吉村の t 検定	2.02	1.94	1.90	1.86	1.83	1.81	1.80	1.78	1.77	1.76	1.75

動物数の自由度										
16	17	18	19	20	24	30	40	60	120	∞
1.75	1.74	1.73	2.02	1.94	1.89	1.86	1.83	1.81	1.80	1.78
1.75	1.74	1.73	2.02	1.94	1.90	1.86	1.83	1.81	1.80	1.78

Dunnett 自身の棄却限界値の群の自由度は，設定群数−1で吉村の棄却限界値は，群数で表記されていることに注意すること．

4．Tukey の多重範囲検定法（Tukey's multiple comparison test）（吉田，1980）

全対の比較である．したがって，薬剤 A, B, C および D のような試験設計の場合に使用する．

1）全群間（全対）の比較に使用する
2）各群の分散がほぼ等しく標本数も同一の場合に使用する
3）分散分析表の誤差項の標準誤差を用いて下記の式によって，全群間の平均値の差を吟味する
4）通常 5 および 1% 水準で判定する．しかし，一般的に表中は 5% のみの有意水準で表示している試験報告・論文が多い

4-1. 手計算による解析

分散分析表の誤差項の分散を各試験の動物数で割って平方根（標準誤差）をとる．

例題 6-1 の SD 雄ラットを用いた 28 日間反復強制経口投与毒性試験のヘマトクリット値に対して Tukey の多重範囲検定で解析する．本来であれば，薬剤 A, B, C および D の設定である．

誤差項の分散は 2.288 である．

$$S\bar{x} = \sqrt{\frac{2.288}{5}} = \pm 0.67641$$

次に，Tukey の表（数表 6-6）から Q 値を求める．本例では水準数（群数）4，誤差項の自由度 16 であるから，Q（4, 16; 0.05）は 4.0461 である．$S\bar{x}$ と Q とから，有意な差 D を計算し，試験で得られた平均値間の差を D と比較し，D より大きい場合には，統計学的有意差であると判断する．

数表 6-6. Tukey のパーセント点（5% 水準）（吉田，1980）

誤差項の自由度 \ 群数	2	3	4	5	6	8	10
16	2.9980	3.6491	4.0461	4.3327	4.5568	4.8962	5.1498

$$D = QS\bar{x} \rightarrow \rightarrow \rightarrow D = 0.67641 \times 4.0461 = 1.7368$$

表 6-4 に各群の平均値からの差を示した．計算値（D）より大きい差は，5 水準で有意差（*$P < 0.05$）を示す．1% 水準で吟味したい場合は，5.191（数表は割愛）を計算式に代入する．

表 6-4. 各群の平均値からの差

群	平均値	平均値−39.9	平均値−44.1	平均値−44.4
低用量	45.3	5.4*	1.2	0.9
対照	44.4	4.5*	0.3	
中用量	44.1	4.2*		
高用量	39.9			

*$P < 0.05$.

表 6-5. Tukey の検定による SD 雄ラットを用いた 28 日間反復強制
経口投与毒性試験のヘマトクリット値の有意差の表示法

群	対照	低用量	中用量	高用量
標本数	5	5	5	5
平均値	44.4[a]	45.3[a]	44.1[a]	39.9[b]

肩口の異符号間は 5% 水準で有意差を示す.

　有意でない平均値は同一のアルファベットを肩口に付けることで一目瞭然（表 6-5）である．表の欄外に「肩口の異符号間は 5% 水準で有意差を示す」と明記すること．対照群，低用量群および中用量群間に差はなく，これら各 3 群と高用量群間に 5% 水準で統計学的有意差を示したことになる．
　1% 水準で吟味したい場合は，Tukey の 1% 水準点を計算式に代入する．
　有意差の表示法は，このほかにも平均値を小さい（大きい）順に並べ有意差がない値に下線を引く方法，各平均値同士全ての組み合わせを線で結び線上に有意差印の星（*）を付す方法およびサッカーの星取り表を作成し有意差印を表示する方法などがある．

4-2. SAS JMP による解析

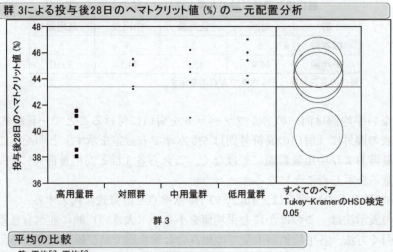

群 3による投与後28日のヘマトクリット値 (%) の一元配置分析

すべてのペア
Tukey-KramerのHSD検定
0.05

平均の比較

差=平均[i]-平均[j]

	低用量群	対照群	中用量群	高用量群
低用量群	0.0000	0.8200	1.1600	5.4000
対照群	-0.8200	0.0000	0.3400	4.5800
中用量群	-1.1600	-0.3400	0.0000	4.2400
高用量群	-5.4000	-4.5800	-4.2400	0.0000

Alpha=0.05

Tukey-KramerのHSD検定を使ったすべてのペアの比較

q*	Alpha
2.86102	0.05

Abs(Dif)-LSD

	低用量群	対照群	中用量群	高用量群
低用量群	-2.7381	-1.9181	-1.5781	2.6619
対照群	-1.9181	-2.7381	-2.3981	1.8419
中用量群	-1.5781	-2.3981	-2.7381	1.5019
高用量群	2.6619	1.8419	1.5019	-2.7381

値が正の場合、ペアになっている平均の間に有意差があることを示します。

水準		平均
低用量群	A	45.260000
対照群	A	44.440000
中用量群	A	44.100000
高用量群	B	39.860000

同じ文字でつながっていない水準は有意に異なります。

4-3. エクセル統計 2008 による解析

手法	水準1	水準2	平均値1	平均値2	差	統計量	P値	判定
Tukey	対照群	低用量群	44.4400	45.2600	0.8200	0.8568	0.8266	
	対照群	中用量群	44.4400	44.1000	0.3400	0.3553	0.9841	
	対照群	高用量群	44.4400	39.8600	4.5800	4.7857	0.0010	**
	低用量群	中用量群	45.2600	44.1000	1.1600	1.2121	0.6284	
	低用量群	高用量群	45.2600	39.8600	5.4000	5.6425	0.0002	**
	中用量群	高用量群	44.1000	39.8600	4.2400	4.4304	0.0021	**

第6章　3群以上の多群間検定（分散を利用した検定）

　手計算，SAS JMP およびエクセル統計 2008 は，対照群に対して高用量群に $P<0.05$ で有意差を示した．手計算および SAS JMP は，5% 水準のみの設定結果を示した．1% 以下の水準による吟味は割愛する．エクセル統計では，片側検定で低用量群対高用量群の差に対しては，$P=0.0002$ で有意差を示している．
　分散分析後 Tukey の多重範囲検定で解析している論文（Yasmin *et al.*, 2011, Yang, *et al.*, 2013, Dorostghoal *et al.*, 2010, and Hayashi *et al.*, 2009）を紹介する．なぜ Tukey の検定を採用した理由は不明である．著者は，Dunnett の検定が妥当と思う．

5．Duncan の多重範囲検定法（Duncan's multiple range test）（柴田，1970）
1）全群間の比較に使用する
2）各群の分散がほぼ等しく標本数が異なる場合に使用する
3）分散分析表の誤差項の標準誤差を用いて下記の式によって，全群間の平均値の差を吟味する
4）通常 5 および 1% 水準で判定する．しかし，一般的には 5% のみの有意水準で表示している報告書が多い

　例題 6-1 の高用量群に 2 匹死亡例が認められたデータを**例題 6-2** とした．はじめに ANOVA で全群間の差を吟味する．

例題 6-2．SD 雄ラットを用いた 28 日間反復強制経口投与毒性試験のヘマトクリット値

計算値	投与後 28 日のヘマトクリット値（%）			
	対照群	低用量群 (5mg/kg)	中用量群 (15mg/kg)	高用量群 (45mg/kg)
個体値	45.5	44.2	46.2	−
	43.4	46.0	44.5	−
	43.2	45.4	45.1	38.5
	45.1	43.7	43.7	41.1
	45.0	47.0	41.0	38.0
動物数	5	5	5	3
平均値±標準偏差	44.4±1.1	45.3±1.3	44.1±2.0	39.2±2.8
合計	222.2	226.3	220.5	117.6
総合計	786.6			

5-1．手計算による解析
1）全平方和

$$(45.5^2 + 43.4^2 + 43.2^2 + 45.1^2 + 45.0^2 + 44.2^2 + 46.0^2 + 45.4^2 + 43.7^2 + 47.0^2 + 46.2^2 + 44.5^2$$
$$+ 45.1^2 + 43.7^2 + 41.0^2 + 38.5^2 + 41.1^2 + 38.0^2) - \frac{(786.6^2)}{18}$$
$$= 34483.4 - 34374.42 = 108.98$$

2）群間平方和

$$\frac{222.2^2}{5}+\frac{226.3^2}{5}+\frac{220.5^2}{5}+\frac{117.6^2}{3}-\frac{(786.6)^2}{18}=34450.876-34374.42=76.456$$

分母の 5, 5, 5, 3 は各群の測定した動物数を示す．18 は全動物数を示す．

3）誤差項の平方和

全平方和 − 群間平方和 = 誤差項の平方和．分散分析表を **表 6-6** に示した．

表 6-6．分散分析表

要因	平方和	自由度	分散	分散比	確率
全体	108.98	17			
群間	76.456	3	25.48	10.96	$P<0.001$
誤差	32.524	14	2.323		

F 分布表の 0.1% 水準の **数表 6-7** の縦軸 14, 横軸 3 の交点 9.729 と比較して，算出値の 10.96 は，大きいので有意差ありと判断する．

数表 6-7．F 分布のパーセント点（0.1% 水準点）（吉村ら，1987）

$N_1\backslash N_2$	1	2	3	4	5	6	7	8	9	10
14	17.143	11.778	**9.729**	8.622	7.921	7.435	7.077	6.801	6.582	6.404

N_1：誤差項の自由度，N_2：群間の自由度．

ANOVA で全群間に 0.1% 水準で有意差が認められた．次に各群の動物数が異なるため Duncan の多重範囲検定で全対の平均値の差を解析する．

Duncan の多重範囲検定

$Rp = Sm \times Q$
Sm = 分散分析表の誤差項の標準誤差
Q = Duncan の分布表からの値

Rp 値と各群間の差を比較し各群間の差が大きければ有意差を示す．この方法は多重範囲のため，一般的に平均値の肩口にアルファベットを付け異符号間では，有意差を示すことを表示する（一括表示のため）．外国の毒性試験および関連試験では比較的使用されている．日本では，検出力が低いとのことで使用されない傾向にある．
Gad *et al.*, (1986) は，標本数が同一と同一でない場合にそれぞれ異なった計算式を提唱している．
Sm 算出時に必要なサンプルは，18/4 群で平均 4.5 である．

$$Sm = \sqrt{\frac{2.323}{4.5}} = \pm 0.7185$$

Q の算出は Duncan の 5% の分布表（$\alpha = 0.05$）（**数表 6-8**）から引きだす．すなわち，縦軸は 14（分散分析表の誤差項の自由度），横軸は群の数だけ横にとる．この場合，3.03，3.18 および 3.27 となる．

数表 6-8．Duncan のパーセント点（5% 水準点）（柴田，1970）

$N_1\backslash N_2$	2	3	4	5	6	7	8	9	10
14	3.03	3.18	3.27	3.33	3.37	3.39	3.41	3.42	3.44

数表 6-9．Duncan のパーセント点（1% 水準点）（柴田，1970）

$N_1\backslash N_2$	2	3	4	5	6	7	8	9	10
14	4.21	4.42	4.55	4.63	4.70	4.78	4.83	4.87	4.91

したがって，5% 水準では，

$Rp_{0.05} = 0.7185 \times 3.03 = 2.1771$ （2）
$Rp_{0.05} = 0.7185 \times 3.18 = 2.2848$ （3）
$Rp_{0.05} = 0.7185 \times 3.27 = 2.7553$ （4）

同様に 1% 水準（**数表 6-9**）は，

$Rp_{0.01} = 0.7185 \times 4.21 = 3.0249$ （2）
$Rp_{0.01} = 0.7185 \times 4.42 = 3.1758$ （3）
$Rp_{0.01} = 0.7185 \times 4.55 = 3.2692$ （4）

この Rp の値に比較されるべき群間差は**表 6-7** のとおりとなる．

表 6-7．各群の平均値からの差

	RP		群	平均値	平均値－39.2	平均値－44.1	平均値－44.4
P	0.05	0.01					
(4)	2.75	3.26	低用量	45.3	6.1**	1.2	0.9
(3)	2.28	3.17	対照	44.4	5.2**	0.3	
(2)	2.17	3.02	中用量	44.1	4.9**		
			高用量	39.2			

すなわち，平均値の大きい群から順次上から下に並べ，まず最下位の高用量群の平均値 39.2 と残り 3 群の平均値間の差を算出して，この値をそれぞれ対応する Rp の値と対比して大きければ有意差とする（**表 6-7**）．この試験は，低用量群の平均値が対照群より大きいため低用量群が最上段となる．

表 6-8. Duncan の検定による SD 雄ラットを用いた 28 日間反復強制経口投与毒性試験のヘマトクリット値の有意差の表示法

群	対照	低用量	中用量	高用量
標本数	5	5	5	3
平均値	44.4[a]	45.3[a]	44.1[a]	39.2[b]

肩口の異符号間は 1% 水準で有意差を示す．

有意でない平均値は同一のアルファベットを肩口に付けることで一目瞭然である（表 6-8）．表の欄外に「肩口の異符号間は 1% 水準で有意差を示す」と明記すること．したがって，通常 1 水準（$P=0.05$ or 0.01）の有意差しか表示できない．

SAS JMP およびエクセル統計では Duncan の多重範囲検定のような各群内標本数が異なる場合の解析法は記載されていない．各群内標本数が大きく変化していない場合は，Dunnett および Tukey の多重比較および範囲検定を使用しても大きな間違いではない．分散分析後 Duncan の多重範囲検定を使用している論文（Dubey *et al.*, 2012, Baba *et al.*, 2013, Sandhu *et al.*, 2013, Seo *et al.*, 2011, and Kim *et al.*, 1999）を紹介する．この中で Dubey, Baba および Sandhu らは，異なった被験物質または薬剤の組み合わせ・暴露時間の違いを解析していることから妥当と思う．残りの Seo および Kim らの論文は，通常の毒性試験で 4 用量を設定している．

5-2. SAS JMP による解析

ANOVA の結果を示した．SAS JMP の全対の比較の手法は，Tukey の検定があり Duncan の検定は応用できない．しかし，Duncan の検定は，Tukey の検定とさほど検出力が変わらない．ANOVA の結果，手計算と同一の結果が認められた．

第6章 3群以上の多群間検定（分散を利用した検定）

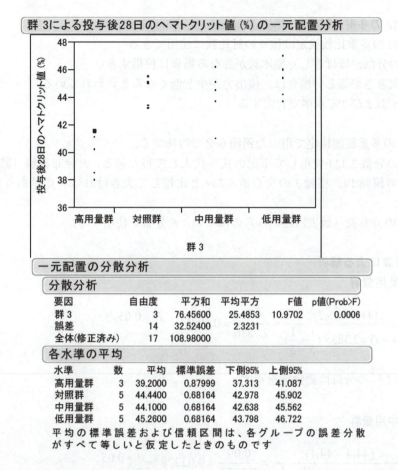

5-3. エクセル統計 2008 による解析

ANOVA の結果を示した．SAS JMP の全対の比較の手法は，Tukey および Scheffé の検定があり Duncan の検定は応用できない．手計算と同様な結果が得られた．

分散分析表

因子	平方和	自由度	平均平方	F 値	P 値	判定
因子 A	76.4560	3	25.4853	10.9702	0.0006	**
誤差	32.5240	14	2.3231			
全体	108.9800	17				

**1% 有意．

6．Scheffé の多重比較検定（Scheffé's multiple comparison test）
1）Scheffé の多重比較検定は種々の対比較に使用できる
2）各群の分散がほぼ等しく標本数が異なる場合に使用する
3）群の大きさが等しい場合は，検出力が少し低くなるといわれている
4）通常 5 および 1% 水準で判定する

　Duncan の多重範囲検定で用いた**例題 6-2** で吟味する．
　誤差項の分散 2.323 使用して下記の式へ代入して得た値と，F 分布表値（**数表 6-10**）（1% 水準の縦軸 14，横軸 3 の交点値 5.739 と比較して大きければ有意差あり）を比較する．
　Scheffé の分布表（数表）というものはない．F 分布を使用する．

6-1．手計算による解析
対照群対低用量群

$$F = \frac{(44.4 - 45.3)^2}{(4-1) \times 2.323 \times (\frac{1}{5} + \frac{1}{5})} = \frac{0.81}{2.7876} = 0.29057 \quad P > 0.05$$

$\frac{1}{5}$ および $\frac{1}{3}$ の分母は動物数を示す．

対照群対中用量群

$$F = \frac{(44.4 - 44.1)^2}{(4-1) \times 2.323 \times (\frac{1}{5} + \frac{1}{5})} = \frac{0.09}{2.7876} = 0.03228 \quad P > 0.05$$

対照群対高用量群

$$F = \frac{(44.4 - 39.2)^2}{(4-1) \times 2.323 \times (\frac{1}{5} + \frac{1}{3})} = \frac{27.04}{3.7168} = 7.27507 \quad P < 0.01$$

数表 6-10．F 分布のパーセント点（1% 水準点）（吉村ら，1987）

$N_1\backslash N_2$	1	2	3	4	5	6	7	8	9	10
14	9.073	6.700	**5.739**	5.205	4.861	4.620	4.440	4.302	4.191	4.100

N_1：誤差項の自由度，N_2：群間の自由度．

　統計処理の結果，Duncan の多重範囲検定と同一の結果を得た．

6-2．SAS JMP による解析
　この解析法は記載されていない．

6-3. エクセル統計 2008 による解析
手計算と同一の結果を得た.

手法	水準1	水準2	平均値1	平均値2	差	統計量	P値	判定
Scheffé	対照群	低用量群	44.4400	45.2600	0.8200	0.2412	0.8662	
	対照群	中用量群	44.4400	44.1000	0.3400	0.0415	0.9883	
	対照群	高用量群	44.4400	39.2000	5.2400	7.3870	0.0033	**
	低用量群	中用量群	45.2600	44.1000	1.1600	0.4827	0.6996	
	低用量群	高用量群	45.2600	39.2000	6.0600	9.8798	0.0009	**
	中用量群	高用量群	44.1000	39.2000	4.9000	6.4595	0.0057	**

**1% 有意.

　Scheffé の多重比較検定を使用した毒性試験は，最近検出力がかなり低いことから使用されない傾向だが，まれに使用していた例（Kobal and Budihana, 1999）を示す．この毒性試験は，2 薬剤を各 2 濃度に設定しているため Scheffé の検定を使用している．

7．Williams の較検定
　毒性試験は，一被検物質を適当な公比を用いて用量を 3 群以上設定した場合に使用する．用量依存性をもって測定値が一定の方向に傾くことを前提にした解析法が Williams の検定である．この現象は，毒性試験では一般的な考え方である．したがって，最高用量で有意差が認められない場合は，それ以下の用量で有意差が認められても全用量群に対して差がないとなる．この手法は，閉手順という．Williams（1971, 1972）によると毒性試験用に開発されたことを述べている．死亡例が多く群間動物数が変化する場合は，適用できないと述べている．等分散を前提としている．Dunnett の多重比較検定に比較して検出力は低い．榊ら（2001）製薬協の決定樹（**図 6-1**）に使用されている．

　日本では，現在（2009）公表論文による使用例がないようである．理由は Williams 自身が 1972 年の論文で毒性試験には適用しないほうがよいと述べている．おそらく毒性試験では，必ず用量相関性を示すとは限らないことが理由と推測する．

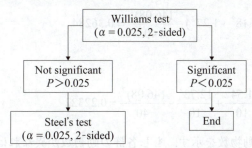

図 6-1．榊ら（製薬協ワーキンググループ）の改良決定樹（2000）

計算手順

等分散検定の項で示したデータ B6C3F$_1$ 雌マウスを用いた 13 週間反復毒性試験の肝臓重量のデータ（**例題 5-1**）を用いて解説する．図 6-2 から対照群に対して用量相関（依存）性を示して増加しているようである．

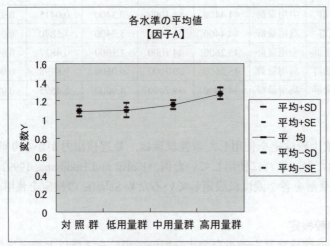

図 6-2. 肝臓重量の図（Excel 2008）

例題 5-1 から必要な数値を抽出し**表 6-9** に示した．

表 6-9. B6C3F$_1$ 雌マウスを用いた 13 週間反復毒性試験の肝臓重量（g）

計算値	対照群	低用量群	中用量群	高用量群
平均値	1.08	1.10	1.15	1.27
動物数	10	10	10	10

7-1. 手計算による解析

1）全平方和

$$(1.08^2 + 10.8^2 \cdots 1.18^2 + 1.27^2) - \frac{(46.08)^2}{40} = 0.36284$$

2）群間平方和

$$\frac{10.83^2}{10} + \frac{10.98^2}{10} + \frac{11.54^2}{10} + \frac{12.73^2}{10} - \frac{(46.08)^2}{40} = 0.22322$$

分母の 10 は各群の動物数を示す．もし各群の動物数が異なれば，その数を分母にとる．

3）誤差項の平方和

全平方和－群間平方和＝誤差項の平方和

分散分析表を**表 6-10** に示した．

表 6-10．分散分析の結果

要因	平方和	自由度	分散	分散比	確率（P）
全体	0.36284	39			
群間	0.22322	3	0.07444	19.186	<0.001
誤差	0.13962	36	0.003878		

必要な数値は，誤差項の分散 0.003878 である．

対照群と各用量群の差を算出して，$\sqrt{\dfrac{2\times 0.003878}{10}}=0.02784$ で割る．

対照群対低用量群：$\dfrac{1.08-1.10}{0.02784}=-0.7183$

対照群対中用量群：$\dfrac{1.08-1.15}{0.02784}=-2.514$

対照群対高用量群：$\dfrac{1.08-1.27}{0.02784}=-6.824$

数表 6-11．Williams のパーセント点（5% 水準点，$\alpha=0.05$）（Williams, 1971）

自由度	群数					
	2	3	4	5	6	7
30	2.45	2.51	2.52	2.53	2.53	2.54
35	2.44	2.49	2.50	2.51	2.51	2.54
40	2.42	2.47	2.48	2.49	2.49	2.50

有意水準を $\alpha=0.05$（片側検定）とする．Williams のパーセント点の**数表 6-11** から限界値 d (a, 35, 0.05) はそれぞれ 2.44（a＝2），2.49（a＝3），2.50（a＝4）となり，この値より各群間差が大きければ有意差を示したことになる．a は群数を示す．

したがって，この場合，対照群に対して高用量群および中用量群に有意差を示したことになる．

7-2. エクセル統計 2008 による解析

手法	対立仮説	水準1	水準2	平均値1	平均値2	差	統計量	棄却値：5%	判定
Williams	対照群 ≦	対照群	高用量群	1.0830	1.2730	0.1900	6.8221	1.7910	*
		対照群	中用量群	1.0830	1.1540	0.0710	2.5493	1.7660	*
		対照群	低用量群	1.0830	1.0980	0.0150	0.5386	1.6880	
	対照群 ≧	対照群	高用量群	1.0830	1.1750	−0.0920	−3.3033	1.7910	
		対照群	中用量群	−	−	−	−	−	
		対照群	低用量群	−	−	−	−	−	

*5% 有意.

手計算と同一な結果が得られた．

7-3. 阪大のフリーソフトによる解析

	Control 群	第2群	第3群	第4群
平均値	1.083	1.098	1.154	1.273
分散	3.27E-03	5.93E-03	2.45E-03	3.87E-03

自由度：36，誤差分散：0.281656.

	検定統計量	検定結果
(C, 4)	−0.387626	$P > 0.05$

(C, ○) ←というのは Control 群と○群の比較という意味です．
結果のみかた：帰無仮説が棄却されるという結果がでた時，「$p<\alpha$（α は有意水準）」，帰無仮説が保留されたとき「$p>\alpha$」と表示されます．*は有意水準が 0.05 で帰無仮説が棄却された時，**は有意水準が 0.025 で帰無仮説が棄却された時に表示されます．帰無仮説が保留された時点で検定は終了します．

本検定は，SAS JMP に格納されていないことから阪大のフリーソフトを用いて解析結果を示す．このプログラムでは高用量群に有意差は認められず解析終了となる．

8. 分散分析を実施せず直接多重比較・範囲検定で解析

従来は，一般的に分散分析を実施して 5% 水準で有意差が認められた場合，誤差項の分散を用いて Dunnett または Tukey などの多重比較・範囲検定で各群間差を吟味してきた．しかし，ごく最近は，この分散分析を使用しないで直接 Dunnett の検定で解析している．直接検定によって第 2 種の過誤を防ぐことができる．Dunnett（1964）自身も同様に提唱（後述）している．ANOVA を実施なしで直接 Dunnett の検定で解析した毒性試験の論文（David *et al.*, 2000, Payasi *et al.*, 2010a and 2010b, and Yamazaki *et al.*, 2009）を紹介する．したがって，分散分析表は不要である．誤差項の分散は，計算ソフトによって得られる．

例題 6-3 に 28 日間反復投与毒性試験の用量設定試験の血清 GOT 活性値である．この例題は，ANOVA で解析すると有意差が検出されず，直接 Dunnett の検定を使用すると有意差が認められる．

例題 6-3. SD ラットの血清 GOT 活性値

計算値	対照群	1000mg/kg	2000mg/kg
個体値	67	62	74
	66	77	68
	57	66	64
	68	61	75
	62		81
	61		
	59		
	70		
平均値	63.75（100）	66.50（104）	72.40（114）
合計	510	266	362

カッコ内の数値は対照群に対する指数を示す．

8-1. SAS JMP による解析

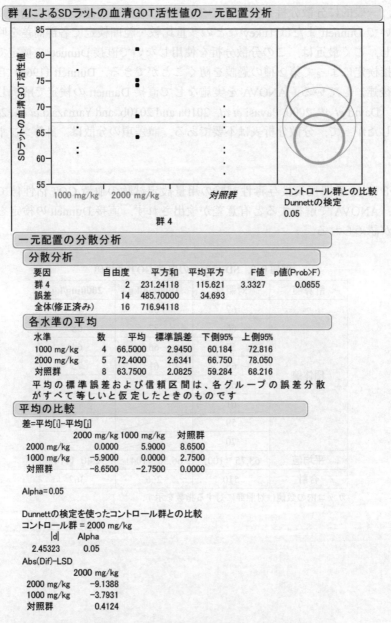

SAS JMP の結果，分散分析では $P = 0.0655$ を示し 5% 水準で有意差を認めない．従来はここで検定が終了となる．しかし，直接 Dunnett の多重比較検定で実施した場合は，対照群に対して 2000mg/kg 群に対して有意差（両側検定）が認められる．

8-2. エクセル統計 2008 による解析

分散分析表

因子	平方和	自由度	平均平方	F 値	P 値	判定
因子 A	231.2412	2	115.6206	3.3327	0.0655	
誤差	485.7000	14	34.6929			
全体	716.9412	16				

手法	対立仮説	水準 1	水準 2	平均値 1	平均値 2	差	統計量	P 値	判定
Dunnett	対照群 ≠	対照群	1000mg/kg	63.7500	66.5000	2.7500	0.7624	0.6862	
			2000mg/kg	63.7500	72.4000	8.6500	2.5761	0.0413	*
	対照群 <		1000mg/kg	63.7500	66.5000	−2.7500	−0.7624	0.3680	
			2000mg/kg	63.7500	72.4000	−8.6500	−2.5761	0.0207	*
	対照群 >		1000mg/kg	63.7500	66.5000	−2.7500	−0.7624	0.9095	
			2000mg/kg	63.7500	72.4000	−8.6500	−2.5761	0.9987	

*5% 有意.

　手計算，SAS JMP およびエクセル統計 2008 とも同一の結果を得た．
　次に，この**例題 6-3** 利用して組み合わせが大きくなると有意差が検出できなくなる例を述べる．**例題 6-3** を Tukey の多重範囲検定を用いた場合，全対に有意差は認められない．この理由は，Dunnett の多重比較検定に比較して検定回数が 1 回多いことによる．

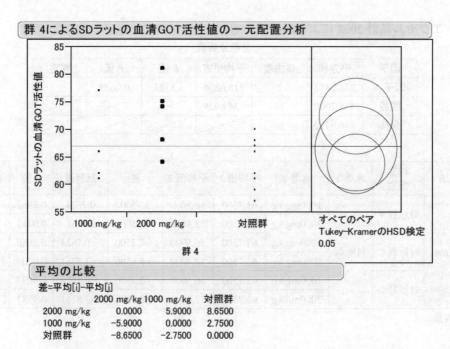

分散分析を使用しないことはDunnett自身の原著論文（1964）で提唱している．以下にこの論文の概要を述べる．データは二元配置の分散分析で説明している．測定値は，stilbesterolと2用量のacetyl enheptinを若鶏に混餌により投与し，経時的にと殺し胸筋中の脂肪含有率を測定（**Table I**/原著論文をリタイプ）した．1元は脂肪含有率（対照群を含めて4群設定）で，残り1元は経時的変化（Week 1, 3, 5, 7の4ポイント）である．

第6章 3群以上の多群間検定（分散を利用した検定）

Table I. Numerical data on fat content of breast muscle in cockerels on different treatments

Sacrifice time	Percentage fat of fresh tissue				Sums
	Treatment-group				
	A (control)	B	C	D	
1 week	2.84 2.49 2.50 2.42 2.61	2.43 1.85 2.42 2.73 2.07	1.95 2.67 2.23 2.31 2.53	3.21 2.20 2.32 2.79 2.94	
	12.86	11.50	11.69	13.46	49.51
3 weeks	2.23 2.48 2.48 2.23 2.65	2.83 2.59 2.53 2.73 2.26	2.32 2.36 2.46 2.04 2.30	2.45 2.49 2.95 2.05 2.31	
	12.07	12.94	11.48	12.25	48.74
5 weeks	2.30 2.30 2.38 2.05 2.13	2.50 1.84 2.20 2.31 2.20	2.25 2.45 2.52 1.90 2.19	2.53 2.03 2.45 2.34 1.92	
	11.16	11.05	11.31	11.27	44.79
7 weeks	2.41 2.45 3.17 2.87 2.86	2.48 1.46 2.96 2.73 2.84	2.96 2.05 1.60 1.47 2.23	2.15 2.63 2.38 2.93 2.80	
	13.77	12.47	10.31	12.89	49.44
Sums	49.86	47.96	44.79	49.87	192.48
Means	2.493	2.398	2.240	2.494	

Analysis of variance				
Source of variation	d.f.	Sum of square	Mean square	F-ratio
Treatments	3	0.8602	0.2867	2.64
Sacrifice times	3	0.7574	0.2525	2.33
Treatments × Times	9	1.1911	0.1323	1.22
Residual (error)	64	6.9492	0.1086	

Dunnett は,「対照群とグループ C の差は大きいが ANOVA で有意差が認められない」といっている. F 表の自由度 (64, 3) は, 2.758 (**数表 6-12**) である. 計算値 2.64 (用量群間) および 2.33 (経時的ポイント) で, いずれも F 表の棄却限界値より小さい. したがって, 5% 水準の統計学的有意差は認められない.

数表 6-12. 5% 水準の F 分布表 (棄却限界値)

誤差項の自由度 (分散比算出時の分母)	各調査項目の自由度 (分散比算出時の分子)				
	1	2	3	4	5
60	4.001	3.150	2.578	2.525	2.368
120	3.920	3.072	2.680	2.447	2.290

しかし, C 群は, 対照群に対して 10% 脂肪が低下している. どうして ANOVA で有意差 ($P=0.05$) が認められないのだろうか？

Dunnett の検定で解析する.

$$t = \frac{2.240 - 2.493}{\sqrt{0.1086} \times \sqrt{\frac{2}{20}}} = -2.43$$

数表 6-13. 両側検定の 5% 水準の Dunnett 自身の表

誤差項の自由度	対照群を除いた群数				
	1	2	3	4	5
60	2.00	2.27	2.41	2.51	2.58
120	1.98	2.24	2.38	2.47	2.55

計算値 2.43 は, **数表 6-13** の Dunnett の表 (両側検定, 5%, 自由度 = 60, 3) の 2.41 より大きい. したがって, 5% 水準で統計学的有意差を認めたことになる. この場合縦軸の自由度は, 厳しい評価をしたいことから 64 に近い 60 を採用する. 120 に比較して棄却限界値は大きい.

注意点：Dunnett の検定の場合, 表 6-13 の自身の表は全群数から対照群を引いた数になる. この場合は 3 となる. 吉村らの「毒性・薬効データの統計解析」の Dunnett の表は全群数である. 吉村の表では, 2.4099 となる (**数表 6-14**).

両者とも棄却限界値は同一であるが, そのほかの表の表示が全群数または全群数-1 に注意する.

数表 6-14. 両側検定の 5% 水準の吉村らの Dunnett の表

誤差項の自由度	全群数				
	2	3	4	5	6
60	2.0002	2.2652	2.4099	2.5083	2.5824
120	1.9900	2.2517	2.3944	2.4914	2.5644

次に毒性試験から得られたマウスの肝重量データ（**表6-11**）で解説する．Bartlettの等分散検定結果，等分散を示し（$P=0.7107$），次のANOVAの結果，$P=0.0804$で全群間に有意差は認められない．通常は，ここで解析終了となる．しかし，直接Dunnettの多重比較検定に進むと高用量に対して$P=0.0399$で統計学的有意差（両側検定）が認められる．

表6-11．マウスの肝重量データ

データ	対照群	低用量群	中用量群	高用量群
B6C3F$_1$ マウス肝重量（g），N＝10	1.08, 1.09, 1.15, 1.09, 1.16, 1.00, 1.12, 1.01, 1.12, 1.02	1.09, 1.12, 1.15, 1.09, 1.04, 0.99, 1.24, 1.15, 0.99, 1.12	1.10, 1.20, 1.09, 1.02, 1.07, 1.12, 1.13, 1.06, 1.11, 1.20	1.16, 1.15, 1.24, 1.16, 1.22, 1.10, 1.18, 1.07, 1.18, 1.09
平均値±標準偏差	1.08±0.06	1.10±0.08	1.11±0.06	1.16±0.05
Bartlett's test, $P=0.7107$，有意差なし（NS）				
ANOVA, $P=0.0804$，(NS)				
Dunnett's test	−	$P=0.9233$（NS）	$P=0.6742$（NS）	**$P=0.0399$**

NS: No significant difference.

分散分析で有意差が認められないがDunnettの検定では有意差が認められる．

9．2元配置の分散分析（Two-way Analysis of Variance）

例題6-4は，超音波で調べた胎児の頭部周囲データの再現性を調べる大量の研究データの一部である．4名の測定者はそれぞれ同じ胎児3人について3回測定した（木船，佐久間，1999）．毒性試験では，イヌを用いた試験で初回値との差を求め用量と経時的変化について二元配置で薬剤の影響を検討している報告もある．Dunnett（1955）は，二元配置の分散分析で用量および経時的変化を解析している．直近の論文は，Yokota *et al.*, 2013で2元配置（性×用量）のANOVAが使用されているが対照群と用量群間の検定法は不明である．そのほかにも28日間反復投与毒性試験に2元配置のANOVAを使用している例（Lohith *et al.*, 2013）を紹介する．

毒性試験では，2元配置のANOVAを用いている試験はきわめて少ないが，時折イヌを用いた毒性試験のように継時的に測定する血液学的・生化学的検査結果に応用されている．この理由は，もし両者または用量群のみに有意差が認められた場合，対照群と各用量群間の差の解析法は，どのようにデータを分解するのか，著者は，判断が難しくわからない．おそらく統合して再度Dunnettの検定で解析するのが最良と考える．

例題 6-4. 超音波で調べた胎児の頭部周囲データの再現性

観測者	1	2	3	4	合計
胎児 1	14.3	13.6	13.9	13.8	167.9（109）
	14.0	13.6	13.7	14.7	
	14.8	13.8	13.8	13.9	
計	43.1	41.0	41.4	42.4	
胎児 2	19.7	19.8	19.5	19.8	236.3（154）
	19.9	19.3	19.8	19.6	
	19.8	19.8	19.5	19.8	
計	59.4	58.9	58.8	59.2	
胎児 3	13.0	12.4	12.8	13.0	153.9（100）
	12.6	12.8	12.7	12.9	
	12.9	12.5	12.5	13.8	
計	38.5	37.7	38.0	39.7	
合計	141.0（99.8）	137.6（97.4）	138.2（97.8）	141.3（100）	558.1

9-1. 手計算による解析

$558.1 = \text{total}, 36 = N, \dfrac{558.1^2}{36} = 8652.1$

全平方和の計算 $= (14.3^2 + 14.0^2 + \cdots\cdots + 12.9^2 + 13.8^2) - 558.1^2/36 = 8979.7 - 8652.1 = 327.6$

観測者間平方和 $= 1/9(141.0^2 + 137.6^2 + 138.2^2 + 141.3^2) - 558.1^2/36 = 8653.2 - 8652.1 = 1.199$

胎児間平方和 $= 1/12(167.9^2 + 236.3^2 + 153.9^2) - 558.1^2/36 = 8976.1 - 8652.1 = 324$

胎児×観測者（相互間）$= 1/3(43.1^2 + 59.4^2 + 38.5^2 + 41.0^2 + 58.9^2 + 37.7^2 + 41.4^2 + 58.82^2 + 38.0^2 + 42.4^2 + 59.2^2 + 39.7^2) - 558.1^2/36 = 8977.8 - 8652.1 = 325.7$

相互間 325.7 から観測者間平方和 1.199 および胎児間平方和 324 を引くと相互間の平方和は，325.7 − 324 − 1.199 = 0.571，自由度は，(3−1)(4−1) = 6 となる．

誤差の算出

全平方和 − (観測者 + 胎児 + 胎児×観測者) = 1.83 となり，自由度は，35 − 2 − 3 − 6 = 24．分散分析の結果は，**表 6-12** に示した．

表 6-12. 分散分析表

項目	平方和	自由度	分散	分散比	確率
胎児*	324	2	162	2131	$P<0.001$
観測者*	1.199	3	0.399	5.25	$P<0.01$
胎児×観測者**	0.571	6	0.095	1.25	有意差無し
誤差	1.83	24	0.076		
計	327.6	35			

*主効果, **相互作用.

数表 6-15 の F 分布表を用いる.縦軸の自由度は 24, 横軸の自由度は, 各項目の自由度を採り, 計算値が二つの自由度の交点値より大きければ有意差ありといえる.

数表 6-15. F 分布のパーセント点（1% 水準点）(吉村ら, 1987)

$N_1 \backslash N_2$	1	2	3	4	5	6	7	8	9	10
24	7.823	5.614	4.718	4.218	3.895	3.667	3.496	3.363	3.256	3.168

N_1：誤差項の自由度, N_2：群間の自由度.

結果および考察

1）胎児間に 0.1% 水準で有意差を認めた
2）観測者間にも 1% 水準で有意差を認めた
3）胎児と観測者の相互作用間に有意差は認められなかった.したがって, 胎児間と観測者間の有意差は独立して差を認めたことになる
4）胎児間および観測者の何処と何処の間に差があるかを検討する場合は, 全対比較が可能な Tukey の多重範囲検定で実施する.この場合は, 誤差項の分散 0.076 を用いて計算する
5）相互間に有意差を認めない場合は, 相互間を除いた分散分析表を作成して厳密な分析（表 6-13）を支持する学者もいる
6）相互間の平方和が除去されたことによって観測者の分散比が大きくなり有意水準が高くなる

表 6-13. 相互間を除いた分散分析表

項目	平方和	自由度	分散	分散比	確率
胎児	324	2	162	2025	$P<0.001$
観測者	1.199	3	0.399	4.98	$P<0.001$
誤差	2.40	30	0.08		
計	327.6	35			

9-2. SAS JMP による解析

SAS JMP では，2 および 3 元配置の分散分析解析ツールは存在していない．したがって，モデルのあてはめを利用する．

二元配置− 最小2乗法によるあてはめ

応答 胎児の頭部周囲長
モデル全体
効果の検定

要因	パラメータ数	自由度	平方和	F値	p値(Prob>F)
胎児番号	2	2	324.00889	2113.101	<.0001
観察者番号	3	3	1.19861	5.2114	0.0065
胎児番号*観察者番号	6	6	0.56222	1.2222	0.3296

手計算による表 6-11 の分散分析表と同一の結果が得られた．

10. 3 元配置の分散分析（Three-way Analysis of Variance）

アンケート（厚生省大臣官房統計情報部，1992）によるがんで死亡した患者に対する「告知の状況」・「死亡者の性」・「年齢（5 段階）」について分析する．3 元配置とは，男女間（2 群），年齢層（5 群），告知（3 群）である．例題 6-5 にデータを示した．一般毒性試験では，その使用が極めて少ないように思う．薬理分野の細胞への影響を検索する試験に時折利用されているようである．

例題 6-5．死亡数，告知の状況×死亡者の性・年齢（5 段階）

性	年齢層	告知の状況			計
		知っていた	知らなかった	分からない	
男	40−44 歳	17	11	7	679
	45−49 歳	18	26	15	
	50−54 歳	33	43	23	
	55−59 歳	44	96	48	
	60−64 歳	72	137	89	
女	40−44 歳	34	7	8	392
	45−49 歳	31	17	4	
	50−54 歳	22	30	12	
	55−59 歳	40	38	20	
	60−64 歳	38	76	15	
計	40−44 歳＝84	349	481	241	1071
	45−49 歳＝111				
	50−54 歳＝163				
	55−59 歳＝286				
	60−64 歳＝427				

10-1. 手計算による解析

$1071 = \text{total}, 30 = N, \dfrac{1071^2}{30} = 38235$

全平方和の計算 $= (17^2 + 18^2 + 33^2 + 44^2 + 72^2 + 34^2 + 31^2 + 22^2 + 40^2 + 38^2 + 11^2 + 26^2 + 43^2 + 96^2 + 137^2 + 7^2 + 17^2 + 30^2 + 38^2 + 76^2 + 7^2 + 152^2 + 23^2 + 48^2 + 89^2 + 8^2 + 4^2 + 12^2 + 20^2 + 15^2) - 1071^2/30 = 65433 - 38235 = 27198$

男女間平方和 $= 1/15(679^2 + 392^2) - 1071^2/30 = 40980 - 38235 = 2745$

年齢層間平方和 $= 1/6(84^2 + 111^2 + 163^2 + 286^2 + 427^2) - 1071^2/30 = 51678 - 38235 = 13443$

告知の状況間平方和 $= 1/10(349^2 + 481^2 + 241^2) - 1071^2/30 = 41124 - 38235 = 2889$

1/15, 1/6 および 1/10 は各調査群内に含まれる個体数.

自由度（D.F.）は，全体 $= 30 - 1 = 29$，男女間 $= 2 - 1 = 1$，年齢層間 $= 5 - 1 = 4$，告知の状況間 $= 3 - 1 = 2$.

表 6-14 に男女（性）と年齢層を示した.

表 6-14. 男女（性）と年齢層

性	40-44 歳	45-49 歳	50-54 歳	55-59 歳	60-64 歳
男	35	59	99	188	298
女	49	52	64	98	129

i $= 1/3(35^2 + 49^2 + 59^2 + 52^2 + 99^2 + 64^2 + 188^2 + 98^2 + 298^2 + 129^2) - 1071^2/30 = 58033 - 38235 = 19798$

この平方和（i）より男女（性）および年齢層のもつそれぞれの平方和を減じたものが男女（性）と年齢層の平方和である．すなわち，男女（性）と年齢層の平方和 $= 19798 - 2745 - 13443 = 3610$ となり，自由度は，D.F. $= (2-1)(5-1) = 4$ となる．

次に，年齢層と告知の状況を表 6-15 に示した．

表 6-15. 年齢層と告知の状況

年齢幅	知っていた	知らなかった	分からない
40-44 歳	51	18	15
45-49 歳	49	43	19
50-54 歳	55	73	35
55-59 歳	84	134	68
60-64 歳	110	213	104

ii $= 1/2(51^2 + 49^2 + 55^2 + 84^2 + 110^2 + 18^2 + 43^2 + 73^2 + 134^2 + 213^2 + 15^2 + 19^2 + 35^2 + 68^2 + 104^2) - 1071^2/30 = 57630 - 38235 = 19395$

この平方和（ii）より年齢層と告知の状況のもつそれぞれの平方和を減じたものが年齢層と告知の状況の平方和である．すなわち，年齢層と告知の状況の平方和 = 19395 − 13443 − 2889 = 3063 となり，自由度は D.F. = $(5-1)(3-1) = 8$ となる．

次に，告知の状況と男女（性）を**表 6-16** に示した．

表 6-16. 告知の状況と男女（性）

告知	男	女
知っていた	184	165
知らなかった	313	168
分からない	182	59

iii = $1/5(184^2 + 313^2 + 182^2 + 165^2 + 168^2 + 59^2) - 1071^2/30 = 44775 - 38235 = 6540$

この平方和（iii）より告知の状況と男女（性）のもつそれぞれの平方和を減じたものが告知の状況と男女（性）の平方和である．すなわち，告知の状況と男女（性）の平方和 = 6540 − 2889 − 2745 = 906 となり，自由度は D.F. = $(3-1)(2-1) = 2$ となる．

誤差の算出

全平方和 − [男女間 + 年齢層間 + 告知の状況間 + 男女間（性）と年齢層間 + 年齢層間と告知の状況間 + 告知の状況間と男女（性）]

すなわち，27198 − (2745 + 13443 + 2889 + 3610 + 3063 + 906) = 27198 − 26656 = 542 となり，自由度は D.F. = 29 − 1 − 4 − 2 − 4 − 8 − 2 = 8 となる．

分散分析結果を**表 6-17** に示した．

表 6-17. 分散分析表

項目	平方和	自由度	分散	分散比	確率
男女（性）*	2745	1	2745	40.4	$P<0.05$
年齢*	13443	4	3360	49.4	$P<0.05$
告知の状況*	2889	2	1444	21.2	$P<0.05$
男女（性）と年齢層**	3610	4	902	13.2	$P<0.05$
年齢層と告知の状況**	3063	8	382	5.6	$P<0.05$
告知の状況と男女（性）**	906	2	453	6.6	$P<0.05$
誤差	542	8	**68**		
計	27198	29			

*主効果，**相互作用．

各項目に対して分散比を算出する．分母に誤差項の分散の 68 を用いる．この例は，全て 68 より大きいことから 1 以上の値が算出される．

数表 6-16 の F 分布表を用いる．縦軸の自由度は 8，横軸の自由度は，各項目の自由度を採り，二つの自由度の交点値より大きければ有意差ありといえる．

数表 6-16. F 分布のパーセント点（5% 水準点）（吉村ら，1987）

$N_1 \backslash N_2$	1	2	3	4	5	6	7	8	9	10
8	5.318	4.459	4.066	3.838	3.687	3.581	3.500	3.438	3.388	3.347

N_1：誤差項の自由度，N_2：群間の自由度．

結果および考察

1）男女間，年齢間および告知の状況間にそれぞれ 5% 水準以下で有意差が認められる
2）全ての相互作用に差（$P<0.05$）があることから，この三者が若干主効果の有意差検出を低下させている
3）年齢層および告知状況に差があることから，何処と何処に有意差が認められるかは，全対比較が可能な Tukey の多重範囲検定で実施する．この場合は，誤差項の分散 68 を用いて計算する

直近の毒性試験関連のリンパ球への影響を検索した論文（Sandhu *et al.*, 2013）は，用量，性および測定日の 2 および 3 元配置で解析し，もし有意差が認められた場合，Duncan の多重範囲検定で群間検定している．

10-2. SAS JMP による解析

三元配置教科書 − 最小2乗法によるあてはめ

応答 人数
モデル全体
効果の検定

要因	パラメータ数	自由度	平方和	F値	p値(Prob>F)
性	1	1	2745.633	40.5659	0.0002
年齢層	4	4	13443.800	49.6570	<.0001
告知の状況	2	2	2889.600	21.3465	0.0006
性*年齢層	4	4	3609.533	13.3324	0.0013
性*告知の状況	2	2	905.867	6.6919	0.0196
年齢層*告知の状況	8	8	3062.400	5.6557	0.0122

11. 群数が増加すると検出力が低下する

毒性試験は通常対照群を含めて 4 群を設定する．しかし，スクリーニング試験および数種の薬剤評価の場合，6～10 群の設定を実施する場合がある．探査的研究の場合，最初の段階で薬効・毒性を見逃してはならない．Dunnett の多重比較検定で群数が増加するに従って，検出力が低下するパターン（72 週齢の B6C3F$_1$ 雄マウスのヘモグロビン濃度，g/dL）を**表 6-18** に示した．群数が増加すると組み合わせが増加することから検出力が低下することが多重比較・範囲検定の宿命である．したがって，多くの用量群を設定したスクリーニング試験は，t 検定の使用を推奨したい．この現象は，第 2 種の過誤と呼ばれている．

表6-18. 群数の変化による検出力の変化（ヘモグロビン濃度, g/dL）

個体値および計算値	対照群	低用量群	中用量群	高用量群	最高用量群
個体値	13.9 14.3 13.7 13.8 14.0 14.3 13.9 13.7 13.9 13.5	14.0 13.3 15.0 13.8 14.1 13.3 14.1 13.9 13.8 13.4	14.0 13.8 13.7 13.8 13.5 14.1 14.2 13.8 14.1 14.0	14.1 13.9 14.3 14.0 14.2 14.1 14.3 14.4 14.4 14.4	14.2 14.2 15.1 13.4 14.3 13.7 14.3 14.4 14.0 14.3
動物数	10	10	10	10	10
平均値±標準偏差	13.9±0.3	13.9±0.4	13.9±0.2	14.2±0.2	14.2±0.4
Dunnett's t 検定の計算値		0.299	0.000	2.320	
5%の棄却限界値 α		2.13			
統計学的有意差		NS	NS	[*]	
Dunnett's t 検定の計算値		0.277	0.000	2.075	1.941
5%の棄却限界値 α		2.22			
統計学的有意差		NS	NS	NS	NS

NS: No significant difference.

同一試験系で4群設定の場合は，高用量群で有意差［*］が認められる．5群設定では有意差が認められない（表6-18）．

化審法28日間反復投与毒性試験は，通常1群5匹（対照群および最高用量群は10匹）のラットを用いる．公開既存化合物の158の反復投与毒性試験で設定された群数を調査した結果を表6-19に示した．対照群を含めて4群がもっとも多く76%を示した．

表6-19. 化審法28日間反復投与毒性試験で用いられた対照群を含めた群数

対照群を含めた群数	試験数 (%)
4	120 (76)
5	33 (21)
6	4 (2.5)
7	1 (0.6)

統計学的有意差は，上述の群数による変化にくわえて，用量設定の際，公比の設定も大きく関係する．公開既存化合物の158の反復投与毒性試験で設定された用量設定の公比を調査した結果を表6-20に示した．公比は，3および5がそれぞれ37および34%であった．低毒性の場合は，通常雌雄とも0, (30), 100, 300および1000 mg/kg/dayの用量設定が多い．農薬の毒性試験の用量設定のための公比は，大きくかつ一定ではない場合が多い．

表 6-20. 化審法 28 日間反復投与毒性試験に
設定された用量の公比

公比	試験数 (%)
2	14 (9.4)
3	59 (37)
4	26 (16)
5	53 (34)
6	2 (1.3)
7	4 (2.5)
合計	158

12. 著者の意見

OECD TG 407 (2008) は，t 検定の繰り返しを使用しないように記載されている．したがって，毒性試験は Dunnett の検定を使用することを推奨する．最近の毒性試験は，ANOVA を使用せず，直接 Dunnett の検定を使用している．

Tukey および Duncan の検定は，異なった薬剤の比較に使用される．1 被験物質を公比によって数用量を設定する毒性試験では使用しない．なぜならば組み合わせが多い（全対）ため検出力が低下する．

Scheffé の検定は，検出力が極めて低いことから毒性試験に最近使用しない．なぜならばこの検定は，組み合わせがいくつも可能だからである．たとえば A 群対 B＋C 群が可能で，いわゆる分散分析の枝分かれ法である．50 年前は，農学分野でよく使用されていた．対照群に対して 40% の増減が認められても用量群に統計学的有意差が認められない場合もある．

最高用量で有意差が認められなければ差がないと考察する閉手順法の Williams の検定は，試験責任者にとって都合がよいが，毒性試験ではあまり使用されていない．おそらく用量依存性がない場面が多々あるからと推測する．また用量依存性がなく対照群に対して動物数が極めて異なる場合，平均値を推定する．したがって，動物数が対照群と各群で同一の場合に使用しなくてはならない．この問題について Kobayashi et al. (2012) が詳しく述べている．

◎引用論文および資料
・木船義久，佐久間昭訳（1999）：医学研究における実用統計学．pp.267-268，サイエンティスト社，東京．
・厚生省大臣官房統計情報部（1992）：平成 4 年度人口動態社会経済面調査報告．p.47，厚生統計協会，東京．
・小林克己（1983）：ダンネットの多重比較検定法について．医薬安全性研究会 No. 10, 11-15.
・榊　秀之，五十嵐俊二，池田高志，今溝　裕，大道克裕，門田利人，川口光裕，瀧澤　毅，塚本　修，寺井　裕，戸塚和男，平田篤由，半田　淳，水間秀行，村上善記，山田雅之，横内秀夫（2000）：ラット反復投与毒性試験における計量値データ解析法．J. Toxicol. Sci., 25, app.71-81.
・柴田寛三（1970）：生物統計学講義．pp.66-67，東京農業大学，東京．

- 下 武雄，小野寺博志，松島裕子，外舘あさひ，三森国敏，前川明彦，高橋道人（1994）：Nitrobenzene の F344 ラットにおける 28 日間反復投与毒性試験．衛生試験所報告，第 112 号，71-81.
- 吉田 実（1980）：畜産を中心とする実験計画法．p.85，養賢堂，東京.
- 吉村 功ら（1987）：毒性・薬効データの統計解析．サイエンティスト社，東京.
- Akhtar, N., Srivastava, M.K., and Raizada, R.B. (2009): Assessment of chlorpyrifos toxicity on certain organs in rat. *Rattus norvegicus. Journal of Environmental Biology*, **30**(6), 1047-1053.
- Arts, J.H.E., Til, H.P., Kuper, C.F., and Swennen, B. (1994): Acute and subacute inhalation toxicity of germanium dioxide in rats. *Fd Chem. Toxic.*, **32**(11), 1037-1046.
- Baba, N.A., Raina, R., Verma, P.K., Sultana, M., Prawez, S., and Nisar, N.A. (2013): Toxic effects of fluoride and chlorpyrifos on antioxidant parameters in rats: Protective effects of vitamin C and E. The International Society for Fluoride Research Inc., *Research report Fluoride*, **46**(2), 73-79.
- Baligar, P.N. and Kaliwal, B.B. (2001): Induction of gonadal toxicity to female rats after chronic exposure to mancozeb. *Industrial Health*, **39**, 235-243.
- David, R., Moore, M.R., Finney, D.C., and Guest, D. (2000): Chronic toxicity of di(2-ethylhexyl) phthalate in rats. *Toxicological Science*, **55**, 433-443.
- Dorostghoal, M, Zardkaf, A., and Dezfoolian, A. (2010): Chronic effects of di(2-ethylhexyl)phthalate on stereological parameters of testis in adult Wistar rats. *Iranian Journal of Basic Medical Sciences*, **13**(4), 170-176.
- Dubey, A., Raina, R., and Khan, M. (2012): Toxic effects of deltamethrin and fluoride on antioxidant parameters in rats. The International Society for Fluoride Research Inc. *Research report, Fluoride*, **45**(3 Pt 2), 242-246.
- Dunnett, C.W. (1955): A multiple comparison procedure for comparing several treatments with a control. *J. Am. Stat. Assoc.*, **50**, 1096-1211.
- Dunnett, C.W. (1964): New tables for multiple comparisons with a control. *Biometrics*, September 482-491.
- Fujimoto, N., Takagi, A., and Kanno, J. (2013): Neonatal exposure to 2,3,7,8-tetrachlorodibenze-p-dioxin increases the mRNA expression of prostatic proteins in C57BL mice. *J. Toxicol. Sci.*, **38**(2), 279-283.
- Gad, S. and Weil, C.S. (1986): Statistics and experimental design for toxicologists. pp.61-65, The Telford Press, New Jersey.
- Galav, V. and Alam, M. (2013): Anti-inflammatory effect and toxicological evaluation of thymoquinone (volatile oil of black seed) on adjuvant-induced arthritis in wistar rats. *Indian J.L. Sci.*, **2**(2), 17-22.
- Hayashi, H., Arai, T., Strong, J.M., Tokuda, H., Shimano, Y., Ohta, Y., Enomoto, T., Uebaba, K., Ohta, T., and Suzuki, N. (2009): 28-day repeated dose oral toxicity test of *coix lacryma-jobi L. var. ma-yuen* stapf in rats. *JJCAM*, **6**(3), 131-135.
- Kim, H-Y., Chung, Y-H., Jeong, J-H., Lee, Y-M., Dur, G-S., and Kang, J-K. (1999): Acute and repeated inhalation toxicity of 1-bromopropane in SD rats. *J Occup Health*, **41**, 121-128.
- Kobayashi, K, Pillai, K.S., Michael, M., Cherian, K.M., Araki, A., and Hirose, A. (2012): Determination of dose dependence in repeated dose toxicity studies when mid-dose alone insignificant. *J. Toxicol. Sci.*, **37**(2), 255-260.
- Kobal, S. and Budihna, M.V. (1999): Toxicity of herbicides 2,4-*d* and MCPA for rats and rabbits. *ACTA VET. BRNO*, **68**, 281-290.
- Kumamoto, T., Tsukue, N., Takano, H., Takeda, K., and Oshio, S. (2013): Fetal exposure to diesel exhaust affects X-chromosome inactivation factor expression in mice. *J. Toxicol. Sci.*, **38**(2), 245-254.
- Lalla, J.K., Shah, M.U, Edward F III Group (2010): Preclinical Animal Toxicity Studies: Repeated dose 28-day subacute oral toxicity study of oxy powder in rats. *International Journal of Pharma and Bio Science*, **1**(2), No page numbers, total volume of 33 pages.
- Lohith, T.S., Shridhar, N.B., Dilip, S.M., Pattar, J., and Suhasini, K. (2013): Repeated dose 28-day oral toxicity study of raw areca nut extraction in rats. *Int. J. Pharm.*, **4**(5), 238-240.

第 6 章　3 群以上の多群間検定（分散を利用した検定）

- OECD TG 407 (2008): OECD guidelines for the testing of chemicals, Repeated Dose 28-Day Oral Toxicity Study in Rodents. Adopted: 3 October 2008, http://ntp.niehs.nih.gov/iccvam/suppdocs/feddocs/oecd/oecdtg407-2008.pdf (Accessed October 10, 2014).
- Ogbonnia, S.O., Olayemi, S.O., Anyika, E.N., Enwuru, V.N., and Poluyi, O.O. (2009): Evaluation of acute toxicity in mice and subchronic toxicity of hydroethanolic extract of *Parinari curatellifolia* Planch (Chrysobalanaceae) seeds in rats. *African Journal of Biotechnology*, **8**(9), 1800-1806.
- Payasi, A., Chaudhary, M., Tamta, A., and Dwivedi, A. (2010a): Sub-acute toxicity study of etimicin sulphate in Wistar rat. *International Journal of Pharmaceutical Sciences and Drug Research*, **2**(2), 120-122.
- Payasi, A., Chaudhary, M., Singh, B., M., Gupta, A., and Sehgal, R. (2010b): Sub-acute toxicity studies of paracetamol infusion in albino Wistar rats. *International Journal of Pharmaceutical Sciences and Drug Research*, **2**(2), 142-145.
- Sandhu, M.A., Saeed, A.A., Khilji, M.S., Ahmed, A., Latif, M., S., Z., and Khalid, N. (2013): Genotoxicity evaluation of chlorpyrifos: a gender related approach in regular toxicity testing. *J. Toxicol. Sci.*, **38**(2), 237-244.
- Seo, D.S., Kwon, M., Sung, H.J., and Park, C.B. (2011): Acute oral or dermal and repeated dose 90-day oral toxicity of tetrasodium pyrophosphate in Sprague Dawley (SD) rats. *Environmental Health and Toxicology*, **26**, Article ID: e2011014: 9 pages.
- Tripathi, R., Kaushik, D., Tripathi, A, Pasal, V.P., and Khan, S.A. (2006): Acute and subacute toxicity studies on vetiver oil in rats. FABAD *J. Pharm. Sci.*, **31**, 71-77.
- Williams, D.A. (1971): A test for differences between treatment means when several dose levels are compared with a zero dose control. *Biometrics,* **27**, 103-117.
- Williams, D.A. (1972): The comparison of several dose levels with zero dose control. *Biometrics*, **28**, 519-531.
- Yamazaki, K., Suzuki, M., Kano, H., Umeda, Y., Matsumoto, M., Asakura, M., Nagano, K., Arito, H., and Fukushima, D. (2009): Oral carcinogenicity and toxicity of 2-amino-4-chlorophenol in rats. *J Occup Health*, **51**, 249-260.
- Yang, B., Pan, X., Yang, Z., Xiao, F., Liu, X., Zhu, M. and Xie, J. (2013): Crotonaldehyde induces apoptosis in alveolar macrophages through intracellular calcium, mitochondria and p53 signaling pathways. *J. Toxicol. Sci.*, **38**(2), 222-235.
- Yasmin, S., Das, J, Stuti, M, Rani, M., and D'Souza, D. (2011): Sub chronic toxicity of arsenic trioxide on Swiss albino mice. *International Journal of Environmental Sciences*, **1**(7), 1640-1647.
- Yokota, S., Noria, N., Iwata, M., Umezawa, M., Oshio, S., and Takeda. K. (2013): Exposure to diesel exhaust during fetal period affects behavior and neurotransmitters in male offspring mice. *J. Toxicol. Sci.*, **38**(1), 13-23.
- Yoshida, M. (1988): Exact Probabilities associated with Tukey's and Dunnett's multiple comparisons procedures in balanced one-way ANOVA. *J Japanese Soc Comp Statis*, **1**, 111-122.
- Zapatero, J., Canut, L., Aluma, J., de Luna, M., and Santasusagna, C. (1999): Four-week toxicity study in rats by intravenous administration with a two-week recovery period. Report No. CD-98/6289T, Centro de investigacion Y Desarrollo Aplicado, S.A.L. (Barcelona)-Spain.

第7章　順位和検定（分散を利用しない検定）

1．順位和検定（分散を利用しない検定）の概略

　この検定法は，定量値の平均値の差の吟味ではなく，定量値を大きさの順番に置き直し，その平均順位の差（中央値）を吟味する検定法である．したがって，応用される値は，平均値に対してかなり広い分布をしている非正規性データ，区間中の発生率，スコア化データおよび等分散検定で有意差を示した数値に対して用いられる．特に率は，2つの数値から算出したデータで一部の FOB データ，飼料効率，白血球分画および器官重量/体重比などが該当する．一部の統計学者は，生物の反応に対して順位和検定は，分散を利用した検定法に比較して有用と述べている．

　最近，順位和検定のいくつかは，検出力が低いため使用を避けた方が無難との意見が散見される．したがって，Bartlett の等分散検定の有意水準を 5% から 1% へ変更して，少しでも多くのデータの分布が利用した Parametric 検定で解析する傾向にある［最近の JTS（1997-1998）にも散見されている］．しかし，この傾向は日本のみのものである．なぜならば，多群間検定を重視したことによって検出力のきわめて低い検定法，Dunnett および Tukey 型順位和検定による検定法が普及してきたことによる．諸外国では，検出力の高い 2 群間検定である Mann-Whitney の U 検定および多重比較検定の Williams-Wilcoxon や Steel の順位和検定が多用されている．最近（2014）毒性試験の分野では，等分散が確保できない場合は，多重性を考慮した Steel の検定が常用されている．

2．2群間検定に使用する Wilcoxon の順位和検定

　2 群間の比較手法で一般的に使用されている．また計算式も紹介者によっていくつか紹介されている．ここでは標準正規分布を用いた方法を紹介する（吉村ら，1992）．

　例題 7-1 に正規性が保たれないといわれるリンパ球の比率（%）である．化審法 28 日間反復投与毒性試験から得られた対照群と高用量群のデータである．この例題は，個体数が各群 6 と小さいため正規性（Shapiro-Wilk の W 検定）は保たれている．本来パーセントデータは，正規分布を示さないことから角変換，2014（アークサイン）後 t 検定で解析する方法も推奨されている．しかし，順位和検定で解析する方法も間違いではない．エクセルで変換する場合は，=DEGREES(ASIN(SQRT(XXX))) を入力すると可能である．「XXX」の部分には，角変換したい比率（0.00〜1.00）を入力する．アークサインに変換後解析している毒性試験例（Jahnke $et\ al.$, 2006）を紹介する．この論文は，角変換せずに多群設定で Mann-Whitney の U 検定も使用している．なお 40〜60% の範囲のデータは，t 検定および分散分析系を使用しても差し支えない．

例題 7-1. 化審法 28 日間反復投与毒性試験から得られたリンパ球の比率

リンパ球の比率						
対照群	79.5	85.5	83.5	93.5	91.5	77.5
高用量	95.5	87.5	89.5	98.0	97.5	81.5

↓

	順位化データ						順位和
対照群	2	5	4	9	8	1	29
高用量	10	6	7	12	11	3	49

2-1. 手計算による解析

標本数（クラスの数）は各 6

高用量群の順位和 $R2 = 10 + 6 + 7 + 12 + 11 + 3 = 49$

$$V = \frac{\left[\begin{array}{l}(2-6.5)^2+(5-6.5)^2+(4-6.5)^2+(9-6.5)^2+(8-6.5)^2+(1-6.5)^2 \\ +(10-6.5)^2+(6-6.5)^2+(7-6.5)^2+(12-6.5)^2+(11-6.5)^2+(3-6.5)^2\end{array}\right] \times 6 \times 6}{12 \times 11}$$

$= 39$

$6.5 = \dfrac{29 + 49}{12(総標本数)}$

6 = 標本数
12 = 対照群と高用量群の標本数の合計
11 = 対照群と高用量群の標本数の合計 − 1

$T = \dfrac{49 - 6 \times \dfrac{13}{2}}{\sqrt{39}} = 1.601$

13 = 対照群と高用量群の標本数の合計 + 1
2 = 定数

有意水準 α を 0.05 とする．

規準正規分布表のパーセント点，**数表 7-1** の 0.05 の点，$u(\alpha) = 1.644854$ と比較して算出値 $T = 1.601$ は，小さいことから群間に有意差がないことになる．両側検定を希望する場合は，1.959964 と比較する．

数表 7-1. 規準正規分布表のパーセント点（吉村ら，1987）

両側確率	上側確率	％ 点
2α	α	$u(\alpha)$
0.05000	0.025000	**1.959964**
0.06000	0.030000	1.880791
0.07000	0.035000	1.811911
0.08000	0.040000	1.750686
0.09000	0.045000	1.695398
0.10000	**0.050000**	**1.644854**

同一順位がある場合は平均順位を用いる．

2-2. SAS JMP による解析

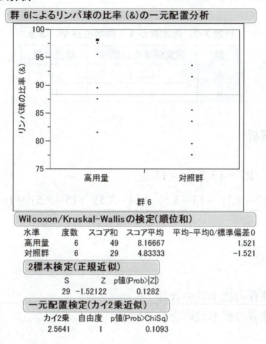

正規分布表では有意水準が 0.1282，カイ分布では有意水準が 0.1093 でいずれも 5% 水準で有意差が認められなかった．

エクセル統計 2008 の場合は，対応のある 2 群間検定であることから使用できない．

2-3. 阪大フリーソフトによる解析

	第一群		第二群	
	データ	順位	データ	順位
1	79.5	2	95.5	10
2	85.5	5	87.5	6
3	83.5	4	89.5	7
4	93.5	9	98.0	12
5	91.5	8	97.5	11
6	77.5	1	81.5	3

検定統計量 $U = 8.0000000$，期待値 $= 18.0000000$，分散 $= 39.00000$，
検定統計量 $Z = 1.601282$，検定結果：$P > 0.10$．

SAS JMP とほぼ同一の結果となった．

各群の標本数が3で同順位がない場合（**例題 7-2**），有意差が検出されることは周知のごとくである．

その計算根拠を下記に示した．

例題 7-2. 標本数が 3 で同順位がない場合

群	測定値または順位	順位合計
A	1, 2, 3	6
B	4, 5, 6	15

2-4. 手計算による解析

標本数は各群 3

投薬群の順位和，R2 = 4 + 5 + 6 = 15

$$V = \frac{\left[(1-3.5)^2 + (2-3.5)^2 + (3-3.5)^2 + (4-3.5)^2 + (5-3.5)^2 + (6-3.5)^2\right] \times 3 \times 3}{6 \times 5} = 5.25$$

$3.5 = \dfrac{6+15}{6(総標本数)}$

3 = 標本数

6 = 対照群と投薬群の標本数の合計

5 = 対照群と投薬群の標本数の合計 − 1

$T = \dfrac{15 - 3 \times \dfrac{7}{2}}{\sqrt{5.25}} = 1.964$

7 = 対照群と投薬群の標本数の合計 + 1

有意水準 α（片側検定）を 0.05 とする．

規準正規分布表のパーセント点，**数表 7-1** の 5% の点，$u(\alpha) = 1.644854$ と比較して算出値 $T = 1.964$ は，大きいことから A と B 間に有意差が認められたことになる．

両側検定を希望する場合は，1.959964 と比較する．この場合，5% いっぱいで有意差を認めたことになる．

2-5. SAS JMP による解析

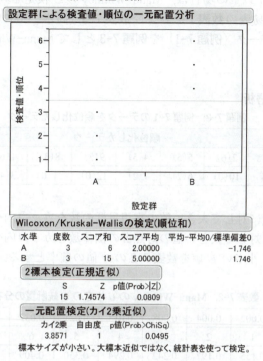

カイ 2 乗検定では，$P=0.0495$ で 5% 一杯で有意差が認められた．

2-6. 阪大フリーソフトによる解析

	第一群		第二群	
	データ	順位	データ	順位
1	1	1	4	4
2	2	2	5	5
3	3	3	6	6

検定統計量 $U=0.0000000$，期待値 $=4.5000000$，分散 $=5.250000$，
検定統計量 $Z=1.963961$，検定結果：$P>0.10$．

SAS JMP の Z の統計量と近似が計算されたが有意差は認められなかった．
　毒性試験では決定樹の中に Wilcoxon 検定（両側検定）が使用されている例（Viana, 2002）を紹介する．

3．2群間検定に使用するMann-WhitneyのU検定

各群の標本数が27以下の場合は，Mann-WhitneyのU検定を利用するとよい．N_1およびN_2に対して簡易表の**数表7-2**および**数表7-3**（高木，2002）が与えられている．リンパ球の比率のデータ（**例題7-1**）を**例題7-3**としてMann-WhitneyのU検定で実施する．

3-1．手計算による解析

例題7-3．例題7-1のデータを順位化したデータ

群	順位化したデータ						U値
対照群	2(6)	5(5)	4(5)	9(3)	8(3)	1(6)	28
高用量群	10(0)	6(2)	7(2)	12(0)	11(0)	3(4)	8

対照群の各個体値に対して大きい値の高用量群の数をカッコ内へあらわす．同様に高用量群の各個体値に対して大きい値の対照群の個体数をカッコ内へあらわす．各群の合計値をU値とする．小さいU値を**数表7-2**のU値の確率とする．

数表7-2．Mann-WhitneyのU検定のU統計量の分布

確率 P	0.001	0.002	0.004	0.008	0.013	0.021	0.032	0.047	**0.066**	0.090
U値	0	1	2	3	4	5	6	7	**8**	9
確率 P	0.120	0.155	0.197	0.242	0.294	0.350	0.409	0.469	0.531	
U値	10	11	12	13	14	15	16	17	18	

片側検定．標本数：$N_1=6$，$N_2=6$．両側検定は，表中の棄却限界値を2倍する．

U値8に該当する確率は，0.066（$P>0.05$）となり有意差が認められない．

次に各群の標本数が3の場合をMann-WhitneyのU検定（**例題7-4**）で計算する．

3-2．手計算による解析

例題7-4．各群の標本数が3の場合

群	測定値または順位	U値
A	1(3), 2(3), 3(3)	9
B	4(0), 5(0), 6(0)	0

カッコ内の数値は，カッコの左の数値に対して他群で大きい数値の個数を示す．B群は全て小さい．したがって，全て0となる．

小さいU値（0）を**数表7-3**のU値の確率とする．

第7章 順位和検定（分散を利用しない検定）

数表7-3. Mann-WhitneyのU検定のU統計量の分布

確率 P	0.050	0.100	0.200	0.500	0.650
U 値	0	1	2	3	4

片側検定．標本数：$N_1=3$, $N_2=3$.

U 値 0 に該当する確率は，0.050（$P=0.05$）となり有意差が認められる．

次に病理所見のデータを**例題7-5**としてMann-WhitneyのU検定のU統計量の計算手順を示した．

3-3. 手計算による解析

例題7-5. Mann-WhitneyのU検定のU統計量の計算

群	病理所見の グレード	個体値に対する大きい個体数	U 値
対照（$N_1=5$）	0, 0, 0, 1, 1	$4.5(0.5+4)+4.5(0.5+4)+4.5(0.5+4)+3.5(0.5+3)+3.5(0.5+3)$	20.5
用量（$N_2=5$）	0, 1, 2, 3, 3	$3.5(0.5+0.5+0.5+2)+1(0.5+0.5)+0+0+0$	4.5

数表7-4. Mann-WhitneyのU検定の表

標本数		両側検定		片側検定	
N_1	N_2	$\alpha=0.05$	$\alpha=0.01$	$\alpha=0.05$	$\alpha=0.01$
5	5	2	0	4	1

小さい U 値の 4.5 に該当する**数表7-4**は，両側および片側検定の5%水準点の棄却限界値の2および4に比較して計算値が大きい，したがって，有意差が認められない．Mann-WhitneyのU検定は，t検定，分散比の検定（F test）および分散分析を含めたDunnettの検定などと異なり，表の値（分布表および棄却限界値）より小さい場合に統計学的有意差が認められたことになる．

SAS JMPによる解析は標本数が少ないと「標本サイズが小さい．大標本近似ではなく，統計表を使って検定」と注意のメッセージが表示される．この場合は，上述のMann-WhitneyのU検定の簡易表を用いること．そのほかにもGad, C.G. and Weil, S.W.（1986）による手法が公表されている．

WilcoxonとMann-WhitneyのU検定の検出力は同一である．

Mann-WhitneyのU検定を用いて病理所見を解析している最近の例（立花ら，2012）を紹介する．一般的にMann-WhitneyのU検定は，2群間に同一順位がないデータに応用する．各群の標本数が50以上（20以上ともいわれている）の場合は，簡易表は使用せず，計算による正規化検定（Z）によって解析する．エクセル統計2012でもそのように述べられている．また同一順位があると検出力が低下する．

毒性試験では，病理所見の解析にMann-WhitneyのU検定が使用されている場面が多い．この理由は動物数が5〜20匹と小さいためである．

4．t 検定，Mann-Whitney の U 検定および Wilcoxon の検定の検出力

一般的に 2 群間検定の場合，分散比の検定（F test）の結果，不等分散の場合は，Welch の検定となる．または始めから Mann-Whitney の U 検定を採用する場合がある．Mann-Whitney の U 検定は，一般的に標本数が 50 程度までは統計数値表（AOKI, 2010）が用意されている．標本数がそれ以上の場合は，正規化検定を計算式から Z 値を算出して有意差の判断を行う．この検定法は，Wilcoxon の検定と呼ばれる．したがって，標本数が 35 の場合は，Mann-Whitney の U 検定か Wilcoxon の検定かその使用に迷う．すなわち，動物数が小数例の場合は，**数表 7-3** の簡易表による Mann-Whitney の U 検定で，また大数例は，計算による Wilcoxon の検定で解析することを推奨する．

表 7-1 に標本数 38 のデータを示し種々の解析法による検出力の比較を示した．データは，38 試験の Fibrinogen 量の雄雌別変動係数（%）である．値は，小さい値のパーセントのため正規分布しないといわれる．解析プログラムは，エクセル統計 2008 および AOKI（2010）を用いた．その結果，片側検定による Student の t 検定と Mann-Whitney の U 検定と Wilcoxon の検定は，同一の検出力を示した．

表 7-1. Fibrinogen 量の変動係数（%）に対する Student の t 検定，Mann-Whitney の U 検定および Wilcoxon の検定の検出力（P）

性	N	平均値±標準偏差	分散比の検定（F-test）	Student t-test	Mann-Whitney U test		Wilcoxon test	
					両側検定	片側検定	両側検定	片側検定
雄	38	6.28 ± 2.42	$P = 0.1030$	$P = 0.0117$	Not sig.	$P < 0.05$	$P = 0.0608$	$P = 0.0304$
雌	38	7.78 ± 3.16			$U = 541.5$		$Z = 1.8752$	

動物数が 30〜40 程度の場合，統計数値表を利用する Mann-Whitney の U 検定と計算による Wilcoxon の検定は，ほぼ同様の検出力を示す．したがって，短期毒性試験の場合，もし順位和検定を採用する場合は，片側検定の Mann-Whitney の U 検定または Wilcoxon の検定を用い，平均値の表示は有効桁数を 3 で表示し，計算値（生データ）は 4 または 5 桁を採用したい．桁数の違いによるパラメトリックおよびノンパラメトリック検定による有意差検出の相違を調査した（小林ら，2010）論文を紹介する．

5．3 群以上の多群間検定に使用する Kruskal-Wallis の順位検定

この検定法は多群間検定法である．パラメトリック検定の分散分析に相当する．

一般的には，Bartlett の等分散検定などで各群が同様の分布でない場合，次の検定を実施するための検定である．別名順位和による分散分析ともいわれている．

最近は，使用していない論文が多い．理由は，本解析で有意差が認められない（$P > 0.05$）場合，直接多重性を踏まえた Steel の検定および Mann-Whitney の U 検定で解析すると有意差が検出できる場合が多々ある．本章の 6 に詳細に述べた．

全個体を大きいほうから順に並べ，小さいほうから 1, 2, 3, ……と順位を付け，各数値をその順位で置き換える．Kruskal-Wallis の順位検定の基本的計算式（吉村，1987）は下記に示した．

$$X^2 = \frac{12 \times \left(\dfrac{r_1^2}{N_1} + \dfrac{r_2^2}{N_2} + \cdots + \dfrac{r_a^2}{N_a}\right)}{N(N-1)} - 3(N+1)$$

同順位があるときは,平均順位を用い,検定統計量を次のように修正する.

$$X^2 = \frac{(N-1)S}{\left\{\left(r_{11} - \dfrac{N+1}{2}\right)^2 + \cdots + \left(r_{ana} - \dfrac{N+1}{2}\right)^2\right\}}$$

$$S = \frac{\left(\dfrac{r_1 - N_1(N+1)}{2}\right)^2}{N_1} + \frac{\left(\dfrac{r_2 - N_2(N+1)}{2}\right)^2}{N_2} + \cdots + \frac{\left(\dfrac{r_a - N_a(N+1)}{2}\right)^2}{N_a}$$

算出した χ^2 値とカイ分布表の値と比較し,算出した χ^2 値が大きければ,分散分析と同様にどこかの群間に有意差があることを示している.

例題7-6 に治検薬によるリンパ球 (%) への影響のデータを示した.Kruskal-Wallis の検定で解析する.

例題7-6. 治検薬によるリンパ球 (%) への影響

計算値	A群	B群	C群	D群
個体値	40.6	31.9	32.7	30.6
	38.0	36.8	31.3	35.9
	41.1	32.4	32.9	29.6
	52.7	34.8	31.9	29.2
	48.8	43.1	28.5	28.5
	41.1	39.0	31.2	30.8
	39.9	33.6	33.1	30.5
	43.1	34.3	34.1	29.4
	32.7	34.0	31.2	30.8
	30.1	33.8	31.7	32.0
平均値	40.8	35.4	31.9	30.7
標本数	10	10	10	10

5-1. 手計算による解析

群数は4群,総個数 $N=40$,データを順位に変換すると次のようになる.

例題7-6の測定値を順位化して**表7-2**に示した.

表7-2. 例題7-6を順位化したデータ

計算値	A群	B群	C群	D群
個体値	34	15.5	19.5	8
	31	30	13	29
	35.5	18	21	5
	40	28	15.5	3
	39	37.5	1.5	1.5
	35.5	32	11.5	9.5
	33	23	22	7
	37.5	27	26	4
	19.5	25	11.5	9.5
	6	24	14	17
順位平均	31.1	26.0	15.55	9.35

各群の順位和は，$r_1 = 34 + 31 + \cdots\cdots + 19.5 + 6 = 311, r_2 = 260, r_3 = 155.5, r_4 = 93.5$
同順位があるので，計算は以下のとおりとなる．

$$S = \frac{\left(311 - \frac{10 \times 41}{2}\right)^2}{10} + \frac{\left(260 - \frac{10 \times 41}{2}\right)^2}{10} + \frac{\left(155.5 - \frac{10 \times 41}{2}\right)^2}{10} + \frac{\left(93.5 - \frac{10 \times 41}{2}\right)^2}{10} = 2914.35$$

$$X^2 = \frac{(40-1) \times 2914.35}{\left(34 - \frac{(40+1)}{2}\right)^2 + \left(31 - \frac{(40+1)}{2}\right)^2 + \cdots + \left(9.5 - \frac{(40+1)}{2}\right)^2 + \left(17 - \frac{(40+1)}{2}\right)^2} = 22.8$$

有意差の判定は，カイ分布表（**数表7-5**）より自由度=3，すなわち群数-1の0.1%水準値16.266と比較すると，22.8は大きい．したがって，$P<0.001$となり，この4群間中どこかの群間の順位に有意差が認められたことになる．直近（2013）では，Kruskal-Wallisの順位検定のみの解析法が記載され，その後の手法が述べられていない例（Lee et al., 2013）を紹介する．

数表7-5. カイ分布のパーセント点（吉村ら，1987）

D.F.\\α	0.1	0.05	0.01	0.001
1	2.706	3.841	6.635	10.828
2	4.605	5.991	9.210	13.816
3	6.251	7.815	11.345	**16.266**
4	7.779	9.488	13.277	18.467
5	9.236	11.070	15.086	20.515

5-2. SAS JMP による解析

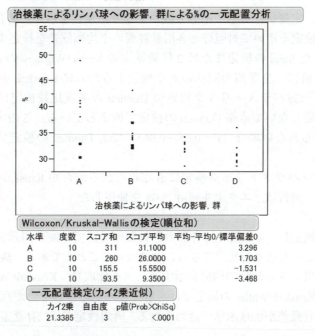

SAS JMP による計算値は 21.3 で手計算の値 22.8 と若干異なる．

5-3. エクセル統計 2008 による解析

クラスカル・ウォリス検定 (Kruskal-Wallis test)

水準	A 群	B 群	C 群	D 群
n	10	10	10	10
平均順位	31.10	26.00	15.55	9.35

クラスカル・ウォリス検定

カイ二乗値	自由度	P 値	判定
21.3385	3	0.0001	**

**1% 有意．

　SAS およびエクセル統計 2008 とも計算値のカイ二乗値および有意差検定（P 値）の結果は同一であった．手計算と両者間は，ほぼ同一の計算値を示した．
　以後どこの群間に有意差が認められるのかを検索するため，Dunnett, Tukey, Steel および Scheffé などの多重性を踏まえたノンパラメトリックの順位和検定が用意されている．

6. Steel および Dunn の検定などの前に実施する Kruskal-Wallis の順位和検定は必要がない理由

　毒性試験では，定量値に対して不等分散および非正規性を示した場合，ノンパラメトリックの順位和検定を用いて対照群と各用量群間の平均順位差を検定する．一般的には，多重性を考慮した Steel の検定または 2 群間検定の Mann-Whitney の U 検定を用いる．これらの検定の前に，全群間の順位の差を検定するために Kruskal-Wallis の（順位和）検定を用いる．一方パラメトリック検定の Dunnett の多重比較検定は，最近分散分析（ANOVA）を実施しないで直接 Dunnett の検定で検定している．この理由は，分散分析で有意差が認められない場合（$P = 0.05 \sim 0.065$）でも Dunnett の検定で有意差が認められる場合がある．

　この現象がノンパラメトリック検定にも認められるか否か Kruskal-Wallis と Steel の検定で吟味した．解析は，エクセル統計 2008 を使用した．

事例 1：Steel の検定は，4 群設定で各群の動物数が 4 匹で最高の用量依存性が認められる場合に片側検定で有意差が検出できることは周知のごとくである．**表 7-3** に Steel の検定で有意差が検出できる最低の順位を示すデータを作成し，Kruskal-Wallis と Steel の検定で解析した．Kruskal-Wallis の検定では，有意差が認められないが直接 Steel の片側検定で解析すれば有意差が 0.05 水準で認められる．両側検定では，有意差が認められない．

表 7-3．Kruskal-Wallis および Steel の検定の検出力の比較

解析項目	対照群	低用量群	中用量群	高用量群
生データ（順位）	1(2)	1(2)	1(2)	4(11.5)
	2(5)	2(5)	2(5)	5(14)
	3(8)	3(8)	3(8)	6(15)
	4(11.5)	4(11.5)	4(11.5)	7(16)
平均順位	6.625	6.625	6.625	14.125
Kruskal-Wallis の検定	$P = 0.0528$			
Steel の検定		Not sig.	Not sig.	$P = 0.0382$

カッコ内の数値は順位をあらわす．

　生データから順位の設定方法：最小値の 1 は，3 つある．順位は 2 とし，次の 2 は 4 から順位付けする．2 は，3 つある．この順位は 5 とし，次の 3 は 7 から順位付けする．3 は，3 つある．この順位は 8 とする．次の 4 は，4 つある．順位は，10, 11, 12, 13 となる．この 11 および 12 の順位 11.5 をとる．次いで 5 の順位は 14，6 の順位は 15，7 の順位は 16 となる．したがって，対照群から中用量群まで同一な平均順位となる．

事例 2：実際のイヌを用いた毒性試験のデータについて事例 1 と同様に解析した．結果，事例 1 と同様に Kruskal-Wallis の検定では，有意差が認められないが直接 Steel の片側検定で解析すれば有意差が 0.05 水準で認められる（**表 7-4**）．

表7-4. イヌの体重（kg）に対する Kruskal-Wallis および Steel の検定の検出力

解析項目	対照群	低用量群	高用量群
体重および順位	10.7(4)	9.3(12)	12.3(16)
	13.9(9)	13.5(18)	16.0(13)
	9.4(3)	14.3(10)	17.7(14)
	7.2(1)	14.6(11)	15.8(12)
	11.2(5)	12.6(17)	
平均順位	4.40	7.60	11.25
Kruskal-Wallis の検定		$P = 0.0507$	
Steel の検定		Not sig.	$P = 0.0257$

カッコ内の数値は順位をあらわす．

　以上の結果，毒性試験では，パラメトリック検定の ANOVA と同様に Kruskal-Wallis の検定を使用することによって第2種の過誤を招くことが推測できる．したがって，Steel または Mann-Whitney の U 検定を直接使用したい．

7．3群以上の検定に使用する Dunn's test* の多重比較型順位和検定（*Hollander and Wolf, 1973, Dunn, 1964, and Gad, *et al*., 1986）

　本法は世界的に使用されている．しかし，検出力はかなり低い．**例題7-6**の集計データを**例題7-7**として解析する．NTP テクニカルレポートに常用されている．他の論文（Riley *et al*., 2009 and Katsutani *et al*., 1999）にも使用されている．

例題7-7. 治検薬によるリンパ球（%）への影響

計算値	A 群	B 群	C 群	D 群	
順位平均	31.1	26	15.55	9.35	
標本数	10	10	10	10	合計 40

7-1. 手計算による解析
A 群対 B 群

　平均順位の差は $31.1 - 26 = 5.1$

　確率テストの値

$$\left[\frac{0.05}{4(3)}\right] = Z_{0.00417} = 2.63\sqrt{\frac{(40)(41)}{12}} \times \sqrt{\frac{1}{10} + \sqrt{\frac{1}{10}}} = 13.7$$

A 群対 C 群

　平均順位の差は $31.1 - 15.6 = 15.5$

　確率テストの値

$$\left[\frac{0.05}{4(3)}\right] = Z_{0.00417} = 2.63\sqrt{\frac{(40)(41)}{12}} \times \sqrt{\frac{1}{10} + \sqrt{\frac{1}{10}}} = 13.7$$

A 群対 D 群

平均順位の差は 31.1 − 9.4 = 21.7

確率テストの値

$$\left[\frac{0.05}{4(3)}\right] = Z_{0.00417} = 2.63\sqrt{\frac{(40)(41)}{12}} \times \sqrt{\frac{1}{10}} + \sqrt{\frac{1}{10}} = 13.7$$

2.63 は数表の Z 値,12 は定数,分母の 10 は群内標本数.

4(3);群数×群数−1

2.63;**数表 7-6** の Z 値から読む.計算値の 0.00417 は,約 0.0042 この値は Z 値の数表の 0.0043 と 0.0041 の間に位置する.この場合は 0.0043 を採用した.この数値に対応する Z 値は 2.63 である.

数表 7-6. Z score for normal distribution の表 (Gad et al., 1986)

Z 値	比例部分									
	0.00	0.01	0.02	0.03	0.04	0.05	0.06	0.07	0.08	0.09
2.6	0.0047	0.0045	0.0044	**0.0043**	**0.0041**	0.0040	0.0039	0.0038	0.0037	0.0036

(40)(41)/12;40 は総標本数,(41) は総標本数+1,12 は定数.

1/10;A 群および各群内の標本数.この場合は全て同数の 10.しかし,各群内標本数が変化すればその値を使用する.

有意差の判定;各計算値の値,この場合は全て 13.7 で,この 13.7 と平均順位の差と比較する.平均順位の差が大きければ 5% 水準で有意差を認めたことになる.

この場合,A 群の平均順位は 31.1 に対して B 群の平均順位は 26 でその差は 5.1 で 13.7 より小さいことから,A 群と B 群間では有意差が認められない.A 群に対して C および D 群の平均順位の差は,それぞれ 15.5 および 21.7 でいずれも 13.7 に比較して大きいことからこの両群は有意差を示したことになる.1% 水準で検定したい場合は 0.05 の代わりに 0.01 を代入して計算する.

8.3 群以上の検定に使用する Steel の多重比較検定

この検定は多重性を考慮した順位和検定のなかでも検出力が最も高い.用量相関が最高の場合,標本数が 4 で対照群の順位に近い群(毒性試験は低用量群)で有意差が検出できる(吉村,大橋,1992,稲葉,1994).別名 Dunnett のセパレート型ともいわれる.ジョイント型(Dunnett type)は,きわめて検出力が低く最近では使用されていない.この区別は重要である.原著論文は,Steel, 1959 である.

今回標本数が各群 4 で用量相関がもっとも高い場合を**例題 7-8** に示した.解析には順位化したデータを使用する.

第7章 順位和検定（分散を利用しない検定）

例題 7-8. 試験より得られた定量値

計算値	対照群	低用量群	中用量群	高用量群
個体値	1(1)	5(5)	19(5)	13(5)
	2(2)	6(6)	10(6)	14(6)
	3(3)	7(7)	11(7)	15(7)
	4(4)	8(8)	12(8)	16(8)
平均順位	2.5	6.5	10.5	14.5

カッコ内の数値は順位をあらわす．

カッコの数値は，対照群と各群の比較による順位で下記の計算に使用する．

8-1. 手計算による解析
対照群対低用量群

1）低用量群の順位の和を求める．
   $R2 = 5 + 6 + 7 + 8 = 26$

2）平方和 S_2 と分散 V_2 を求める．
   $S_2 = (1-4.5)^2 + (2-4.5)^2 + (3-4.5)^2 + (4-4.5)^2 + (5-4.5)^2 + (6-4.5)^2 + (7-4.5)^2 + (8-4.5)^2 = 42$

   4.5 は各群内標本数の和 + 1 を群数で割った値 = 4 + 4 + 1/2 = 4.5

   $V_2 = \dfrac{4 \times 42}{4 \times 8 \times 7} = 0.75$

   4×42 は，対照群の標本数 $4 \times S_2$ の 42，
   $4 \times 8 \times 7$ は，低用量群の標本数 $4 \times$（対照群と低用量群の標本数の和）×（対照群と低用量群の標本数の和 − 1）= 0.75

3）t_2 を求める．

   $t_2 = \dfrac{\dfrac{26}{4} - \dfrac{4+4+1}{2}}{\sqrt{0.75}} = \dfrac{2}{0.866} = 2.309$

   26/4 は，R2/低用量群の標本数 4，
   (4+4+1)/2 は，（対照群と低用量群の標本数の和 + 1）/2

4）検定結果；算出された値 2.309 を Dunnett の多重比較検定の片側 % 点の**数表 7-7** から棄却限界値を求める．有意水準 5%（$\alpha = 0.05$）とする．

5）各群の大きさが一定なので，棄却限界値は（∞, 4, 0.05）= 2.062（片側検定）となる．

数表 7-7. Dunnett の多重比較のパーセント点（片側 5%）（吉村ら，1987）

群数	2	3	4	5	6	7	8
∞	1.064	1.916	**2.062**	2.160	2.234	2.292	2.340

Dunnett の棄却限界値（表）の横軸は群数を示す．原著（Dunnett, 1964）は，対照群を除いた群数（群数－1）を表示している．吉村らは群数を表示している．両者とも数値は同一である．多重性の調整は，自由度を無限大（∞）に設定している．

6）判定：2.062 に比較して計算値 2.309 は大きいことから片側検定の 5% 水準で有意差（$P<0.05$）を示したことになる．

7）以下同様に計算する．カッコ内の数値を用いて対照群に対して中用量群（t_3）および高用量群（t_4）に対する計算値を算出する．

対照群対中用量群および対照群対高用量群

対照群と比較による順位に変換した値を用いて計算手順 1）より同様に求める．

この場合対照群に対して低・中・高用量とも計算時には同一の順位となる．

計算結果，対照群に対して各用量群は，5% 水準で有意差が認められた．本法は 2 群間検定の Mann-Whitney の U 検定と並んで検出力が高い部類にはいる．したがって，毒性試験などのように有意差を検出したい調査や試験に対して有用である．現在（2015）は，定量値に対してほとんどこの Steel の検定を採用している．

8-2. エクセル統計 2008 による解析

クラスカル・ウォリス検定（Kruskal-Wallis test）

水準	対照群	低用量群	中用量群	高用量群
n	4	4	4	4
平均順位	2.5	6.5	10.5	14.5

クラスカル・ウォリス検定

カイ二乗値	自由度	P 値	判定
14.1176	3	0.0027	**

**1% 有意．

多重比較：Steel

対立仮説	水準 1	水準 2	統計量	P 値	判定
対照群 ≠		低用量群	2.3094	0.0553	
		中用量群	2.3094	0.0553	
	対照群	高用量群	2.3094	0.0553	
対照群 <		低用量群	－2.3094	0.0276	*
		中用量群	－2.3094	0.0276	*

*5% 有意．

手計算と同一結果で片側検定で対照群に対して各用量群に 5% 水準で有意差を示した．

8-3. 阪大フリーソフトによる解析

	検定結果	期待値	分散	検定統計量
(C, 1)	$P<0.05$	18	12	-2.3094
(C, 2)	$P<0.05$	18	12	-2.3094
(C, 3)	$P<0.05$	18	12	-2.3094

(C, ○) ←というのはコントロール群と○群との比較という意味です．
このフリーソフトは，大阪大学大学院薬学研究科・医薬情報解析学分野および大阪大学遺伝情報実験センター，大阪大学微生物病研究所で開発された医薬学分野において必要な統計解析プログラムのサービスサイトからです．

　本検定は，SAS JMP に格納されていないことから阪大のフリーソフトを用いて解析結果を示す．その結果，手計算およびエクセル統計 2008 と同一結果を示した．

9．ノンパラ Dunnett 型の多重比較検定

　この検定法は，1981 年から日本のみで使用されてきた手法である．現在（2015）ではほとんど使用されていない．理由は後述のように低検出力のため，低用量群に統計学的有意差を検出できない点にある．最近（2015）は，この手法に代わって Steel の検定が常用されている．別名ジョイント型 Dunnett または Dunnett 型順位和検定と呼んでいる．型がついた Dunnett の検定に注意すること．

$$Rp = m \times \sqrt{\frac{k \times 総順位 \times 平均個体数}{群数 - 1}}$$

$k = （総個体数^2 - 総個体数）$
$m = $ Bonferroni または Dunnett の多重比較検定の棄却限界値

Rp 値と各群間の総順位の差を比較し各群間の総順位が大きければ有意差を示す．

　例題 7-9 に B6C3F$_1$ 雌マウスを用いた 13 週間毒性試験の投与後 8 週の飲水量（g/ 週）を解析する．

例題 7-9. B6C3F₁ 雌マウスを用いた 13 週間毒性試験の投与後 8 週の飲水量（g/week）

解析項目	対照群	低用量群	中用量群	高用量群
生データ，(g/week) (N＝10)/群	40.6(34) 38.0(31) 41.1(35.5) 52.7(40) 48.8(39) 41.1(35.5) 39.9(33) 43.1(37.5) 32.7(19.5) 30.1(6)	31.9(15.5) 36.8(30) 32.4(18) 34.8(28) 43.1(37.5) 39.0(32) 33.6(23) 34.3(27) 34.0(25) 33.8(24)	32.7(19.5) 31.3(13) 32.9(21) 31.9(15.5) 28.5(1.5) 31.2(11.5) 33.1(22) 34.1(26) 31.2(11.5) 31.7(14)	30.6(8) 35.9(29) 29.6(5) 29.2(3) 28.5(1.5) 30.8(9.5) 30.5(7) 29.4(4) 30.8(9.5) 32.0(17)
平均値（対照群に対する %）	40.8(100)	35.4(86.7)	31.9(78.1)	30.7(75.2)
総順位	311	260	155.5	93.5
合計順位	820			
Kruskal-Wallis's の H 検定	$P=0.001$			
Dunnett 型検定		$P>0.05$	$P<0.05$	$P<0.05$

下線の数値は同一順位，カッコ内の数値は順位を示す．

9-1. 手計算による解析

同一順位 $t=2$ は，7 組，したがって，$k=0.98949$
2 組が同一数値であることをあらわす．
↓

$$k = 1 - \frac{2 \times (7 \times 7 \times 7 - 7)}{(\sum N)^3 - \sum N} = 1 - \frac{2 \times 336}{63960} = 0.98949$$

$63960 = 40 \times 40 \times 40 - 40$

次に，**数表 7-8** に示した Dunnett の棄却限界値の表から，上段の 3（組み合わせ数を示す：対照群対低用量群，対照群対中用量群および対照群対高用量群の 3 回の検定を示す）および片側検定の 5% 水準の棄却限界値 2.13 を m とする．

$$\triangle_{0.05} = 2.13 \sqrt{\frac{0.98949 \times 820 \times 10}{3}} = 110.77$$

したがって，対照群と各用量群間の総順位の差が 111 以上であれば 5% 水準で帰無仮説が捨てられ順位差に統計学的に有意差を示したことになる．

対照群対低用量群：$311-260=51$，$P>0.05$
対照群対中用量群：$311-156=155$，$P<0.05$
対照群対高用量群：$311-94=217$，$P<0.05$

対照群に対して中および高用量群に 0.05 水準で有意差を示したことになる．0.01 水準（片側検定）で解析したい場合は，2.71 を代入する．

数表 7-8. 多重比較の計数 $m\alpha$ の値（佐久間，1981）

	α	2	3	3	5	6	7	8
片側検定	0.05	1.96	2.13	2.24	2.33	2.39	2.45	2.50
片側検定	0.01	2.58	2.71	2.81	2.88	2.94	2.98	3.02
両側検定	0.05	2.24	2.39	2.50	2.58	2.64	2.69	2.73
両側検定	0.01	2.81	2.94	3.02	3.09	3.14	3.19	3.23

　この手法は，以前マスコット™の統計プログラムに格納していた．現在は不明である．
　この検定を使用する場合は，十分配慮し毒性試験では使用してはならない（Kobayashi et al., 1995 and Kobayashi, 2009）．日本（人）のみで使用されている．最近（2015）では，検出力の低いことから使用例が少ない．しかし，多くのこの手法を用いた毒性試験は，試験開始年が 2005 年以前に実施したものが多い．また登録申請用和文報告書を英文化して査読のある学会または自社による発表が多い．外国の研究者は，この検定方法を理解していない．この検定法の英文表記を「Dunnett type multiple-comparison method, non-parametric Dunnett's test, non-parametric analysis by Dunnett's test, and Dunnett-type rank test」としている．
　以下にこの手法を英文で記述している 4 毒性試験をあげる．28 日間反復投与毒性試験（CERI, 2007 and METI & No. 031121002），180 日間反復投与毒性試験（CERI, 2008 and OECD TG 452），2 世代の生殖試験の例（Hoshino et al., 2005 and OECD TG 416）および反復投与毒性試験と生殖発生毒性スクリーニング試験の複合試験（Takahashi et al., 2014 and OECD TG 422）である．登録申請用和文報告書から英文へ翻訳発表のためいたしかたないと思う．統計解析法の原著論文の出典を英文で明示すれば，英語圏の試験責任者は納得するかもしれない．

10. 順位和検定に対する注意点

　順位和検定を使用する場合，あらかじめ 1 群内の標本数がいくつあれば有意差が検出できるか把握する必要がある．各順位和検定で有意差の検出できる群内最低標本数を表 7-5 に示した．Mann-Whitney の U 検定を除いては多群間検定である．

表 7-5. 順位和検定で有意差の検出できる群内最低標本数

検定法	4 群設定	5 群設定
Scheffé type	22	40
Hollander-Wolfe[*]	19	30
Tukey type	18	32
Dunnett type	15	26
Williams-Wilcoxon	8	12
Steel	4	6
Mann-Whitney U[**]	3	

[*]Dunn's test, [**]2 群間検定（参考表示）．

上記の順位和検定のなかで国際的に使用されている検定法は，Williams-Wilcoxon，Dunn's test, Steel および 2 群間検定の Mann-Whitney の U と Wilcoxon 検定である．Type（型）が付いている検定は，日本で開発し使用されていた．

11. 順位和検定の 1 事例

表 7-6 に示したデータの平均値をみると高用量群に有意差印（**）が，また順位和検定で実施した旨の N（ノンパラメトリック検定）が対照群の平均値±標準偏差の右に付いている．この二者の平均値は同一にもかかわらず有意差が認められる．この事例（小林，1993）は滅多にないことである．この理由は，Bartlett の等分散検定の結果，有意差を示しノンパラメトリック型の Dunnett 型の検定を採用したためである．この順位和検定は，定量値自体の検定ではなく，全ての群の個体値を小さい順に並べて順位化したものに対して有意差の吟味を実施する検定法である．したがって，検定結果は，平均順位に対して付けるのが分かり易い．しかし，この例のように高用量群に 2.96 ときわめて飛び離れた大きい値が存在する．この値がたとえ 0.89 （対照群の 0.88 の次に大きい値と仮定した）となっても順位は変化せず順位和検定の結果は不変である．しかし，定量値の平均値は，小さくなり有意差が認められれば納得することができる．このような事例は滝沢（1991）も指摘している．この誤解を防ぐために，対照群の平均値 ± 標準偏差の後に N（ノンパラメトリック検定の略）を表示（財団法人食品農医薬品安全性評価センター，1995）すること．著者は，この件で以前試験委託者から「同一平均値で何故有意差が付くの？」と質問を受けたことがあった．

表 7-6．F344 ラットの投薬後 52 週の血漿クレアチニン濃度（mg/dL）

群	個体値（20 匹 / 群）	平均値±標準偏差
対照	0.70 0.68 0.70 0.74 0.60 0.65 0.65 0.72 0.63 0.78 0.67 0.64 0.63 0.66 0.88 0.73 0.57 0.79 0.78 0.65	0.69 ± 0.07N
低用量	0.72 0.64 0.66 0.66 0.88 0.68 dead 0.51 0.65 0.63 0.79 0.60 0.69 0.68 0.62 0.57 dead 0.66 0.59 0.54	0.65 ± 0.09
中用量	0.56 0.59 0.66 0.68 0.57 0.67 0.70 0.83 0.86 0.68 0.60 0.68 0.57 0.67 0.53 0.57 0.64 0.61 0.86 0.67	0.66 ± 0.10
高用量	0.51 0.59 0.49 0.60 0.58 0.62 0.51 0.57 0.60 2.96 0.56 0.65 0.71 0.55 0.54 0.41 0.52 0.62 0.59 0.59	0.69 ± 0.54**

N：順位和検定をあらわす．**対照群に対して 1% 水準で有意差を示す．

この場合の解決法は，Thompson または Smirnov-Grubbs などの棄却検定を用いてこの値を吟味して棄却するのが最良である．しかし，毒性試験ではいかなる場合でも対応できる決定樹を使用していることからこのような処理となる．少しでも標本数を減らしたくないこと，標本を棄却した場合，正当な理由付けが難しいことにある．1 群 10 匹以上を使用した試験の場合，著しくかけ離れた値の動物は，勇気をもって理由付けし，なんらかの手法で除外して，ほぼきれいな釣鐘分布に調整後，定量値自体を Dunnett の多重比較検定で検定したい．この場合は，棄却値を生データに残す．棄却によって第 2 種の過誤を防ぐことができる．この方法によって棄却検定後の再検定結果を表 7-7 に示し

た．毒性試験は，棄却の理由付けに難しい判断が求められることから棄却検定をあまり使用していない．

著者は，F344ラットを用いた農薬のがん原性試験で，白血病による脾重量肥大ラットを棄却検定および毒性学的有意差から除外した経験がある．

表7-7．高用量群の2.96を除外後の検定結果

群	動物数	平均値±標準偏差
対照	20	0.69±0.07
低用量	18	0.65±0.09
中用量	20	0.66±0.10
高用量	19	0.57±0.07**

**対照群に対して1％水準で有意差を示す．

12．著者の意見

毒性試験では，検出力の低いDunnett型ノンパラメトリック検定を使用することを避けたい．一般的には，多重性を考慮したSteelの検定またはMann-WhitneyのU検定を推奨する．例数が大きい場合は，計算によるWilcoxonの検定を用いる．

Kruskal-Wallisの検定は避け，直接SteelまたはMann-WhitneyのU検定を使用することで第二種の過誤が避けられる．

グレードで示される病理所見の解析の場合，対照群と全て同一病変値が用量群に認められる場合は，コンピュータがフリーズすることがあるので事前にチェックしたい．化審法28日間反復投与毒性試験は，動物数が5匹と小さいことから，病理所見にはこのような病変の配列が見られる．SteelおよびMann-WhitneyのU検定は，同一値が群間に認められないことが前提となっているからである．たとえ1群5匹の毒性試験でも，体重，飼料摂取量，血液生化学的検査値および器官重量などに全て同一値は未だかつて見たことがない．

◎引用論文および資料

・稲葉太一（1994）：酵素阻害剤X1の薬剤評価に用いた多重比較法の問題点．医薬安全性研究会会報，No. 40，33-36．
・角変換（アークサイン）（2014）：http://www2.vmas.kitasato-u.ac.jp/lecture0/statistics/angle1.pdf (Accessed October 10, 2014)．
・小林克己（1993）：ゲッ歯類を用いた長期安全性試験から得られる定量データの取り扱い —— 多群間で不等分散を示した一事例 ——．浜松医科大学紀要第7号，105-111．
・小林克己，櫻谷祐企，阿部武丸，西川　智，山田　隼，広瀬明彦，鎌田栄一，林　真（2010）：毒性試験から得られる定量値に対する有効数値の桁数の差違およびMann-WhitneyのU検定とWilcoxonの検定の有意差検出の違い．PHARMASTAGE，10(3)，45-48．
・財団法人食品農医薬品安全性評価センター（1995）：1,2,3-トリスメチルベンゼンのラットを用いる28日間反復投与毒性試験，試験番号2511（115-045），http://dra4.nihs.go.jp/mhlw_data/home/pdf/PDF526-73-8b.pdf (Accessed October 10, 2014)．
・高木廣広（2002）：ナースのための統計学．p.241，医学書院，東京．

- 立花滋博，古谷真美，加藤博康，根倉　司，高岡　裕，田面喜之，関　剛幸，堀内伸二，稲田浩子，三枝克彦，渡辺卓穂，桑形麻樹子（2012）：Wistar Hannover ラットにおける 4,4'-チオビス（6-*tert*-ブチル-*m*-クレゾール）の長期投与による影響．秦野研究所年報，**35**，14-25．
- 滝沢　毅（1991）：「決定樹方式での統計処理法の注意点」質疑．医薬安全性研究会，No. 34，54．
- 阪大フリーソフト（MEPHAS）：http://www.gen-info.osaka-u.ac.jp/testdocs/tomocom/ (Accessed September 17, 2014).
- 吉村　功（編）（1987）：毒性・薬効データの統計解析．サイエンティスト社，東京．
- 吉村　功，大橋靖雄（1992）：毒性試験データの統計解析．pp.102-104，地人書館，東京．
- AOKI (2011): http://aoki2.si.gunma-u.ac.jp/lecture/mb-arc/arc042/10838.html (Accessed September 17, 2014).
- CERI (2007): Twenty-eight-day repeated-dose oral toxicity study of 13F-sfma in rats. Study code: B-11-0837, Hita Laboratory Chemicals Evaluation and Research Institute, Japan.
- CERI (2008): A180-day repeated dose oral toxicity study of ETBE in rats. Study Code Number D19-0002, Hita Laboratory Chemicals Evaluation and Research Institute (CERI), Japan.
- Dunn, O.J. (1964): Multiple comparisons using rank sums. *Technometrics*, **6**, 241-252.
- Dunnett, C.W. (1964): New tables for multiple comparisons with a control. *Biometrics*, September 482-491.
- Gad, C.G. and Weil, S.W. (1986): Statistics for Toxicologists, Principles and Methods of Toxicology. In: Edition by A. Wallace Hayes. pp.59-67, Raven Press, New York, U.S.A.
- Hollander, M. and Wolf, D.A. (1973): Non-parametric statistical methods. pp.124-129. John Wiley, New York.
- Hoshino, N., Iwai, M., and Okazaki, Y. (2005): A two-generation reproductive toxicity study of dicyclohexyl phthalate in rats. *J. Toxicol. Sci.*, **30** (special issue), 79-96.
- Jahnke, G.D., Price, C.J., Marr, M.C., and George, J.D. (2006): Developmental toxicity evaluation of berberinein rats and mice. *Birth Defects Research (Part B)*, **77**, 195-206.
- Katsutani, N., Sagami, F., Tirone, P., Morisetti, A., Bussi, S., and Candella, R.C. (1999): General toxicity study of gadobenate dimeglumine formulation (E7155) (4)-4-week repeated dose intravenous toxicity study followed by 4-week recovery period in dogs-. *J. Toxicol. Sci.*, **24** (Supplement I), 41-60.
- Kobayashi, K., Watanabe, K., and Inoue, H. (1995): Questioning the usefulness of the non-parametric analysis of quantitative data by transformation into ranked data in toxicity studies. *J. Toxicol. Sci.*, **20**, 47-53.
- Kobayashi, K. (2009): Views inspired from a recent paper: Recommendation on the nonparametric Dunnett test using collaborative work on the evaluation of ovarian toxicity. *J. Toxicol. Sci.*, **34**(3), 355-356. (letter to the editor).
- Lee, Y.C., Hyun, E., Yimam, M., Brownell, L., and Jia, Q. (2013): Acute and 26-week repeated oral dose toxicity study of UP446, a combination of *Scutellaria* extract and *Acacia* extract in rats. *Food and Nutrition Sciences*, **4**, 14-27.
- Riley, M.G.I., Castelli, M.C., and Paehler, E.A. (2009): Subchronic oral toxicity of salcaprozate sodium (SNAC) in Sprague-Dawley and Wistar rats. *International Journal of Toxicology*, **28**(4), 278-293.
- Steel, R.G.D. (1959): A multiple comparison rank sum test: Treatments versus control. *Biometrics*, **15**, 560-572.
- Takahashi, M., Ishida, S., Hirata-Koizumi, M., Ono, A., and Hirose, A. (2014): Repeated dose and reproductive/developmental toxicity of perfluoroundecanoic acid in rats. *J. Toxicol. Sci.*, **39**(1), 97-108.
- Viana, M.E., Menetrez, M.L., and Brecher, S. (2002): Dimethoate, Repeated dose (28-Day) oral toxicity study in rats. Health Effects Division Office of Pesticide Programs U.S. Environmental Protection Agency, Work Assignment No. 1-01-38 (MRID 46288001).

第8章　Peto 検定

1．Peto 検定の概略

　発がん性を検定する傾向検定である．この検定法の特徴は，薬量が計算式に採用されていることである（Peto *et al.*, 1980）．この検定は，がん原性試験のみに応用されている．特にヨーロッパで多く使用されている．米国 NTP/NIH の報告によるとその使用例は少ない［No. 274（1984），No. 251（1986），No. 211（1987）］．また Peto 検定は，数年の期間のみに使用され現在は使用されていない．試験計画書には，Peto の検定が記載されている．この検定法は，病理所見による死因か死因でないかの分類が必要なことからきわめて煩雑な計算となる．原著論文によると，設定群数は 2 群以上で対応できる．したがって，3 群以上を設定して有意差を示した場合は，どこの群間に有意差を示したかは，Peto 検定の分割か Fisher の検定などで吟味することが大切である．この検定は，有意水準 5% に設定した場合，検出感度がかなり高い．

　一般的には，群間の生存率に差がある時は有用な検定とされている．検定に際しては所見を絞り込んでからの実施が適切と思う．有意差が認められた場合は，早期に腫瘍が発生したことが伺える．日本の農薬の登録申請データに対して 2000 年までは，さほどの要求はなかった．現在では統計プログラムが市販（SAS, U.S.A.）されている．

　著者は，検定に際して，単独の悪性腫瘍または悪性腫瘍＋良性腫瘍など試験責任者および病理学者の判断によって検定する腫瘍を決めることが肝要であると考える．著者は，数試験に Peto 検定を用いて解析し報告書に盛り込んだ経験がある．中用量および高用量群に 1 または 2 程度の所見が認められると 5% 水準で有意差が検出される．

　定性値の病理所見のなかで腫瘍発生の解析に Peto 検定が 1980 年に WHO から発表され，この検定法を小林ら（1984）が日本ではじめて紹介した．そして最近までこの傾向検定である Peto 検定の有意水準は，5% であった．しかし，FDA のドラフトガイダンス（May 2001）（松本ら，2002）による有意水準を表 8-1 に示した．

表 8-1．医薬品におけるがん原性試験において，腫瘍発生率の傾向検定もしくは対照群との対比較検定を用いた場合に全体での偽陽性率を約 10% に制御する統計解析法

ガイドライン	傾向検定の有意水準	対照群と高用量群の対比較
標準：2 動物種 / 雌雄の 2 年間試験	通常よく見られる腫瘍：0.005 まれにしか見られない腫瘍：0.025	通常よく見られる腫瘍：0.01 まれにしか見られない腫瘍：0.05
ICH のガイダン：（1 動物種 / 雌雄の 2 年間試験と雌雄動物を用いた短期または中期試験）	通常よく見られる腫瘍：0.01 まれにしか見られない腫瘍：0.05	対照群と高用量群の対比較：検討中

　下記（**Table F1**）に米国 NTP テクニカルレポート TR No. 211 の F344/N および B6C3F$_1$ を用いたがん原性試験のがんについてまとめた表の一部を示した．試験期間を 5 つに分割して解析している．すなわち，0〜52，53〜78，79〜92，93 週〜最終計画前

日および最終と殺日の5期間である．この各期間に該当のがんによって死亡・切迫と殺が認められたことを示す．

NTPテクニカルレポートは，死亡動物に対して偶発的所見（incidental tumor）とみなした場合にPeto検定を使用している．致死的（fetal tumor）と判断した場合は，Life table testを使用している．この判定は病理学者の判断による．

Table F1. Analysis of primary tumors in male rats (Continued)

	Control	1,000ppm	3,000ppm
Pituitary : Chromophobe carcinoma			
Tumor rates			
Overall (a)	1/84 (1%)	4/47 (9%)	2/46 (4%)
Adjusted (b)	1.4%	9.8%	5.7%
Terminal (c)	1/69 (1%)	4/41 (10%)	2/35 (6%)
Statistical tests (d)			
Life table test	$P=0.265$	$P=0.062$	$P=0.273$
Incidental tumor test	$P=0.265$	$P=0.062$	$P=0.273$
Cochran-Armitage trend test	$P=0.299$		
Fisher exact test		$P=0.055$	$P=0.285$
Weeks to first observed tumor	104	104	104
Pituitary: Chromophobe adenoma or carcinoma			
Tumor rates			
Overall (a)	5/84 (6%)	6/47 (13%)	2/46 (4%)
Adjusted (b)	7.2%	14.6%	5.7%
Terminal (c)	5/69 (7%)	6/41 (15%)	2/35 (6%)
Statistical tests (d)			
Life table test	$P=0.491$N	$P=0.180$	$P=0.547$N
Incidental tumor test	$P=0.191$N	$P=0.180$	$P=0.547$N
Cochran-Armitage trend test	$P=0.445$N		
Fisher exact test		$P=0.154$	$P=0.523$N
Weeks to first observed tumor	104	104	104
Adrenal: All pheochromocytoma			
Tumor rates			
Overall (a)	14/89 (16%)	4/49 (8%)	9/50 (18%)
Adjusted (b)	18.4%	9.2%	21.6%
Terminal (c)	10/71 (14%)	3/42 (7%)	7/39 (18%)
Statistical tests (d)			
Life table test	$P=0.383$	$P=0.138$N	$P=0.434$
Incidental tumor test	$P=0.425$	$P=0.154$N	$P=0.438$
Cochran-Armitage trend test	$P=0.406$		
Fisher exact test		$P=0.159$N	$P=0.451$
Weeks to first observed tumor	86	92	69
Thyroids: C-cell carcinoma			
Tumor rates			
Overall (a)	2/89 (2%)	5/50 (10%)	2/49 (4%) (e)
Adjusted (b)	2.8%	11.9%	5.1%
Terminal (c)	2/71 (3%)	5/42 (12%)	2/39 (5%)
Statistical tests (d)			
Life table test	$P=0.435$	$P=0.063$	$P=0.465$
Incidental tumor test	$P=0.435$	$P=0.063$	$P=0.465$

Cochran–Armitage trend test	$P=0.437$		
Fisher exact test		$P=0.057$	$P=0.446$
Weeks to first observed tumor	104	104	104
Pancreatic islets: Islet cell carcinoma			
Tumor rates			
Overall (a)	3/88 (3%)	1/47 (2%)	3/46 (7%)
Adjusted (b)	4.2%	2.4%	7.9%
Terminal (c)	3/71 (4%)	1/42 (2%)	3/38 (8%)
Statistical tests (d)			
Life table test	$P=0.287$	$P=0.506$N	$P=0.360$
Incidental tumor test	$P=0.287$	$P=0.506$N	$P=0.360$
Cochran–Armitage trend test	$P=0.281$		
Fisher exact test		$P=0.566$N	$P=0.337$
Weeks to first observed tumor	104	104	104

(a) Number of tumor bearing animals/number of animals examined at the site.
(b) Kaplan-Meier estimated lifetime tumor incidence after adjusting for intercurrent mortality.
(c) Observed tumor incidence at terminal kill.
(d) Beneath the control incidence are the P-values associated with the trend test. Beneath the dosed group incidence are the P-values corresponding to pairwise comparisons between that dosed group and the control. The life table analysis regards tumors in animals dying prior to terminal kill as being (directly or indirectly) the cause of death. The incidental tumor test regards these lesions as nonfatal. The Cochran-Armitage and Fisher exact tests compare directly the overall incidence rates. A negative trend is indicated by (N).
(e) One additional male rat in the 3,000 ppm dose group had a C-cell adenoma of the thyroid gland.

また最近のNTPテクニカルレポートではPeto検定に代わって同じく傾向検定のPoly-3 testが用いられている（NTP No. 514, **Table C3**）．出典は，Bailer and Portier（1988）および Bieler and Williams（1993）である．詳細は，松本ら（2002）のpp.121-123を参照．

trans-Cinnamaldehyde, NTP TR 514

Table C3. Statistical Analysis of Primary Neoplasms in Male Mice in the 2-Year Feed Study of *trans*-Cinnamaldehyde

	Untreated Control	Vehicle Control	1,000ppm	2,100ppm	4,100ppm
All Organs: Malignant Lymphoma					
Overall rate	4/50 (8%)	4/50 (8%)	1/50 (2%)	2/50 (4%)	2/50 (4%)
Adjusted rate	8.5%	8.3%	2.1%	4.4%	4.0%
Terminal rate	3/44 (7%)	4/47 (9%)	1/46 (2%)	0/39 (0%)	2/49 (4%)
First incidence (days)	538	728 (T)	728 (T)	561	728 (T)
Poly-3 test		$P=0.339$N	$P=0.181$N	$P=0.364$N	$P=0.327$N
All Organs: Benign Neoplasms					
Overall rate	14/50 (28%)	23/50 (46%)	16/50 (32%)	9/50 (18%)	15/50 (30%)
Adjusted rate	29.7%	47.0%	33.0%	19.5%	30.3%
Terminal rate	13/44 (30%)	22/47 (47%)	15/46 (33%)	6/39 (15%)	15/49 (31%)
First incidence (days)	498	572	644	498	728 (T)
Poly-3 test		$P=0.052$N	$P=0.115$N	$P=0.003$N	$P=0.066$N
All Organs: Malignant Neoplasms					
Overall rate	12/50 (24%)	16/50 (32%)	14/50 (28%)	11/50 (22%)	12/50 (24%)
Adjusted rate	25.4%	32.7%	28.8%	23.0%	24.0%

Terminal rate		10/44 (23%)	14/47 (30%)	12/46 (26%)	3/39 (8%)	11/49 (22%)
First incidence (days)		538	572	644	498	596
Poly-3 test			P=0.184N	P=0.426N	P=0.202N	P=0.233N
All Organs: Benign or Malignant Neoplasms						
Overall rate		23/50 (46%)	34/50 (68%)	27/50 (54%)	17/50 (34%)	22/50 (44%)
Adjusted rate		48.0%	69.4%	55.6%	35.5%	44.0%
Terminal rate		20/44 (46%)	32/47 (68%)	25/46 (54%)	9/39 (23%)	21/49 (43%)
First incidence (days)		498	572	644	498	596
Poly-3 test			P=0.005N	P=0.116N	P<0.001N	P=0.008N

(T) Terminal sacrifice.
[a] Number of neoplasm-bearing animals/number of animals examined. Denominator is number of animals examined microscopically for liver and lung; for other tissues, denominator is number of animals necropsied.
[b] Poly-3 estimated neoplasm incidence after adjustment for intercurrent mortality.
[c] Observed incidence at terminal kill.
[d] Beneath the vehicle control incidence is the P value associated with the trend test. The untreated control group is excluded from the trend test. Beneath the exposed group incidence are the P values corresponding to pairwise comparisons between the vehicle controls and that exposed group. The Poly-3 test accounts for the differential mortality in animals that do not reach terminal sacrifice. A negative trend or a lower incidence in an exposure group is indicated by N.
[e] Carcinoma occurred in one animal that also had an adenoma.
[f] Not applicable; no neoplasms in animal group.

　この試験の検定は，溶媒対照群と比較しているところに注意してほしい．何か問題があれば無投与対照群と比較検定する．

考察

1）検出力がきわめて高い．他の項目の有意水準は，全て $P=0.05$
2）がんが対照群に比較して用量群に早期発生した場合に有効
3）Chochran-Armitage の傾向検定とほぼ同程度の検出力
4）がんで死亡したか否かの判断が難しい
5）Fisher の検定および Chochran-Armitage の傾向検定で十分判断できると思う
6）Peto 検定の解析ソフトは，製作者によって異なる感がある．原著論文の数値を入力して確認の必要がある
7）ヨーロッパの試験に比較して米国ではあまり使用されていない感がある

2．米国 NTP テクニカルレポートに使用された Peto 検定の変遷

　傾向検定である Peto 検定が必要か否か内閣府食品安全委員会の座長会議でも議論(2013) がなされている．そこでがん既存化学物質の発がん性試験でもっとも権威が高い NTP テクニカルレポートに使用されている Peto 検定を含めた傾向検定の使用状態を経時的に調査した結果を以下に概略で述べる．

　なお報告書によっては投与開始年の記載がない試験も多く見られたが，この場合は，報告年から 3 年を差し引いた年を投与開始年（試験計画書作成年）とした．

　調査結果，1974 年からは，線形傾向検定を用い，その後 1977～1980 年は Peto 検定を使用している．その後 1991 年までロジスティック回帰分析を用いている．1991 年から現在までは，Poly-3 検定で該当腫瘍の発生傾向を経時的（Peto 検定と同様に試験期間をいくつかに分割）に解析している．

Peto 検定が数年間のみに使用された理由は把握できないが，検出力が高いことが原因と推測する．また用量公比設定にも関与しいているかもしれない．Peto 検定は，全用量同一公比で説明されている．用量が計算式に含まれる Peto 検定は，対照群を含めて 3 用量で説明されている．したがって，公比は一定の場合に使用する．農薬の長期毒性試験は，公比が一定でない試験が多い．

　NTP テクニカルレポートでは，偶発的腫瘍（incidental）を Poly-3（Bailer and Portier, 1988），Logistic regression（Haseman, 1984），Peto（Peto, Pike and Day et al., 1980）および Linear Trend（Taron, 1975）で解析している．また致死的腫瘍（fetal）は，Life table（Cox, 1972 and Taron, 1975）で解析している．

　原著論文は，以下のとおり述べられている．

Incidental Analyses—The second method of analysis assumed that all tumors of a given type observed in animals dying before the end of the study were "incidental"; i.e., they were merely observed at autopsy in animals dying of an unrelated cause. According to this approach, the proportions of animals found to have tumors in dosed and control groups were compared in each of five time intervals: 0-52 weeks, 53-78 weeks, 79-92 weeks, week 93 to the week before the terminal kill, and the terminal kill period. The denominators of these proportions were the number of animals actually autopsied during the time interval. The individual time interval comparisons were then combined by the previously described methods to obtain a single overall result. The computational details of both methods are presented in Peto et al. (1980).

3．実際の手計算

　肝の病理組織学所見に対する手計算の手順を示した．肝の線種およびがんの発生数（雌）を**表 8-2** に示した．本試験は，1 群 70 匹の F344 ラットを用いた 110 週間の農薬の発がん性併合試験である．途中解剖は 52 および 78 週である．

表 8-2．肝の線種およびがんの発生数の集計データ

週	対照群		50ppm		400ppm		3,200ppm	
	動物数 (N)	観察数 (O)	動物数 (N)	観察数 (O)	動物数 (N)	観察数 (O)	動物数 (N)	観察数 (O)
・	・	・	・	・	・	・	・	・
78	10	0	9	0	10	0	10	1 (0)
・	・	・	・	・	・	・	・	・
100	38	0	45	0	40	0	42	1 (4)
・	・	・	・	・	・	・	・	・
103	4	0	7	0	4	0	9	2 (1)
・	・	・	・	・	・	・	・	・
110	33	0	37	0	34	2 (0)	28	4 (0)
・	・	・	・	・	・	・	・	・
全期間		0		0		2		8

（　）：Contex code.

表8-3の腫瘍コード4および5は，52週の計画と殺を含めて77週まで認められず，78週の計画と殺ではじめて3,200ppm群で1匹認められた．その後110週の計画と殺時までの間100週で1匹，103週で2匹が3,200ppm群で認められた．しかし，100週のcontext codeは（4），すなわち腫瘍が原因で死亡したと判断した．一方103週のcontext codeは（1）で，これは被験物質の影響で死亡または切迫と殺したとは認めなかったと判断した．110週の計画と殺時は，400ppm群で2匹，3,200ppm群で4匹に腫瘍が認められた．このようにcontext codeの分類に留意する．病理観察者の意見が重要となる．

次に，表8-2の動物数について説明する．計画と殺時は各群の解剖動物数を記入する．100週で認められた腫瘍（context code 3, 4）は，その週に生存動物数を記入する．次いで，103週で観察した腫瘍（context code 1, 2）は，各群とも100週から109週間に全腫瘍（tumor code 1-25）の観察が認められた動物数を個体表から抽出して記載する．このように100週と103週における動物数（N）の違いは，表8-4の分類コード（context code）の違いによる．

表8-3. 腫瘍のコードによる分類

Organ	Tumor	Code
Thymus, spleen, marrow, lymph node, small intestine	Lymphoma	1
Kidney	Adenocarcinoma	2
Adrenal gland	Pheochromocytoma	3
Liver	Adenoma	4
Liver	Hepatocellular carcinoma	5
Thyroid	C-cell adenoma	6
Thyroid	Adenoma	7
Skin	Malignant fibrous histiocytoma	8
Skin, mammary, uterus, spleen, vagina, small intestine	Sarcoma	9
Code not used		10, 11
Uterus	Fibromixoma	12
Mammary	Fibroadenoma	13
Pituitary	Adenoma	14
Pituitary	Adenocarcinoma	15
Blood	Leukemia	16
Stomach	Papilloma	17
Testis	Interstitial cell tumor	18
Epididymis	Mesothelioma	19
Skin	Fibroma	20
Skin	Keratocanthoma	21
Various	Leiomyoma	22
Skin	Basal cell carcinoma	23
Mammary	Adenocarcinoma	24
Pancreas	Islet cell carcinoma	25

表 8-4. Peto 検定に用いる分類コード (context code) および腫瘍の所見 (definition used)

Context code	Definition used
0	Scheduled kill：tumor **absent or present**
1	Unscheduled death or kill：tumor **not** causative factor
2	Unscheduled death or kill：tumor **probably not** causative factor
3	Unscheduled death or kill：tumor **probably** causative factor
4	Unscheduled death or kill：tumor **causative** factor
5	**Clinically observed** superficial tumor（animal alive）
6	Unscheduled death or kill：tumor absent
7	Not used
8	Not used
9	Animal **not examined** in histopathology

3-1. 手計算による解析

計画と殺：78 週（tumor code 4＋5）

計算項目	用量（ppm）				
	0	50	400	3,200	
動物数	10	9	10	10	
腫瘍観察動物数（O）	0	0	0	1	
期待値（E）	0.256	0.230	0.256	0.256	
（O）－（E）	－0.256	－0.230	－0.256	0.743	
A	0	－11.53846	－102.564	2379.487	$\Sigma A = 2265.384$
B	0	11.53846	102.564	820.512	$\Sigma B = 934.615$
C	0	576.923	41025.641	2625641.0	$\Sigma C = 266743.539$

$A = D \times (O - E) \quad B = D \times E \quad C = D \times D \times E$

$Q = Ccum - \dfrac{Bsum \times Bsum}{Esum} = 1793737.672$

$V = \dfrac{Q \times (N - Esum)}{N - 1} = 1793737.672$

$T = 0(O^* - E) + 50(O^* - E) + 400(O^* - E) + 3{,}200(O^* - E) = 2265.384$

$Z = \dfrac{T}{\sqrt{V}} = 1.691$

＊腫瘍観察動物数

途中死亡動物：100 週（tumor code 4＋5）

計算項目	用量（ppm）				
	0	50	400	3,200	
動物数	38	45	40	42	
腫瘍観察動物数（O）	0	0	0	1	
期待値（E）	0.230	0.272	0242	0.254	
(O)−(E)	−0.230	−0.272	−0.242	0.745	
A	0	−13.636	−96.969	2385.454	ΣA = 2274.848
B	0	13.636	96.969	814.545	ΣB = 925.151
C	0	681.818	38787.878	2606545.5	ΣC = 2646015.15

$A = D \times (O-E) \quad B = D \times E \quad C = D \times D \times E$

$Q = Ccum - \dfrac{Bsum \times Bsum}{Esum} = 179009.825$

$V = \dfrac{Q \times (N - Esum)}{N-1} = 1790109.825$

$T = 0(O^* - E) + 50(O^* - E) + 400(O^* - E) + 3{,}200(O^* - E) = 2274.848$

$Z = \dfrac{T}{\sqrt{V}} = 1.700$

*腫瘍観察動物数

途中死亡動物：103−109 週（tumor code 4＋5）

計算項目	用量（ppm）				
	0	50	400	3,200	
動物数	4	7	4	9	
腫瘍観察動物数（O）	0	0	0	21	
期待値（E）	0.333	0.583	0.333	0.750	
(O)−(E)	−0.333	−0.583	−0.333	1.250	
A	0	−29.166	−133.333	4000.000	ΣA = 2274.848
B	0	29.166	133.333	2400.000	ΣB = 2562.499
C	0	1458.333	53333.333	7680000.0	ΣC = 734791.666

$A = D \times (O-E) \quad B = D \times E \quad C = D \times D \times E$

$Q = Ccum - \dfrac{Bsum \times Bsum}{Esum} = 451588.541$

$V = \dfrac{Q \times (N - Esum)}{N-1} = 4258041.213$

$T = 0(O^* - E) + 50(O^* - E) + 400(O^* - E) + 3{,}200(O^* - E) = 3837.5$

$Z = \dfrac{T}{\sqrt{V}} = 1.859$

*腫瘍観察動物数

計画と殺：110 週（tumor code 4＋5）

計算項目	用量（ppm）				
	0	50	400	3,200	
動物数	33	37	34	28	
腫瘍観察動物数（O）	0	0	2	4	
期待値（E）	1.500	1.681	1.545	1.272	
（O）−（E）	−1.500	−1.681	0.545	2.727	
A	0	−84.090	−118.818	8727.272	ΣA = 8825.000
B	0	84.090	618.181	4072.727	ΣB = 4774.999
C	0	4205.545	247272.72	13032727	ΣC = 13284204.5

$$A = D \times (O-E) \quad B = D \times E \quad C = D \times D \times E$$

$$Q = Ccum - \frac{Bsum \times Bsum}{Esum} = 9484100.378$$

$$V = \frac{Q \times (N - Esum)}{N-1} = 9122111.814$$

$$T = 0(O^* - E) + 50(O^* - E) + 400(O^* - E) + 3{,}200(O^* - E) = 8825.00$$

$$Z = \frac{T}{\sqrt{V}} = 2.93$$

*腫瘍観察動物数

全期間（tumor code 4＋5）

計算項目	用量（ppm）			
	0	50	400	3,200
動物数				
腫瘍観察動物数（O）	0	0	2	8
期待値（E）				
（O）−（E）				
A				
B				
C				

$$T = 0(O^* - E) + 50(O^* - E) + 400(O^* - E) + 3{,}200(O^* - E) = 8825.00$$
$$= 0(0 - 2.319) + 50(0 - 2.766) + 400(2 - 2.376) + 3{,}200(8 - 2.532)$$
$$= 0 + 50(-2.766) + 400(-0.376) + 3{,}200(5.468) = 17208.9$$

$$Z = \frac{T}{\sqrt{V}} = 4.178$$

*腫瘍観察動物数

算出値 4.178（正の値）は，**数表 8-1** の 3.89 より大きい．したがって，$P<0.00005$ となる．算出値が負の値は，腫瘍発生が用量によって減少していることから，がん原性試験では，N（negative）と表示して考察には反映しない．

Z 値は，4.178 が算出された．この計算値は，**数表 8-1** から P 値は 0.00005 未満となる．したがって，統計学的 5％ 水準で対照群を含めた 4 群間に被験物質の影響が $P<0.001$ で傾向的に示唆される．最終の判断は，上述のように腫瘍生時期をいくつかの期間に分割して解析するところに Peto 検定の意味がある．この例では 4 分割で解析した．計画と殺 78 週，途中死亡 100 週と 103－110 週および最終定期解剖 110 週の 4 ポイントである．

報告書には，対照群（control）の項に $P=0.00005$ と表示して，次に，対照群と 50ppm，400ppm および 3,200ppm 群間を 2 群間の Peto 検定を実施する．

NTP テクニカルレポート（TR 211）を以下に示す．Incidental tumor test の項である．Cochran-Armitage trend test も発生頻度に対する傾向検定である．ここで有意差を確認後，対照群と各用量群間は，Fisher の検定で解析する．傾向検定で有意差が認められた場合は，対照群の表示箇所または肩口に ＃ または P 値（目印）を付す．

Table 5. Incidences of male rats with neoplastic nodules of the liver

	Control	1,000ppm	3,00ppm
Overall Incidence	5/90（6％）	3/50（6％）	8/50（16％）(a)
Adjusted Incidence	6.9％	7.1％	20.5％
Terminal Incidence	5/72（7％）	3/42（7％）	8/39（21％）
Life Table Test	$P=0.022$	$P=0.633$	$P=0.036$
Incidental Tumor Test	$P=0.022$	$P=0.633$	$P=0.036$
Cochran-Armitage Trend Test	$P=0.026$		
Fisher Exact Test		$P=0.593$	$P=0.044$
Weeks to First Observed Tumor	104	104	104

(a) One male rat in the 3,000ppm dose group had both a neoplastic nodule and a carcinoma of the liver.

数表 8-1．Z の表（片側検定）

Z	P	Z	P	Z	P
0.00	0.50	1.55	0.06	2.46	0.007
0.25	0.40	1.64	0.05	2.52	0.006
0.52	0.30	1.75	0.04	**2.58**	**0.005**
0.67	0.25	1.88	0.03	2.65	0.004
0.84	0.20	1.96	0.025	2.75	0.003
1.04	0.15	2.05	0.020	2.88	0.002
1.28	0.10	2.17	0.015	3.09	0.001
1.34	0.09	2.33	0.010	3.29	0.0005
1.41	0.08	2.37	0.009	3.66	0.0001
1.48	0.07	2.41	0.008	**3.89**	**0.00005**

第 8 章　Peto 検定

　ここまでの Peto 検定は，対照群を含めた 4 群間に該当腫瘍の増加が認められた．次に，対照群と各用量群間の発生傾向を 2 群間の Peto 検定で解析する．全群間の傾向検定の Cochran-Armitage 検定で確認後 Fisher の検定で 2 群間の差を吟味する手法と同様である．以降対照群と低用量群（400ppm）および高用量群（3,200ppm）について解析する．低用量群（50ppm）は，該当腫瘍の発生が認められないことから計算から除外する．400ppm 群は，最終計画と殺時の 110 週のみに該当腫瘍が認められることから，計算は 1 回のみとなる．

計画と殺：110 週（tumor code 4＋5）/0ppm vs. 400ppm

Dose (D)	0ppm	400ppm	
観察動物数 (N)	33	34	
腫瘍発生 (O)	0	2	
期待値 (E)	0.4925	0.5074	
(O)－(E)	－0.4925	1.4926	
A	0	1044.82	$\Sigma A = 1044.82$
B	0	202.96	$\Sigma B = 202.96$
C	0	81184	$\Sigma C = 81184$

$A = D \times (O - E) \quad B = D \times E \quad C = D \times D \times E$

$Q = Csum - (Bsum \times Bsum \div Esum) = 81184 - (202.96 \times 202.96 \div 1) = 81184 - 41192.76$
　$= 39991.24$

$V = Q \times (N - Esum)/(N - 1) = 39991.24 \times (67 - 1)/66 = 39991.24 = 39991$

$T = 0(O^* - E) + 400(O^* - E) = 0(0 - 0.4925) + 400(2 - 0.5074) = 597.04$

$Z = T \div \sqrt{V} = 597.04 \div 199.9 = 2.9866$

計算値 2.9866 は，**数表 1** から $P < 0.002$ となる．

*腫瘍観察動物数

計画と殺：78 週（tumor code 4＋5）/0ppm vs. 3,200ppm

Dose（D）	0ppm	3,200ppm	
観察動物数（N）	10	10	
腫瘍発生（O）	0	1	
期待値（E）	0.5000	0.5000	
（O）−（E）	−0.5000	0.5000	
A	0	1600	ΣA = 1600
B	0	1600	ΣB = 1600
C	0	5120000	ΣC = 5120000

$A = D \times (O-E) \quad B = D \times E \quad C = D \times D \times E$

$Q = Csum - (Bsum \times Bsum \div Esum) = 5120000 - (1600 \times 1600 \div 1) = 5120000 - 2560000 = 2560000$

$V = Q \times (N - Esum)/(N-1) = 2560000 \times (20-1)/19 = 2560000$

$T = 0(O^* - E) + 400(O^* - E) = 0(0 - 0.5000) + 3,200(1 - 0.5000) = 1600$

$Z = T \div \sqrt{V} = 1600 \div 1600 = 1.000$

計算値 1.000 は，**数表 1** から $P > 0.2$ となる．

＊腫瘍観察動物数

途中死亡動物：100 週（tumor code 4＋5）/0ppm vs. 3,200ppm

Dose（D）	0ppm	3,200ppm	
観察動物数（N）	38	42	
腫瘍発生（O）	0	1	
期待値（E）	0.475	0.525	
（O）−（E）	−0.475	0.475	
A	0	1520	ΣA = 1600
B	0	1680	ΣB = 1600
C	0	5376000	ΣC = 5376000

$A = D \times (O-E) \quad B = D \times E \quad C = D \times D \times E$

$Q = Csum - (Bsum \times Bsum \div Esum) = 5376000 - (1600 \times 1600 \div 1) = 5376000 - 2560000 = 2816000$

$V = Q \times (N - Esum)/(N-1) = 2816000 \times (80-1)/79 = 2816000$

$T = 0(O^* - E) + 3,200(O^* - E) = 0(0 - 0.475) + 3,200(1 - 0.525) = 1520$

$Z = T \div \sqrt{V} = 1520 \div 1678 = 0.906$

計算値 0.906 は，**数表 1** から $P > 0.15$ となる．

＊腫瘍観察動物数

第8章 Peto 検定

途中死亡動物：103－109 週（tumor code 4＋5）/0ppm vs. 3,200ppm

Dose（D）	0ppm	3,200ppm	
観察動物数（N）	4	9	
腫瘍発生（O）	0	2	
期待値（E）	0.307	0.692	
(O)－(E)	－0.307	1.308	
A	0	4185.6	ΣA＝4185.6
B	0	22144	ΣB＝22144
C	0	7086080	ΣC＝7086080

$A = D \times (O - E) \quad B = D \times E \quad C = D \times D \times E$
$Q = Csum - (Bsum \times Bsum \div Esum) = 7086080 - (22144 \times 22144 \div 1) = 7086080$
$\quad - 4903567.36 = 2182512$
$V = Q \times (N - Esum)/(N - 1) = 2182512 \times (13 - 1)/12 = 2182512$
$T = 0(O^* - E) + 3,200(O^* - E) = 0(0 - 0.307) + 3,200(2 - 0.692) = 4185.6$
$Z = T \div \sqrt{V} = 4185.6 \div 1477 = 2.833$
計算値 2.833 は，**数表 1** から $P < 0.003$ となる．
＊腫瘍観察動物数

計画と殺：110 週（tumor code 4＋5）/0ppm vs. 3,200ppm

Dose（D）	0ppm	3,200ppm	
観察動物数（N）	33	28	
腫瘍発生（O）	0	4	
期待値（E）	0.5409	0.4590	
(O)－(E)	－0.5409	3.541	
A	0	113312	ΣA＝113312
B	0	1468.8	ΣB＝1468.8
C	0	4700160	ΣC＝4700160

$A = D \times (O - E) \quad B = D \times E \quad C = D \times D \times E$
$Q = Csum - (Bsum \times Bsum \div Esum) = 4700160 - (14688 \times 14688 \div 1) = 4700160$
$\quad - 2157373.44 = 2542786$
$V = Q \times (N - Esum)/(N - 1) = 2542786 \times (61 - 1)/60 = 2542786$
$T = 0(O^* - E) + 400(O^* - E) = 0(0 - 0.5409) + 3,200(4 - 0.4590) = 11331.2$
$Z = T \div \sqrt{V} = 113331 \div 1595 = 7.104$
計算値 7.104 は，**数表 1** から $P < 0.00005$ となる．
＊腫瘍観察動物数

全期間の解析（tumor code 4＋5）/0ppm vs. 3,200ppm

Dose（D）	0ppm	3,200ppm
観察動物数（N）	60	60
腫瘍発生（O）	0	8
期待値（E）		
（O）－（E）		
A		
B		
C		

$V = \Sigma Q = 2560000 + 2816000 + 2182512 + 2542786 = 10101298$
$T = \Sigma T = 1600 + 1520 + 4185 + 11331 = 18636$
$Z = T \div \sqrt{V} = 18636 \div 3178 = 5.86$
計算値 5.86 は，**数表 1** から $P < 0.00005$ となる．

計算値 $Z = 5.86$ は正規分布表（Z score for normal distribution）によって $P = 0.0000$ となり 0.001 水準で有意差が認められた．表 8-5（**Table 8-5**）に解析結果をまとめて示した．

Table 8-5. Incidence of female rats with adenoma and carcinoma of the liver

Test	Group			
	Control	50ppm	400ppm	3,200ppm
Overall incidence	0/60（0%）	0/60（0%）	2/60（3.33%）	8/60（13.3%）
Terminal incidence	0/33（0%）	0/37（0%）	2/34（5.88%）	4/28（14.2%）
Peto test	$P < 0.00005$		$P < 0.002$	$P < 0.00005$
Cochran–Armitage trend test	$P = 0.01152$			
Fisher exact test		$P = 1.000$	$P = 0.15383$	$P = 0.04193$
Week to first observed tumor	－	－	110	78

Peto 検定は，解析法がいくつかあるようである．原著論文を基礎にして各試験機関ともカスタマイズして使用している．がんで死亡の場合は病理担当者の考察によって判断したい．市販ソフトも死亡理由については入力法（Peto context cord）が異なるようである．SAS，富士通および EXSUS 製などがある．Peto 検定は，Fisher exact test に比較して検出力がきわめて高いことがわかる．

4．公比の設定によって有意差が変化するか？

NTP テクニカルレポートの Peto 検定では用量の公比は，2 または 3 が多い．Peto 検定の特徴は他の検定にない，計算に用量が採用される．そこで用量の変化によって有意差が異なる事例を解説する．

下記に前述の計画と殺：110 週（tumor code 4＋5）のデータからいくつかの公比を設定して，その有意差の変化を検討した．

110週の元のデータは，公比が8である．この公比は一般的に大きい．有意差検出に影響があるかもしれない．このデータを利用して，公比1.5，2，3，4および5を設定してZおよびP値を算出した結果を**表8-6**に示した．公比が1.5の場合，他の公比に比較してやや算出Z値が小さいようにみられるが，他の公比に比較して大きな差はない．したがって，Peto検定は用量を計算式に使用するが，公比の大きさによって統計学的有意差検出パターンの差異はないと推測する．

公比8のデータ（元のデータ）：計画と殺：110週（tumor code 4＋5）

計算項目	用量（ppm）				
	0	50	400	3,200	
動物数	33	37	34	28	
腫瘍観察動物数（O）	0	0	2	4	
期待値（E）	1.500	1.681	1.545	1.272	
(O)−(E)	−1.500	−1.681	0.545	2.727	
A	0	−84.05	−118.818	8727.272	ΣA＝8825.000
B	0	84.090	618.181	4072.727	ΣB＝4774.999
C	0	4205.545	247272.72	13032727	ΣC＝13284204.5

$$A = D \times (O-E) \quad B = D \times E \quad C = D \times D \times E$$

$$Q = Ccum - \frac{Bsum \times Bsum}{Esum} = 13284204 - 3800104 = 9484100$$

$$V = \frac{Q \times (N-Esum)}{N-1} = \frac{9484100 \times (132-6)}{131} = 9122111$$

$$T = 0(O^* - E) + 50(O^* - E) + 400(O^* - E) + 3{,}200(O^* - E) = 0 - 84 + 218 + 8726$$
$$= 8860$$

$$Z = \frac{T}{\sqrt{V}} = \frac{8860}{3020} = 2.93$$

*腫瘍観察動物数

表8-6．公比の設定によって統計学的有意差の違い

用量の公比	Z値	P値	腫瘍観察動物数/動物数			
			0/33	0/37	2/34	4/28
			用量（ppm）			
1.5	2.78	＜0.003	0	**50**	75	113
2	3.03	＜0.002	0	**50**	100	200
3	3.07	＜0.002	0	**50**	150	450
4	3.04	＜0.002	0	**50**	200	800
5	3.00	＜0.002	0	**50**	250	1,250
8	2.93	＜0.002	0	**50**	400	3,200

5．著者の意見

　Peto 検定と Cochran-Armitage どちらを使用するか？　この問題について，2013 年内閣府食品安全委員会では，発がん性試験の判断は何を使用するかの統一見解を検討している．我が国で実施された発がん性試験で Peto 検定を用いて解析している登録申請データは，最近（2013）少なくない．著者は，Peto 検定の検出力が高いが NTP テクニカルレポートを検索すると Chochran-Armigage 検定とほぼ同一な有意水準の結果を示していることから，後者の検定で十分発がん性を評価できると考える．もちろん Fisher の検定で各群間の差を吟味すること．ただ著者は，Peto 検定の応用によって 104 週間の試験期間で早期に腫瘍が認められる被験物質の発がん性の評価に有用と考える．

◎引用論文および資料

- 小林克己，井上博之，榎本　眞，北川裕行（1984）：病理組織学所見の統計処理について ―― 特に Peto 検定法 ――．医薬安全性研究会，No. 12, 1-14.
- 松本一彦，芳賀敏郎，滝沢　毅，児玉晃孝，小林克己，鈴木幸一，米山茂樹，諏訪浩一，直井一郎，北村　毅（2002）：医薬品のがん原性試験における統計的側面 ―― FDA ドラフトガイダンス翻訳と解説 ――．サイエンティスト社，東京．
- Bailer, A.J. and Portier, C.J. (1988): Effects of treatment-induced mortality and tumor-induced mortality on tests for carcinogenicity in small samples. *Biometrics*, **44**, 417-431.
- Bieler, G.S. and Williams, R.L. (1993): Ratio estimates, the delta method, and quantal response tests for increased carcinogenicity. *Biometrics*, **49**, 793-801.
- Cox, D.R. (1972): Regression models and life tables. *J.R. Stat. Soc.*, **B34**, 187-220.
- Haseman, J.K. (1984). Statistical issues in the design, analysis and interpretation of animal carcinogenicity studies. *Environ. Health Perspect*, **58**, 385-392.
- Peto, R, Pike, M.C., Day, N.E., Gray, R.G., Lee, P.N., Parish, S., Peto, J., Richards, S. and Wahrendorf, J. (1980): Long-term and short-term screening assay for carcinogens: a critical appraisal, IARC Monographs, Supplement 2, International Agency for Research on Cancer, Lyon.
- Tarone, R.E. (1975): Tests for trend in life table analysis. *Biometrika*, **62**, 679-682.

第 9 章　統計解析法の選定

1．多重比較・範囲検定の群間組み合わせおよび検出力の比較

　Dunnett および Duncan の多重比較・範囲検定と比較しても Scheffé の多重範囲検定は検出力が低いことがわかる．この理由は，対比の組み合わせが Dunnett，Tukey および Duncan の検定に比較して多いためである（橋本，1997）．各検定の全対の比較で 5% を保証している．**表 9-1** に 4 群設定の場合の多重比較・範囲検定による解析対比を示した．

表 9-1．4 群設定の場合の多重比較・範囲検定による解析対比

Dunnett	Tukey および Duncan	Scheffé
A 群対 B 群	A 群対 B 群	A 群対 B 群
A 群対 C 群	A 群対 C 群	A 群対 C 群
A 群対 D 群	A 群対 D 群	A 群対 D 群
	B 群対 C 群	B 群対 C 群
	B 群対 D 群	B 群対 D 群
	C 群対 D 群	C 群対 D 群
		A 群対 B，C，D 群の平均
		A 群対 C，D 群の平均
		B 群対 C，D 群など幾つもの組み合わせが可能

　各検定による棄却限界値（各分布表中の値）に比較して計算値がこの値より大きい場合は有意差となる．各解析法の検出力を**表 9-2** に示した．2 群間のみの検定に用いる t 検定の棄却限界値がもっとも小さく，ついで Dunnett，Williams，Duncan および Tukey の順になる．この**表 9-2** と上の**表 9-1** を対比することによって多群を設定した場合，t 検定を使用することの間違いが理解できる．多重比較検定では，設定群数が多いと検出力が低下する．例えば 5 群設定で有意差が検出されないが，1 群削除して 4 群で検定した場合，有意差が検出できる場合も散見される．したがって，スクリーニング試験などでは 1 対照群に対して 10 の用量群というような多くの群構成では，検出力が低下することに留意したい．

表 9-2．種々の解析法の棄却限界値

検定法	有意水準	棄却限界値
Student's t test	5%	2.10
Dunnett の多重比較検定	5%	2.30
Williams の多重比較検定	5%	2.50
Duncan の多重範囲検定	5%	3.11
Tukey の多重範囲検定	5%	3.80

群数は 4，1 群内標本数が 10 で両側検定による．

2．定量値に対する統計手法の選択

　ここで各検定法の選択について解説する．分散または標準偏差を利用するパラメトリック検定に対して分散または標準偏差を利用しないノンパラメトリック検定を**表9-3**に示した．ノンパラメトリック検定は，分散または標準偏差を利用せず各定量値を大きさによって順位化し，その順位の差を検定する．したがって，平均順位が表示でき，表示すべきである．表中の◎は推奨できる手法を示した．毒性試験では，被験物質の影響によって動物数の変化および分散の違いによって決定樹に頼れるか心配な場合が多々ある．この場合の対策として小林ら（1997）によっていくつかの方法が述べられている．

表9-3．パラメトリック検定に対するノンパラメトリック検定

設定群数	パラメトリック検定	ノンパラメトリック検定
2群のみの検定	Student，◎ Aspin-Welch，Cochran-Cox の t 検定	◎ Mann-Whitney の U 検定 Wilcoxon の検定
3群以上の多群間検定	分散分析（ANOVA）	Kruskal-Wallis の順位検定
	◎ Dunnett の多重比較検定 一般的な多重比較検定	Dunnett 型ノンパラ順位検定 ◎ Steel の検定
	◎ Tukey の多重範囲検定（群の大きさが同一） Tukey-Kramer 多重範囲検定（群の大きさが異なる）	Tukey 型ノンパラ順位検定 ◎ Steel-Dwass' test
	◎ Duncan の多重範囲検定法	Duncan 型ノンパラ順位検定
	Scheffé の多重比較検定	Scheffé 型ノンパラ順位検定
	◎ Williams の多重比較検定（用量相関性および一定の方向性によって処置または暴露されたことが前提）	Shirley-Williams の多重比較検定
		Jonckheere の傾向検定

　試験群設定による統計解析の選択法を**表9-4**に示した．

表9-4．検定手法の選択

単に両者の差は**両側検定**で，強弱の問いかけは**片側検定**を採用する		
群構成	比較対象	使用統計
2群のみの設定	2群間1回のみ	・Aspin-Welch の t 検定
対　照（X0）， 低用量（X1）， 中用量（X2）， 高用量（X3）	対照群と各用量群間のみの差の検定（検定回数は3回）	・Dunnett の多重比較検定 ・Williams の多重比較検定
対照，薬剤 A，薬剤 B，薬剤 C または グループ A，グループ B，グループ C，グループ D	対照群と各群間のみの差の検定（検定回数は3回）	・Dunnett の多重比較検定
	全対の比較（検定回数は6回）	・Tukey の多重範囲検定 ・Duncan の多重範囲検定

（表 9-4 続き）

対　照（X0），低用量（X1），中用量（X2），高用量（X3），対照薬剤	t 検定で 1 回検定後，有意差を確認し，対照群と各群間のみの差の検定（検定回数は 3 回）	・Dunnett or Williams の多重比較検定 ・対照と対照薬剤群間を t 検定で実施し有意差を確認後，対照薬剤を除外し対照群と各用量群間を Dunnett または Williams の多重比較検定*

*この場合は，対照薬剤の効果を確認し，この試験の妥当性を確認することが目的である．もう一つは，他社の対照薬剤との比較をしたい場合，Tukey または Duncan などの全対比較法を用いること．

3．決定樹による選択

膨大なデータを経時的に処理するための手法として 1982 年頃から以下に示した決定樹（けっていじゅ，decision tree）が毒性試験の分野で使用され改良がなされている．そのほかのアルゴリズムもいくつかの参考書に記載されている．毒性試験に常用されているいくつかのアルゴリズムを図 9-1〜8 および表 9-5 に示した．図 9-1 は日本最初の決定樹（山崎ら，1981）を示した．これらの決定樹による解析法は，多くの場面で応用できると考える．一部の論文では決定木（けっていぼく）と記載されているものもある．和訳の違いによる．

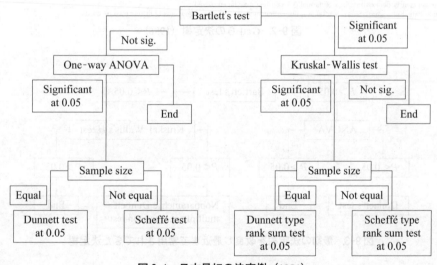

図 9-1．日本最初の決定樹（1981）

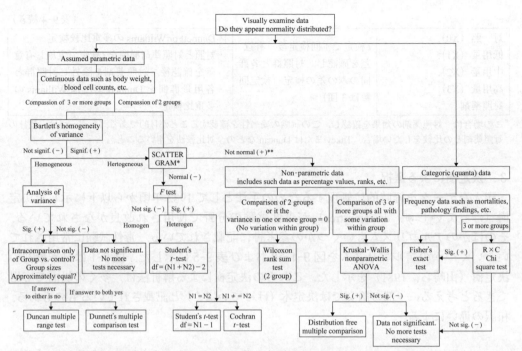

図 9-2. Gad らの決定樹（1986）

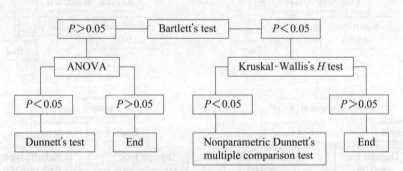

図 9-3. 最初の決定樹を改良し最近まで常用されてきた決定樹

　図 9-3 に示した決定樹を使用している論文を（Asakura *et al.*, 2008, Saitoh *et al.*, 1999, Tanaka, *et al.*, 2005, and Nukui *et al.*, 2007）を紹介する．この手法は，多くの毒性試験に使用されていたが 2005 年から検出力がきわめて低いことから使用が激減した．しかし，直近の論文でこの決定樹を用いた試験を紹介（Kobayashi, *et al.*, 2013）する．

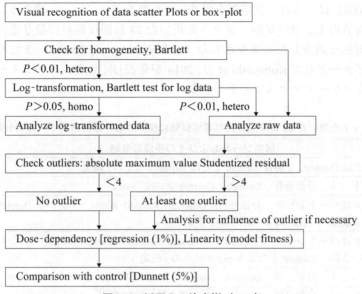

図9-4. 浜田らの決定樹（1998）

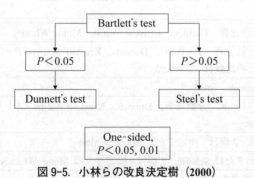

図9-5. 小林らの改良決定樹（2000）

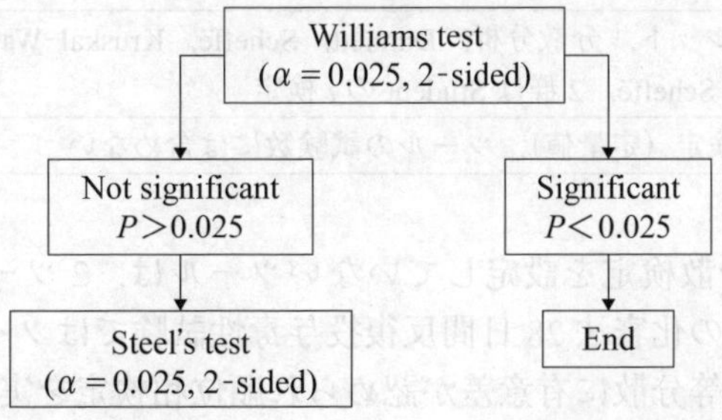

図9-6. 榊ら（製薬協ワーキンググループ）の改良決定樹（2000）

榊らの決定樹ときわめて近い決定樹は，Takizawa *et al.*,（2000）によって発表されている．

小林ら（2001）は，これら決定樹を調査して特徴を述べている．**表 9-5** は化審法による既存化学物質の 122 毒性試験「ラットを用いた 28 日間反復経口投与毒性試験」について統計解析法を調査した結果を示した（Kobayashi, *et al.*, 2008a）．また最近の決定樹の動向をレビューとして Kobayashi *et al.*, 2014 が発表している．このジャーナルは，電子媒体によるフリーアクセスで入手できる．

表 9-5．ラットを用いた 28 日間反復投与毒性試験に使用された統計解析ツールの分類と試験数

番号	解析ツールおよびその手法の概略	試験数
1	3 群以上は Dunnett，2 群は Student または Aspin-Welch の t 検定	5
2	バートレット，分散分析，Dunnett, Kruskal-Wallis, Steel	7
3	3 群以上はバートレット，分散分析，Dunnett, Kruskal-Wallis, ノンパラ Dunnett，2 群は Student または Aspin-Welch の t 検定	9
4	3 群以上はバートレット，分散分析，Dunnett, Scheffé, Kruskal-Wallis, ノンパラ Scheffé, 2 群は Student または Aspin-Welch の t 検定	10
5	バートレット，分散分析，Dunnett, Duncan, Kruskal-Wallis, ノンパラ Dunnett	9
6	**バートレット，分散分析，Dunnett, Steel（小林，2000 のツール）**	**20**
7	バートレット，Dunnett, ノンパラ Dunnett	10
8	バートレット，分散分析，Dunnett, Scheffé, Kruskal-Wallis, ノンパラ Dunnett, ノンパラ Scheffé	23
9	バートレット，分散分析，Dunnett, Kruskal-Wallis, Mann-Whitney	14
10	バートレット，分散分析（$P = 0.10$），Dunnett, Kruskal-Wallis（$P = 0.10$），Mann-Whitney，対照群との比較は，$P = 0.05$	1
11	バートレット，Dunnett, Steel	3
12	3 群以上はバートレット，分散分析，Dunnett, Kruskal-Wallis, ノンパラ Dunnett，2 群は Mann-Whitney	1
13	3 群以上は Dunnett，2 群は t 検定または Mann-Whitney	4
14	3 群以上は Dunnett または Scheffé，2 群は t 検定または Mann-Whitney	1
15	バートレット，分散分析，Dunnett, Kruskal-Wallis, ノンパラ Dunnett	3
16	バートレット，分散分析，Dunnett, Jaffé, Kruskal-Wallis, ノンパラ Scheffé, ノンパラ Jaffé	1
17	3 群以上はバートレット，分散分析，Dunnett, Scheffé, Kruskal-Wallis, ノンパラ Dunnett, ノンパラ Scheffé, 2 群は Student の t 検定	1
	Jonckheere の傾向検定（定量値），ツールの試験数には含めない	8

バートレットの等分散検定を設定していないツールは，2 ツール（13 および 14）であった．最近（2013）の化審法 28 日間反復投与毒性試験ではツール 6 のように Steel の検定が増加している．等分散に有意差が認められ順位和検定を実施した場合は，その旨を表中に明記すること．なるべく単純な経路をもった決定樹を使用したい．なぜならば考察が楽である．

4．公開されているもっとも新しい決定樹

著者が共著で発表した決定樹（Kobayashi *et al.*, 2008b）を図9-7および図9-8に示した．毒性試験に使用するより精度の高い手法のフローチャートを提案した．Shapiro-Wilkの検定で各群の正規性が保証された場合は，Dunnettの多重比較検定を用いる．対照群または全群で正規性が認められない場合は，多重性を考慮したノンパラメトリック検定のSteelの検定（Dunnett's testのSeparate type）を用いる．用量群の1群または2群に正規分布が認められない場合は，その群を削除して残りの群をDunnettの多重比較検定で解析する．削除された群は，試験責任者が長年の知見をもって毒性学的有意差を判断する．しかし，2014年現在これらの決定樹の応用は確認していない．

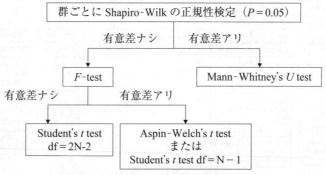

図9-7．2群設定の場合の決定樹（2008）

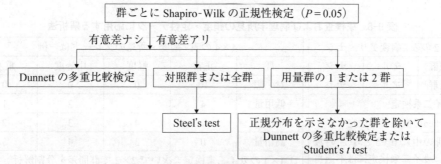

図9-8．3群以上設定の場合の決定樹（2008）

5．定量値および定性値に応用する解析法選択のヒント

定量および定性値に対応する統計解析法の基本的な考え方を**図9-9**および**表9-6**に示した．

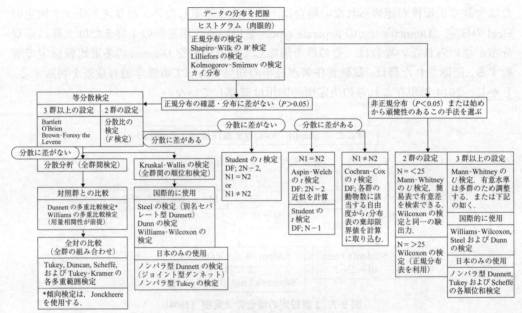

図9-9．定量値に対応する解析法

表9-6．尿検査および病理学所見の頻度・定性データに応用する解析法

2×2の表／病変アリ・ナシ			4×4の表／病変・所見のグレードは一例				
対照群	アル	ナシ	群	正常	軽度	中等度	重度
用量群	アル	ナシ	対 照	10	0	0	0
①カイ二乗検定			低用量	4	3	2	1
②Fisherの直接確率検定			中用量	1	4	3	2
4つ枡の中に0〜5と小さい数値は，カイ二乗検定には不適当である．したがって，毒性試験では，Fisherの直接確率検定が適当である．この解析値は，片側検定の確率（P）を示している．			高用量	0	3	4	3
			①4×4のカイ二乗検定：次いで2×2で群間差を分割解析				
			②4×4の累積カイ二乗検定：次いで2×2の累積カイ二乗検定で群間差を分割解析（本解析法は，日本のみで使用されている）				
			③Mann-WhitneyのU検定				
			④用量依存性：Cochran-Armitageの傾向検定				

6. データの変換

不等分散を回避するためデータの変換を実施する場合が多々ある．一般的な変換手法および変換結果を**表 9-7** に示した．データは，F344 ラット 82 週齢の血清乳酸脱水素酵素活性値（LDH, U/L）を利用した．

表 9-7. LDH の各種変換法による分布の変化

変換	平均値±標準偏差	変動係数（%）
しない	167 ± 49	29.3
対数	2.20 ± 0.14	6.36
二乗	30162 ± 16674	55.3
根	12.8 ± 1.94	15.2

個体値：168, 188, 181, 250, 122, 89, 125, 135, 211, 204, 標本数：10.

対数変換がもっとも分布を小さくできる．変換値に対して有意差が認められた場合は，変換値に対して有意差を示した旨を表記しなくてはならない．変換値は，イコール定量値とはいえないことに留意する．

各群の個体値の大きい数値/小さい数値から順番を付け，この順位を解析する Mann-Whitney の U および Steel の検定のノンパラメトリックの順位和検定も同様データの変換である．

7．米国 NIH の NTP テクニカルレポートで使用されているがん原性試験の統計解析法
　　（No. 211 and No. 514）

生存率は，グラフによる表示が Kaplan and Meier（1958），群間検定は，Cox（1972），用量相関性の検定は Tarone（1975）の Life table を使用している．

腫瘍発生率の検定は，死亡率を修正し Dinse and Haseman（1986）の方法を使用しているほか，回帰式，Life table（Cox, 1972；Tarone, 1975），Fisher の正確確率検定および Cochran-Armitage の傾向検定（Armitage, 1971；Gart *et al.*, 1979）を用いている．また NTP データベースを利用した比較（Haseman *et al.*, 1984, 1985）も実施しており，時折 Peto 検定で主要がんに対して用量相関性を吟味している．

定量値のなかで器官重量の検定は，ほぼ正規分布を示していれば用量相関性を前提としている Williams（1971, 1972）および用量相関性を前提としていない Dunnett の多重比較検定（1955）を使用している．生化学検査値，尿検査値および血液学検査値などで正規分布をしていない場合は，多重性を考慮したノンパラメトリック検定の Shirley（1977）および Dunn（1964）を使用し，用量相関性は，Jonckheere の傾向検定（Jonckheere, 1954）で吟味している．正規性の検定にはいくつかの解析法があるが特定はしていない．片側検定を使用していることに留意してほしい．

重度の腎症が発症した場合は，2 群間検定の Mann-Whitney U test（Hollander and Wolfe, 1973）を使用している．

本報告書は，がん原性試験が主な試験種であるため病理所，特に腫瘍については種々の統計解析手法を併用している．しかし，血液・生化学的検査などの定量値に対しては，さほど重視していない感がある．

8．著者の意見

もし決定樹を用いる場合，図9-5のような単純な経路をもったツールを推奨する．このツールは，化審法28日間反復投与毒性験122中20の試験に利用されている．決定樹または他のツールの何を使用するかの場合，著者は，等分散性の検定を用いず直接，多重性を考慮したDunnettの検定のみ使用したい．なぜならば，この検定は多重性を考慮し，全群間の分布の要因（誤差項の分散）が利用されているからである．Finney（1995）は，毒性試験では群間の分布の違いに対して驚くことはないと述べている．著者もこの意見に賛成である．現在は，分散分析の表は必要ではないが，この表を作成して注視してほしい．誤差項の分散が群間の分散より大きければ，分散比は1より小さくなり毒性試験が成立していないことになる．

◎引用論文および資料

・小林克己, 大堀兼男, 小林真弓, 竹内宏一 (1997)：毒性試験から得られる定量値に対する統計学的検定法の選択── 事例からの検索 ──．産業衛生学会誌, **39**, 86-92.
・小林克己, 金森雅夫, 大堀兼男, 竹内宏一 (2000)：げっ歯類を用いた毒性試験から得られる定量値に対する新決定樹による統計処理の提案．産衛誌, **42**, 125-129.
・小林克己, 北島省吾, 志賀敦史, 三浦大作, 庄子明徳, 渡 修明, 村田共治, 井上博之, 大村 実 (2001)：毒性試験結果の解析に用いられる決定樹の利用に関する一考察 ── 我が国のげっ歯類データに基づく考察 ──．日本トキシコロジー学会, **26**, No. 2, Appendix, 27-34.
・榊 秀之, 五十嵐俊二, 池田高志, 今溝 裕, 大道克裕, 門田利人, 川口光裕, 瀧澤 毅, 塚本 修, 寺井 裕, 戸塚和男, 平田篤由, 半田 淳, 水間秀行, 村上善記, 山田雅之, 横内秀夫 (2000)：ラット反復投与毒性試験における計量値データ解析法．*J. Toxicol. Sci.*, **25**, app.71-81.
・橋本修二 (1997)：薬理試験における統計解析のQ&A．日薬理誌, **110**, 325-332.
・山崎 実, 野口雄次, 丹田 勝, 新谷 茂 (1981)：ラット一般毒性試験における統計手法の検討（対照群との多重比較のためのアルゴリズム）．武田研究所報, **40**, No. 3/4, 163-187.
・Armitage, P. (1971): Statistical methods in medical research. pp.362-365. John Wiley and Sons. New York.
・Asakura, M., Satoh, H., Chiba, M., Okamoto, M., Serizawa O., Nakano, M., and Omae, K. (2008): Oral toxiity of indium in rats: Single and 28-day repeated administration studies. *J Occup Health*, **50**, 471-479.
・Cox, D.R. (1972): Regression models and life tables. J.R. *Stat. Soc.*, B334, 187-220.
・Dinse, G.E. and Haseman, J.K. (1986): Regression analysis of tumor prevalence data. *Appl. Statist.*, **32**, 236-248.
・Dunnett, C.W. (1955): A multiple comparison procedure for comparing several treatments with a control. *Am. Stat. Assoc.*, **50**, 1096-1211.
・Finney, D.J. (1995): Thoughts suggested by a recent paper: Questions on non-parametric analysis of quantitative data (letter to editor). *J. Toxicol. Sci.*, **20**, 165-170.
・Gad, S. and Weil, C.W. (1986): Statistics and experimental design for toxicologists. pp.18, 86, The Telford Press Inc., New Jersey, U.S.A.
・Gart, J.J, Chu, K.C., and Tarone, R.E. (1979): Statistical issues in interpretation of chronic bioassay tests for carcinogenicity. *J. Natl. Cancer Insty.* **62**, 957-974.
・Hamada, C., Yoshino, K., Matsumoto, K., Nomura, M., and Yoshimura, I. (1998): Tree-type algorithm for statistical analysis in chronic toxicity studies. *J. Toxicol. Sci.*, **23**, 173-181.
・Haseman, J.K., Huff, J., and Boorman, G.A. (1984): Use of historical control data in carcinogenicity studies in rodent. *Toxicol. Pathol.*, **12**, 126-135.
・Haseman, J.K., Huff, J.E., Rao, G.N., Arnold, J.E., Boorman, G.A., and McConnell, E.E. (1985): Neoplasms

observed in untreated and corn oil gavage control groups of F344/N rats and (C57BL/6N×C3H/HeN) F1 (B6C3F$_1$) mice. *JNCI.*, **75**, 975-984.
- Hollander, M. and Wolf, D.A. (1973): Nonparametric statistical methods. pp.120-123. John Wiley and Sons, New York.
- Jonckheere, A. (1954): A distribution-free *k*-sample test against ordered alternatives. *Biometrika*, 41, 133-145.
- Kaplan, E.L. and Meier, P. (1958): Nonparametric estimation of incomplete observations. *J Am. Stat. Assoc.*, **53**, 457-481.
- Kobayashi, K. (2001): Trends of the decision tree for selecting hypothesis-testing procedures for the quantitative data obtained in the toxicological bioassay of the rodents in Japan, *The Journal of Environmental Biology*, **21**(1), 1-9.
- Kobayashi, K., Pillai, K.S., Sakuratani, Y., Abe, T., Kamata, E., and Hayashi, M. (2008a): Evaluation and assessment of statistical tools used in short-term toxicity studies with small number of rodent. *J. Toxicol. Sci.*, **33**(1), 97-104.
- Kobayashi, K., Pillai, K.S., Suzuki, M., and Wang Jie (2008b): Do we need to examine the quantitative data obtained from toxicity studies for both normality and homogeneity of variance? *J. Environ. Biol.*, **29**(1). 47-52.
- Kobayashi, K., Kalathil Sadasivan Pillai, K.S., Michael, M., Cherian, K.M., and Ono, A. (2014): Transition of Japan's statistical tools by decision tree for quantitative data obtained from the general repeated dose administration toxicity studies in rodents. *International Journal of Basic and Applied Sciences*, **3**(4), 507-520. http://www.sciencepubco.com/index.php/ijbas/issue/view/117 (Accessed November 30, 2014).
- Kobayashi, T., Aso, S., Koga, T., Hoshuyama, S., Oshima, Y., Miyata, K., Kusune, Y., Muroi, T., Yoshida, T., Hasegawa, R., Ajimi, S., and Furukawa, K. (2013): Combined repeated dose and reproductive/developmental toxicity screening test of *tert*-butylhydrazine monohydrochloride in rats. *J. Toxicol. Sci.*, **38**(2), 177-192.
- Nukui, K., Koike, T., Yamagishi, T., Ihota, H., Nagase, T., Kimura, H., and Sato, K. (2007): A 91-d repeated dose oral toxicity study of PureSorb-QTM 40 in rats. *J Nutr Sci Vitaminol*, **53**, 206-314.
- Saitoh, M., Umemura, T., Kawasaki, Y., Momma, J., Matsushima, Y., Sakemi, K., Isama, K., Kitajima, S., Ogawa, Y., Hasegawa, R., Suzuki, K., Isama, K., Kitajima, S., Ogawa, Y., Hasegawa, R., Suzuki, T., Hayashi, M., Inoue, T., Ohno, Y., Sofuni, T, Kurokawa, Y., and Tsuda, M. (1999); Toxicity study of rubber antioxidant, mizture of 2-mercaptomethylbenzimidazoles, by repeated oral administration to rats. *Food and Chemical Toxicology*, **39**, 777-787.
- Shirley, E. (1977): A non-parametric equivalent of Williams' test for contrasting increasing dose levels of a treatment. *Biometrics*, **33**, 386-389.
- Takizawa, T., Igarashi, T., Imamizo, H. *et al.*, (2000): A study on the consistency between flagging by statistical tests and biological evaluation. *Drug Information Journal*, **34**, 501-509.
- Tanaka, H., Nagata, K., Oda, S., Edamoto, H., Kitano, M., Oya, K., and Hosoe, K. (2005): Twenty-eight-day repeated dose oral toxicity study of water-miscible coenxyme Q10 preparation (Q10EP40) in rats. *Journal of Health Science*, **51**(3), 346-356.
- Saitoh, M., Umemura, T., Kawasaki, Y., Momma, J., Matsushima, Y., Sakemi, K., Isama, K., Kitajima, S., Ogawa, Y., Hasegawa, R., Suzuki, K., Isama, K., Kitajima, S., Ogawa, Y., Hasegawa, R., Suzuki, T., Hayashi, M., Inoue, T., Ohno, Y., Sofuni, T, Kurokawa, Y., and Tsuda, M. (1999); Toxicity study of rubber antioxidant, mizture of 2-mercaptomethylbenzimidazoles, by repeated oral administration to rats. *Food and Chemical Toxicology*, **37**(7), 777-787.
- Tarone, R.E. (1975): Tests for trend in life table analysis. *Biometrika*, **62**, 679-682.
- Williams, D.A. (1971): A test for differences between treatment means when several dose levels are compared with a zero dose control. *Biometrics*, **27**, 103-117.
- Williams, D.A. (1972): The comparison of several dose levels with zero dose control. *Biometrics,* **28**, 519-531.

MEMO

第10章　飛び離れた定量値の取り扱い（棄却検定）

1．飛び離れた定量値の取り扱い（棄却検定）の概略

　ヒトを含めた生物より得られる変量は，時には同一群内標本に比較して飛び離れている場合がある．この飛び離れた値が一つあるために仮説の証明ができない．めったに見られない数値の大きさである．また，ある変量の基準（限界）を定めたいなどの場合に用いられるのが，棄却検定および棄却限界である．なお，**第1章**で説明した平均値の2標準偏差の範囲とほぼ同様の傾向を示す．棄却する場合，その個体の他の検査値などの関連性を考慮して総合的に考察し棄却理由を明確にする．また棄却検定は，1回のみ（5％水準）とする．小林（1984）によって対処法が説明されている．

2．Thompson の棄却検定法

　毒性試験の群分け時の生化学検査値を**例題 10-1** として示した．この群の検査値 28 は棄却してよいか？

例題 10-1．群分け時の生化学検査値

測定値	66, 63, 59, 57, 61, 58, **28**, 60, 52, 48

2-1．手計算による解析

　下記の式によって t 検定を実施する．

$$t = \frac{\tau\sqrt{N-2}}{\sqrt{N-1-\tau^2}}$$

基礎数値：合計（ΣX）= 552，平均値（$\overline{X}$）= 55.2，平方和 $\Sigma(X-\overline{X})^2 = 1061.6$

$$\therefore \delta = 55.2 - 28 = 27.2$$

$$Sn = \sqrt{\frac{1061.6}{10}} = \sqrt{1016} = 10.30$$

$$\therefore \tau = \frac{27.2}{10.3} = 2.641$$

　これらの計数を t の式に代入すると，

$$t_{(10-2)} = \frac{2.641\sqrt{10-2}}{\sqrt{10-1-2.641^2}}$$

$$\therefore t_{(8)} = 5.25$$

計算値 5.25 を**数表 10-1**, t 分布表［両側検定（2α）＝0.001］の自由度 8 の 5.041 と比較する. 計算値 5.25 は 5.041 より大きいことから 0.1% 水準（$P<0.001$）で 28 の個体は棄却してもよいことになる. もちろん 5% 水準の 2.306 で有意差が認められる. 通常はこの 5% 水準で判断する. 自由度は, N−2＝8 である.

数表 10-1. t 分布のパーセント点（吉村ら, 1987）

D.F.\$2\alpha$	0.2	0.1	0.05	0.02	0.01	0.002	0.001
D.F.\α	0.1	0.05	0.025	0.01	0.005	0.001	0.0005
8	1.397	1.860	2.306	2.896	3.355	4.501	5.041
9	1.383	1.833	2.262	2.821	2.250	4.297	4.781
10	1.372	1.812	2.228	2.764	3.169	4.144	4.587

α：片側検定, 2α：両側検定.

2-2. エクセル統計 2008 による解析

外れ値検定の結果

生化学検査値		
元データ	除外済データ	外れ値
66	66	
63	63	
59	59	
57	57	
61	61	
58	58	
28		28
60	60	
52	52	
48	48	

有意水準	0.05		
要約	元データ	除外済データ	外れ値
n	10	9	1

検定過程	n	平均	不偏分散	標本標準偏差	外れ値
1 回目	10	55.2	117.956	10.861	28
2 回目	9	58.222	29.944	5.472	なし

　エクセル統計 2008 の外れ値の検定の結果, 例題の 28 は棄却される. しかし, この計算式は不明である. Smirnov-Grubbs の棄却検定も同一の結果が得られた.

3．Smirnov-Grubbs の棄却検定

　Thompson の棄却検定法と同様に一群内に一見してきわめて大きいまたは小さい数値と見なし, この群から外れている数値として, 棄却してもよいか統計学的に吟味する方法である.

　Thompson の棄却検定法に用いたデータ（**例題 10-1**）を使用して Smirnov-Grubbs の棄却検定（Aoki, 2014）を説明する. この群のなかで検査値 28 は棄却してよいか？

3-1. 手計算による解析

$$T1 = \frac{(X_1 - \overline{X})}{\sqrt{V}}$$

基礎数値：平均値（$\overline{X}$）= 55.2，分散 = 118.0

$$T_{10} = \frac{|28 - 55.2|}{\sqrt{118.0}} = \frac{27.2}{10.9} = 2.57$$

　計算値 2.57 を Smirnov-Grubbs の棄却限界値（**数表 10-2**）の $N = 10$（自由度），0.05 の点 2.176 または 0.01 の点 2.410 と比較すると計算値が大きい．したがって，1% 水準で検査値 28 の個体を棄却してもよいことになる．この検定の自由度は，全標本数を使用する．

　生物を用いた試験では，Thompson の棄却検定法に比べて Smirnov-Grubbs の棄却検定の方法が使用されている．Smirnov-Grubbs の棄却検定は，外れ値が 1 個のときは，検出力が高いが，外れ値が 2 個以上存在する場合は，一方が他方を隠す（masking effect）ことがあり検出力が低下する．

数表 10-2．Smirnov-Grubbs 検定の有意点 α（片側）（Aoki, 2006）

N	0.1	0.05	0.025	0.01
3	1.148	1.153	1.154	1.155
4	1.425	1.462	1.481	1.493
5	1.602	1.671	1.715	1.749
6	1.729	1.822	1.887	1.944
7	1.828	1.938	2.020	2.097
8	1.909	2.032	2.127	2.221
9	1.977	2.110	2.215	2.323
10	2.036	**2.176**	2.290	**2.410**
11	2.088	2.234	2.355	2.484
12	2.134	2.285	2.412	2.549
13	2.176	2.331	2.462	2.607
14	2.213	2.372	2.507	2.658
15	2.248	2.409	2.548	2.705
16	2.279	2.443	2.586	2.747
17	2.309	2.475	2.620	2.785
18	2.336	2.504	2.652	2.821
19	2.361	2.531	2.681	2.853
20	2.385	2.557	2.708	2.884

3-2. SAS JMP による解析

Smirnov-Grubbs 検定は SAS JMP に格納していないとから平均値の 95% の信頼限界を算出した.

棄却検定- 一変量の分布

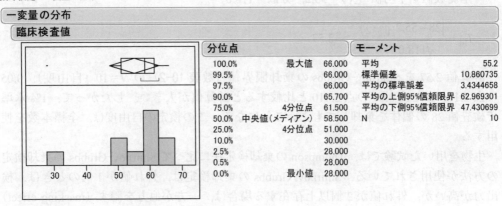

2 標準偏差による範囲は, $55.2 \pm 21.6 = 33.6 - 76.8$ となる.
2 標準偏差は, $10.8 \times 2 = 21.6$ となる.
2 標準偏差を利用しても同様な棄却結果となる.

4. 増山の棄却限界

「この変量は母集団より得られたものとは考えられない」と判断してよいかという限界を決めて, その変量を棄却する場合がこの検定法である（柴田, 1964）.

$$Mean \pm (Sx \times \sqrt{\frac{N+1}{N}} \times t_{(N-1)0.05})$$

Sx は標準偏差, $t(N-1)0.05$ は自由度 $N-1$ における確率 $P = 0.05$ が示す t の値である.

看護師学生に長期の疾病にり患するものが多いため, その対策の一つとして, 健康診断値に体重の最低限界を求め, これを参考にした. 比較的健康な学生 10 名の体重は, **例題 10-2** のごとくであった. $P = 0.05$ の棄却限界を求めよ.

例題 10-2. 看護学生の体重

測定値（kg）	57, 52, 54, 52, 48, 53, 48, 53, 52, 49

4-1. 手計算による解析

平均値＝51.8，標準偏差＝±2.82，$t_{(10-1)0.05}=2.262$［t の両側分布表（**数表10-1**）から，自由度は9］

$$棄却限界 = 51.8 \pm (2.82 \times \sqrt{\frac{10+1}{10}} \times 2.262) = 51.8 \pm 6.69$$

∴58.49 − 45.11，したがって，棄却下限値は 45kg と決められる．

4-2. SAS JMP による解析

本法は SAS JMP に格納していないことから平均値の 95％の信頼限界を算出した．

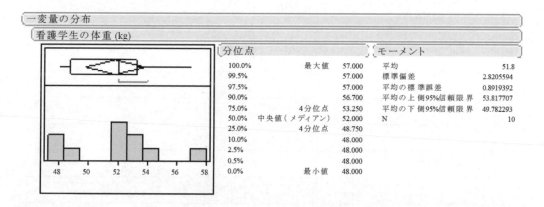

増山の棄却限界法では，手計算による下限が 45kg となる．SAS JMP では 95％の下限は 49.8kg となる．平均値の 2 標準偏差では，46.2−57.4kg．

外れ値が含まれている場合は，平均値±2 標準偏差を用いて正常域を決めても差し支えない．

1個体を抽出してこれが棄却できるか否かの検定（Thompson and Smirnov-Grubbs）と棄却限界幅（増山の手法）を設定する二方法がある．

5．著者の意見

毒性試験では，異常値として棄却する場合は，病理所見および関連検査値を注視し試験責任者の判断によって実施すること．この場合，生データに詳細を記録する．棄却検定は，Smirnov-Grubbs の検定の使用が多い．

◎引用論文および資料

・小林克己（1984）：飛び離れた変量の取扱法．医薬安全性研究会 No.12，15-18．
・柴田寛三（1964）：生物統計学講義 ── 主として動物試験のための ──．東京農業大学．
・吉村 功ら（1987）：毒性・薬効データの統計解析．サイエンティスト社，東京．
・AOKI (2014): http://aoki2.si.gunma-u.ac.jp/JavaScript/ (Accessed September 21, 2014).

MEMO

第11章　頻度データの評価

1. 頻度データの評価の概略

頻度データは一般的に 2×2 の検定（4升検定）を用いている．この中には，カイ二乗（χ^2）検定，Fisher の直接確率検定（Fisher の検定），オッズ比および唯一日本人が発表した累積カイ二乗検定などがある．毒性試験は，下記の 4 升中 0～5 と小さい数が含まれることから Fisher の検定を推奨する．また病理所見は，グレードの表示がある場合がある．これらの場合に有効な手法について小林ら（2010）が述べている．

2. カイ二乗（χ^2）検定

Xmas は，Christmas（12/25）の Christ の前半をギリシャ読みでカイと読めることが語源である．

横の行（群数）が 2，縦の列（反応）が 2 なので 2×2 定性的相関表（2×2 Contingency）（表 11-1）という．この検定は，両側検定を前提としている．どこかのセルに 5 以下の数値がある場合は，カイ二乗確率が低めに算出されることから Yetes の補正または Fisher の検定が使用されている．

表 11-1. 2×2 定性的相関表

Group	Class 1	Class 2	Total
1	A	B	A+B
2	C	D	C+D
	A+C	B+D	A+B+C+D=N

$$X^2 = \frac{N(A \times D - B \times C)^2}{(A+C)(B+D)(A+B)(C+D)}$$

例題 11-1 にラットを用いた 2 年間のがん原性試験の結果を抜粋して示した．対照群と高用量群の肝細胞がん（hepatocellular carcinoma）である．毒性試験では，病理解剖・組織学的所見および定性応の尿検査値の発現頻度に使用する．しかし，標本数を考慮に入れて応用するか吟味すること．N=5 程度の化審法 28 日間反復投与毒性試験は使用を避けたい．加えて，毒性試験は，分子に 0 が多いことから Fisher の検定を使用すること．

例題 11-1. がん原性試験から得られたデータ

群	肝細胞がん		
	あり	なし	合計
対照	1	49	50
高用量	9	41	50

2-1. 手計算による解析

自由度 =(行数-1)(列数-1)=(2-1)(2-1)=1 を計算すると，計算値のカイ二乗値 = χ^2 = 7.111 である．

自由度 1，χ^2 の分布表（**数表 11-1**）から 7.111 に対する確率は 1% 水準の値 6.635 より大きいので 1% 水準で有意差（$P<0.01$）を示したことになる．すなわち群間に差があり，発がん性が示唆される．

数表 11-1. カイ二乗分布のパーセント（吉村ら，1987）

自由度， 群数-1	有意水準点，α			
	0.100	0.050	0.010	0.001
1	2.705	3.841	**6.635**	10.82
2	4.605	5.991	9.210	13.81
3	6.251	**7.814**	11.34	16.26
4	7.779	9.487	13.27	18.46
5	9.236	11.07	15.08	20.51
6	10.64	12.59	16.81	22.45
7	12.01	14.06	18.47	24.32
8	13.36	15.50	20.09	26.12
9	14.68	16.91	21.66	27.87

2-2. SAS JMP による解析

SAS JMP で計算する場合の入力フォーマットを**表 11-2**に示した．文字は左詰めで数値は右詰で入力する．

表 11-2. 表 2 のデータを SAS JMP に入力例

群	肝細胞がん発生	動物数
対照	+	1
高用量	+	9
対照	−	49
高用量	−	41

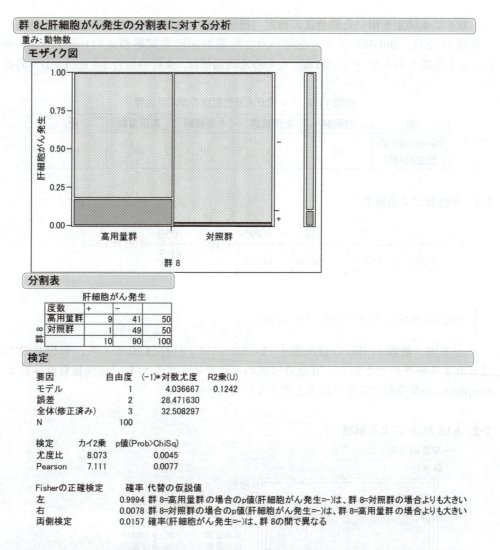

手計算度と同一な計算値・カイ2乗値（7.111）が算出できた．Fisher の検定も同時に計算される．

2-3. エクセル統計 2008 による解析

独立性の検定

	カイ二乗値	自由度	P 値	判定
補正なし	7.1111	1	0.0077	**
Yates の補正	5.4444	1	0.0196	*

**1% 有意，*5% 有意．

手計算，エクセル統計 2008 および SAS の値は，いずれも 7.111 と同一であった．

3. カイ二乗検定を用いた適合度の検定（観察度数と理論値との比較）

例題 11-2 は，B6C3F1 マウスを用いた 2 年間がん原生試験の雄の total primary neoplasms から得られたデータである．もちろん理論値は，4 群の場合 1：1：1：1 である．

例題 11-2. 2 年間がん原性試験のがん発生数

群	対照群	低用量群	中用量群	高用量群	計
Neoplasms の発生動物数	46	33	38	49	166

3-1. 手計算による解析

$$X^2 = \frac{46^2}{166 \times \frac{1}{4}} + \frac{33^2}{166 \times \frac{1}{4}} + \frac{38^2}{166 \times \frac{1}{4}} + \frac{49^2}{166 \times \frac{1}{4}} - 166 = \frac{7050}{41.5} - 166 = 3.88$$

$\frac{1}{4} = 0.25$ は仮定する確率分布（$N = 4$ 群）

χ^2 分布表（**数表 11-1**）の自由度 $4 - 1 = 3$ の点は 7.814．したがって，算出した 3.88 はこれより小さいことから，有意差は認められない．すなわち，被験物質投与による Neoplasms の発生数に統計学的有意差がないことがわかる．

3-2. SAS JMP による解析

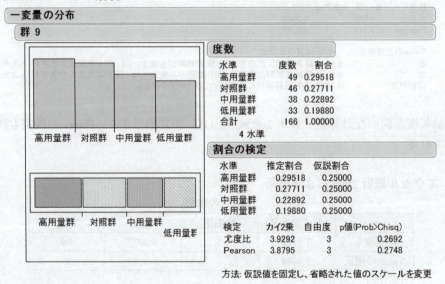

手計算と同一な 3.8795 が計算された．

3-3. エクセル統計 2008 による解析

適合度の検定

カイ二乗値	自由度	P 値	判定
3.8795	3	0.2748	

SAS JMP と同一な結果が得られた．

4．Fisher の直接確率検定

例題 11-1 のがん原性試験から得られたデータについて解析する．

例題 11-1．がん原性試験から得られたデータ

群	肝細胞がん		
	あり	なし	合計
対照	1（A）	49（B）	50
高用量	9（C）	41（D）	50

$$P = \frac{(A+B)!\,(C+D)!\,(A+C)!\,(B+D)!}{N!\,A!\,B!\,C!\,D!}$$

4-1. 手計算による解析

$$P_1 = \frac{50!\,50!\,10!\,90!}{100!\,1!\,49!\,9!\,41!} = 0.0078 = 直接確率（P）$$

！：階乗記号（5 の場合 → $1\times2\times3\times4\times5$）

この確率に加えて，もっと極端な結果を考えると**表 11-3**となる．P_2 を計算する．0 の欄が見られたらこれより極端な例はないので計算は終了となる．この場合，4 升中一番小さい数値は，1 である．したがって，これを 0 にして残りの升の数を動かす．もし一番小さい数が 4 の場合，計算 $P_1(4)$，$P_2(3)$，$P_3(2)$，$P_4(1)$ および $P_5(0)$ の 5 回の計算を実施し，全ての計算値を合計した値が P 値となる．

表 11-3．P_2 を作成した結果

群	肝細胞がん		
	あり	なし	合計
対照	0（A）	50（B）	50
高用量	10（C）	40（D）	50

$$P_2 = \frac{50!\,50!\,10!\,90!}{100!\,0!\,50!\,10!\,40!} = 0.0006 = 直接確率（P）$$

最終確率は P_1 と P_2 を加えた値が直接確率となる．$P_1 + P_2 = 0.0078 + 0.0006 = 0.0084$ 分子分母でお互いに消去する．しかし，コンピュータでなければ対応ができない．0.0084 は 1% より小さいので，$P<0.01$ で有意差を示したことになる．片側検定が一般的に使用されている．両側検定を望む場合は，計算値を二倍する．1990 年以前は，パーソナルコンピュータが普及していないことから使用例が少なかった．

4-2. エクセル統計 2008 による解析

フィッシャーの直接確率

両側 P 値	0.0157	*
片側 P 値	0.0078	**

**1% 有意，*5% 有意．

P 値は，手計算が 0.0084 でエクセル統計 2008 および SAS の値が 0.0078 と若干異なったが，両者は近似である．

SAS JMP による Fisher の直接確率検定の解析は，カイ二乗検定の項に記載した．Fisher の検定で片側検定か両側検定のどちらを用いるのかについて青森保健大の竹森先生（2006）が詳しく述べている．

ここで手計算による Fisher の検定を小動物数（例題 11-4）で設定して詳細に述べる．なぜならば例題 11-1 のがん原性試験から得られたデータは各群の動物数が 50 匹のためである．手計算と計算ソフトの値は近似であったので計算手順の確認のためである．

例題 11-4．化審法 28 日間反復投与毒性試験
から得られた病理所見（P_1）

群	病理所見		
	あり	なし	合計
対照	1（A）	4（B）	5
高用量	4（C）	1（D）	5

4-3. 手計算による解析

$$P_1 = \frac{(1\times2\times3\times4\times5)\times(1\times2\times3\times4\times5)\times(1\times2\times3\times4\times5)\times(1\times2\times3\times4\times5)}{(1\times2\times3\times4\times5\times6\times7\times8\times9\times10)\times(1)\times(1\times2\times3\times4)\times(1\times2\times3\times4)\times(1)}$$

$$= \frac{3000}{30240} = 0.0992$$

例題 11-4 のデータの 1 を 0 に置き換えたデータを表 11-3 に示した．

表 11-3. 例題 11-4 の加工データ (P_2)

群	病理所見		
	あり	なし	合計
対照	0 (A)	5 (B)	5
高用量	5 (C)	0 (D)	5

0！は，1として計算する．

$$P_2 = \frac{(1\times2\times3\times4\times5)\times(1\times2\times3\times4\times5)\times(1\times2\times3\times4\times5)\times(1\times2\times3\times4\times5)}{(1\times2\times3\times4\times5\times6\times7\times8\times9\times10)\times(1)\times(1\times2\times3\times4\times5)\times(1\times2\times3\times4\times5)\times(1)}$$

$$= \frac{120}{30240} = 0.0039$$

最終計算結果

$P_1 + P_2 = 0.0992 + 0.0039 = 0.1031$

有意差は，認められなかった．

4-4. JavaScript による解析

a＝1　b＝4　c＝4　d＝1

通常のカイ二乗検定

カイ二乗値＝3.60000　　P 値＝0.05778

イエーツの補正

カイ二乗値＝1.60000　　P 値＝0.20590

フィッシャーの正確確率検定

（両側検定）P 値＝0.20635　　（片側検定）P 値＝0.10317

フィッシャーの正確確率検定（Pearsonの方法）

（両側検定）P 値＝0.20635　　（片側検定）P 値＝0.10317

手計算と同一な結果が得られた．

5．オッズ比（odds ratio）

産業衛生，疫学調査分野およびそのほかの広い分野で常用されている．これは，当たる確率と外れる確率との比である．競馬のオッズと同様である．一般的に分母および分子の数値が3桁以上と大きい場合に使用している．

ケースおよびコントロールグループの因果関係（表11-4）

表11-4. ある調査研究の結果の入力ひな型

調査研究	暴露		合計
グループ	あり（＋）	なし（－）	
ケース（処置）	a	b	a＋b
コントロール（対照）	c	d	c＋d
合計	a＋c	b＋d	a＋b＋c＋d

方波見ら（1997）の**例題11-5**によって説明する．

例題11-5．食塩摂取量と脳血管疾患患者発生数

調査群	食塩摂取量		計
	1日15g以上（＋）	1日15g未満（－）	
脳血管疾患ケース	84（a）	36（b）	120
対照	66（c）	54（d）	120
計	150	90	240

5-1. 手計算による解析

オッズ比（OR）は，

$$OR = \frac{ad}{bc} = \frac{84 \times 54}{36 \times 66} = 1.91$$

95％信頼区間（CI）は，

$$CI = \exp\left\{In(OR) \pm 1.96\sqrt{\frac{1}{a}+\frac{1}{b}+\frac{1}{c}+\frac{1}{d}}\right\}$$

1.96は，t分布表の5％水準値の∞の値である．同様に正規分布表（Zの表）の両側の5％水準値である．

$$In(OR) = \log_e 1.91 = 0.647$$

$$S = 1.96\sqrt{\frac{1}{a}+\frac{1}{b}+\frac{1}{c}+\frac{1}{d}} = 1.96 \times \sqrt{\frac{1}{84}+\frac{1}{36}+\frac{1}{66}+\frac{1}{54}} = 0.533$$

信頼区間の下限値CI_1，上限値CI_2とすると，

$In(OR) - S = 0.647 - 0.533 = 0.114$ から
$\therefore CI_1 = e^{0.114} = 1.12$
$In(OR) + S = 0.647 + 0.533 = 1.18$ から
$\therefore CI_2 = e^{1.18} = 3.25$

$e^{0.114}$および$e^{1.18}$から1.12および3.25を算出するには，関電卓数または，エクセル統計2008に＝$Exp(0.114)$と入力すると1.12が得られる．

オッズ比は，1.91，95% 信頼区間は「1.12 − 3.25」となる．これは 1.00 より大きいので，1 日に 15g 以上の食塩摂取は脳血管疾患の危険因子である可能性が大きい．調査人数は各群とも同数である．

5-2. エクセル統計 2008 による解析

		値	95% 信頼区間	
			下限	上限
オッズ比	AD/BC	1.9091	1.1228	3.2461

手計算およびエクセル統計 2008 のオッズ比および 95% 信頼区間は同一の値を示した．

ヒトに対する発がん性の疫学的追跡調査で常用されている．オッズ比は OR で示し同様に Relative ratio は（RR）で示される．

オッズ比の有意差判断基準は，オッズ比の 95% 信頼区間に 1.0 を含まないものを有意水準 5% で統計学的に有意と判断する（中村ら，2002）．

毒性試験の応用例

米国 NTP テクニカルレポートに 1976 年の試験開始した発がん性試験に使用されている．試験番号は，**TR203**，**204**，**205**，**206**，**207**，**208**，**209** および **210** である．この他にもいくつかの発がん性試験で使用されているが 1980 年以降開始の試験には使用されていない．用量依存性を Linear trend で解析しオッズ比の 95% 信頼区間をリスクとして解析している．原文および解析結果の一部を示す．

The approximate 95% confidence interval for the relative risk of each dosed group compared with its control was calculated from the exact interval on the odds ratio (Gart, 1971). The lower and upper limits of the confidence interval of the relative risk have been included in the tables of statistical analyses. The interpretation of the limits is that, in approx mately 95% of a large number of identical experiments, the true ratio of the risk in a dosed group of animals to that in a control group would be within the interval calculated from the experiment. When the lower limit of the confidence interval is greater than one, it can be inferred that a statistically significant result has occurred (P is less than the 0.025 one-tailed test when the control incidence is not zero, and P is less than the 0.050 when the control incidence is zero).

Table 9. Analyses of the incidence of primary tumor in male rats administered TCDD by gavage (a)（continued）

Morphology：Topograph	Vehicle control	Low dose	Medium dose	High dose
Mammary gland： 　Fibroadenoma (b)	5/75 (7)	0/50 (0)	1/50 (2)	0/50 (0)
P value (c), (d)	N.S.	N.S.	N.S.	N.S.
Relative risk (e) 　Lower limit 　Upper limit		0.000 0.000 1.192	0.300 0.006 2.562	0.000 0.000 1.192
Week to first observed tumor	91	−	104	−

(a) Dosed groups received dose of 0.01, 0.05, or 0.5μg/kg by gavage.
(b) Number of tumor-bearing animals/number of animals examined at site (percent).

(c) Beneath the incidence of tumors in the control group is probability level for the Cochran-Armitage test when P is less than 0.05; otherwise, not significant (N.S.) is indicated. Beneath the incidence of tumors in a dosed group is the probability level for the Fisher exact test for the comparison of that dosed group with the vehicle control group when P is less than 0.05; otherwise, not significant (N.S.) is indicated.
(d) A negative trend (N) indicated a lower incidence in a dosed than in the control group.
(e) The 95 percent confidence interval of the relative risk between each dosed group and the vehicle control group.

6．累積カイ二乗検定

第16章の調査報告9に「累積カイ二乗検定とカイ二乗検定どちらを選ぶ？」と題して述べた．

7．著者の意見

毒性試験の尿検査および病理学的所見（解剖所見および組織学的所見）の定性データの解析は，Fisherの片側検定を推奨する．化審法の28日間反復投与毒性試験のデータは，動物数が5匹と小さいため統計解析を使用せず，試験責任者の判断で毒性学的有意差を述べてほしい．もし，応用する場合は，動物数が10〜20以上は設定してほしい．

カイ二乗検定は，もともと公衆衛生学的データに使用していた解析で，これらのデータは，分母および分子とも大きい数値（3〜4桁）が使用されている．コンピュータが普及していない40年前は常用されていた．

◎引用論文および資料

・小林克己，櫻谷祐企，阿部武丸，山崎和子，西川　智，山田　隼，広瀬明彦，鎌田栄一，林　真（2010）：化審法のラットを用いた28日間反復投与毒性試験に使用された病理組織学所見の統計解析法に対する一考察．畜産の研究，**64**(9)，911-914.
・竹森幸一（2006）：統計学入門書にみられるFisherの直接確率法の両側確率と片側確率をめぐる混乱．青森保健大雑誌，**7**(2)，187-190.
・中村好一，金子　勇，河村優子，坂野達郎，内藤佳津雄，前田一男，黒部睦夫，平田　滋，矢崎俊樹，後藤康章，橋本修二（2002）：在宅高齢者の主観的健康観と関連する因子．日本公衆衛生雑誌，**49**(5)，409-416.
・吉村　功編著（1987）：毒性・薬効データの統計解析 —— 事例研究によるアプローチ ——．サイエンティスト社，東京．
・Gart, J.J. (1971): The comparison of proportions: a review of significance tests, confidence limits and adjustments for stratification. *Rev. Int. Stat. Inst.*, **39**(2), 148-169.
・JavaScript: http://aoki2.si.gunma-u.ac.jp/JavaScript/FisherExactTest.html (Accessed October 8, 2014).

第12章　傾向検定

1．定量値に対するJonckheere（ヨンキー）の傾向検定

体重，飼料摂取量，血液学検査値，血液生化学値および器官重量測定値など機器によって測定した値の用量依存性を統計学的に判断する検定（Jonckheere, 1954）である．対照群に対して増減・減少が用量によって一定の方向に認められるかを確認する．尿検査および病理学的所見の定性値（0/20, 2/20, 6/20, 8/20などの発生率）は，後述のCochran-Armitage傾向検定を用いる．

Jonckheereの原著論文は，各群内の個体数が5で説明している．計算式は，吉村ら（1987）の手法を使用した．原著論文を和文にして滝沢（1983）によって説明されている．

この検定は3群以上の設定に用いる．**例題12-1**に被験物質投与によって飲水量の低下の傾向を解析する．**第8章**のPeto検定も傾向検定である．

例題12-1. $B6C3F_1$ 雌マウスを用いた13週間反復投与毒性試験の投与後8週の飲水量

計算値	飲水量（g/week）			
	対照群	低用量群	中用量群	高用量群
個体値	40.6	31.9	32.7	30.6
	38.0	36.8	31.3	35.9
	41.1	32.4	32.9	29.6
	52.7	34.8	31.9	29.2
	48.8	43.1	28.5	28.5
	41.1	39.0	31.2	30.8
	39.9	33.6	33.1	30.5
	43.1	34.3	34.1	29.4
	32.7	34.0	31.2	30.8
	30.1	33.8	31.7	32.0
平均値	40.8	35.4	31.9	30.7
標本数	10	10	10	10

1-1．手計算による解析

同一順位がいくつか存在する．

$$J = \frac{\left[\sum ijTij + \frac{\sum ijSij}{2} - \frac{N^2 \sum iN_1^2}{4}\right] - 0.5}{\sqrt{V}}$$

$$V = \frac{N(N-1)(2N+5) - \sum iN_1(N_i-1)(2Ni+5)}{72}$$
$$+ \frac{\{\sum iNi(ni-1)(Ni-2)\}\{\sum i\tau(\tau i-1)(\tau i-2)\}}{36N(N-1)(N-2)}$$

$$+\frac{\left\{\sum iNi(Ni-1)\right\}\left\{\sum i\tau i(\tau i-1)\right\}}{8N(N-1)}$$

各 t 値を算出する．$_1$：対照群，$_2$：低用量群，$_3$：中用量群，$_4$：高用量群を示す．

T_{12} を例に取れば，対照群の 40.6 未満の値が存在する低用量内の個数，次に 38.0 未満の値が存在する中用量群内の個数……順次探し出す．S_{12} の縦列は同一値の数である．

$T_{12} = 9+8+9+10+10+10+9+9+2+0 = 75$　　　$S_{12} = 1$
$T_{13} = 10+10+10+10+10+10+10+10+6+1 = 87$　　　$S_{13} = 1$
$T_{14} = 10+10+10+10+10+10+10+10+9+4 = 93$　　　$S_{14} = 0$
$T_{23} = 5+10+6+10+10+10+9+10+9+9 = 88$　　　$S_{23} = 1$
$T_{24} = 8+10+9+9+10+10+9+9+9+9 = 92$　　　$S_{24} = 0$
$T_{34} = 9+8+9+8+0+8+9+9+8+8 = 76$　　　$S_{34} = 1$

この作業は繁雑なため各群の数値を大きい順番に並び換えておくと便利である．

$N = 40$ で，同一値のものの個数 τ は次のとおりである．
43.1, 41.1, 32.7, 31.9, 30.8, 31.2 および 28.5 が各 2 個である．

$$V = \{40(40-1)(2\times40+5) - 10(10-1)(20+5)\times4\}/72 + \{10(10-1)(10-2)\times4\}$$
$$\{2(2-1)(2-2) + 2(2-1)(2-2) + 2(2-1)(2-2) + 2(2-1)(2-2) + 2(2-1)$$
$$(2-2) + 2(2-1)(2-2) + 2(2-1)(2-2)\}/\{36\times40\times(40-1)(40-2)\}$$
$$+ \{10(10-1)\times4\}\{2(2-1) + 2(2-1) + 2(2-1) + 2(2-1) + 2(2-1) + 2(2-1)$$
$$+ 2(2-1)\}/\{8\times40(40-1)\} = 1717.4038$$

$$J = \frac{\left\{75+87+93+88+92+76+\dfrac{1+1+1+1}{2} - \dfrac{40^2-10^2\times4}{4}\right\}-0.5}{\sqrt{1717.4038}} = \frac{212.5}{41.4} = 5.13$$

規準正規分布表（**数表 12-1**）の上側確率の 0.1% 水準値は 3.090 であり，算出値はこれより大きいことから，0.1% 水準で用量によって飲水量が減少している傾向に統計学的有意差（$P<0.001$）を示したことになる．

数表 12-1. 規準正規分布表のパーセント点（吉村ら，1987）

両側確率	上側確率	% 点
2α	α	$U(\alpha)$
0.00100	0.000500	3.290527
0.00200	0.0010000	**3.090232**

1-2. エクセル統計 2008 による解析

エクセル統計によるヨンクヒール・タプストラ検定（Jonckheere-Terpstra test）の結果を示した．手計算と近似値 5.093 が得られた．

第12章　傾向検定

対立仮説	統計量：Z	P値	判定
増加傾向	−5.1891	1.0000	
減少傾向	5.0926	0.0000	**

　次にJonckheereの傾向検定の検出力は，群数の増加によって変化することが考えられることから検出力を検討した．

　表12-1に示した順位化データを用い解析結果も示した．計算は，エクセル統計2008による．

　用量依存性が認められるデータは，群数が増加するに従って検出力が高くなることが認められた．

表12-1．群数増加による有意差検出の差異

算出値	対照群	低用量群	中用量群	高用量群	最高用量群
順位化データ	1	3	6	9	12
	2	5	8	11	14
	4	7	10	13	15
平均順位	2.33	5.00	8.00	11.0	13.6
P値	0.0053 (Z=2.55)				
	0.0003 (Z=3.41)				
	0.0000 (Z=4.15)				

2．定性値に対するCochran-Armitageの傾向検定

　例題12-2に肉眼的病理所見の有無を調査した結果を示した．この結果に傾向が認められるか？

例題12-2．肉眼的病理所見の有無を調査した結果

公比	用量	対数	独立変数	動物数	所見を認める動物数
2	0mg/kg	2.5	0.398	10	2
	30mg/kg	5	0.699	10	4
	60mg/kg	10	1.000	10	6
	120mg/kg	20	1.301	10	8

　中用量群を対数10とする．この中用量群を基準として対数を順次半分をとる．したがって，各群の独立変数は表中に示した．

2-1．手計算による解析

　群数＝4　総調査動物数＝40　全体の指示率＝(2+4+6+8)/40＝20/40＝0.5

$$平均値 = \frac{(10 \times 0.398 + 10 \times 0.699 + 10 \times 1.000 + 10 \times 1.301)}{40} = 0.8495$$

$$X^2 = \frac{\{(2\times0.398+4\times0.699+6\times1.00+8\times1.301)-40\times0.5\times0.8495\}^2}{0.5\times(1-0.5)\times10\times\{(0.398-0.8495)^2+(0.699-0.8495)^2+(1.000-0.8495)^2+(1.301-0.8495)^2\}}$$

$$= \frac{9.0601}{1.1325} = 8.000$$

χ^2 分布表（**数表 12-2**）の自由度 3 の 5% 水準値（3, 0.05）は 7.814 でこの値より計算値 8.000 は大きいので 5% 水準で有意差を示したことになる．したがって，この病理所見は，用量によって一定の傾向が認められる．両側検定となる．

数表 12-1．カイ二乗分布のパーセント（吉村ら，1987）

自由度	有意水準点，α			
	0.100	0.050	0.010	0.001
1	2.705	3.841	6.635	10.82
2	4.605	5.991	9.210	13.81
3	6.251	7.814	11.34	16.26
4	7.779	9.487	13.27	18.46
5	9.236	11.07	15.08	20.51
6	10.64	12.59	16.81	22.45
7	12.01	14.06	18.47	24.32
8	13.36	15.50	20.09	26.12

2-2．エクセル統計 2008 による解析

コクラン・アーミテージ検定

統計量：Z	2.8284	
片側 P 値	0.0023	**
両側 P 値	0.0047	**

2-3．Java Script による解析

この病理所見の解析の傾向を青木繁伸先生（群馬大学）の無料ソフトを使用して吟味した結果を示す．

群	外的基準値	標本サイズ	陽性数	比率
1	0	10	2	0.20000
2	30	10	4	0.40000
3	60	10	6	0.60000
4	120	10	8	0.80000

要因	カイ二乗値	自由度	有意確率
傾き	7.72571	1	0.00544*
直線からの乖離	0.27429	2	0.87185
合計（非一様性）	8.00000	3	0.04601

切片 a：0.000000，傾き b：0.020000，*両側検定．

第12章　傾向検定

　手計算，エクセル統計2008および青木繁伸先生のJavaScriptは，各々$P<0.05$，$P=0.0047$および$P=0.04601$の水準で有意差を示した．手計算とJavaScriptは同一確率であったが，エクセル統計2008の確率は高かった．エクセル統計2008は，Z分布で判断していることによると推測する．

　毒性試験では，3ヶ月間の飲水による反復投与NTPテクニカルレポート［TOX-72］に病理所見に対して使用されている．ArmitageおよびJonckheere's testsを用いて傾向を解析している論文（Roberts et al., 2011）紹介する．日本では，Armitage-カイ二乗検定と表示している場合が多い．使用例の論文［CAS Nos. 2867-47-2, 12441-94-7 and 26444-49-5］（国立医薬品食品衛生研究所のHPを参照）を紹介する．これらの毒性試験は化審法のラットを用いた反復投与・生殖発生毒性併合試験である．Armitage-カイ二乗検定の意味は，Armitageの傾向検定で有意差を示した場合にカイ二乗検定で解析していることが，この論文（Sano et al., 2005a, Asakura et al., 2008, and Sano et al., 2005b）でわかる．もしArmitageの傾向検定を実施して有意差が認められた場合，次にカイ二乗検定またはFisherの検定で解析した場合には問題点が残る．どのような点が問題になるか以下に示す．

　はじめに同一所見を用いて公比による統計学的有意差の検出パターンを**表12-2～7**に示した．公比が大きくなるに従って検出力が低下することがわかる．

表12-2．同一病理所見を公比1.5で解析した場合のChochran-Armitageの傾向検定結果

用量（mg/kg/day）公比：1.5	病理組織学的所見			Chochran-Armitageの傾向検定結果
	アリ	ナシ	計	
0	0	10	10	
30	2	8	10	$P=0.00502$（有意差アリ）
45	4	6	10	
68	4	6	10	

表12-3．同一病理所見を公比2で解析した場合のChochran-Armitageの傾向検定結果

用量（mg/kg/day）公比：2	病理組織学的所見			Chochran-Armitageの傾向検定結果
	アリ	ナシ	計	
0	0	10	10	
30	2	8	10	$P=0.00544$（有意差アリ）
60	4	6	10	
120	4	6	10	

表12-4．同一病理所見を公比3で解析した場合のChochran-Armitageの傾向検定結果

用量（mg/kg/day）公比：3	病理組織学的所見			Chochran-Armitageの傾向検定結果
	アリ	ナシ	計	
0	0	10	10	
30	2	8	10	$P=0.00870$（有意差アリ）
100	4	6	10	
300	4	6	10	

表12-5. 同一病理所見を公比4で解析した場合のChochran-Armitageの傾向検定結果

用量（mg/kg/day）公比：4	病理組織学的所見			Chochran-Armitageの傾向検定結果
	アリ	ナシ	計	
0	0	10	10	$P = 0.01146$（有意差アリ）
30	2	8	10	
120	4	6	10	
480	4	6	10	

表12-6. 同一病理所見を公比5で解析した場合のChochran-Armitageの傾向検定結果

用量（mg/kg/day）公比：5	病理組織学的所見			Chochran-Armitageの傾向検定結果
	アリ	ナシ	計	
0	0	10	10	$P = 0.01369$（有意差アリ）
30	2	8	10	
150	4	6	10	
750	4	6	10	

表12-7. 同一病理所見を公比10で解析した場合のChochran-Armitageの傾向検定結果

用量（mg/kg/day）公比：10	病理組織学的所見			Chochran-Armitageの傾向検定結果
	アリ	ナシ	計	
0	0	10	10	$P = 0.01963$（有意差アリ）
30	2	8	10	
300	4	6	10	
3000	4	6	10	

もしChochran-Armitageの傾向検定の有意差が認められない場合，ここで解析が終了となる場合の試験計画書があれば，それは間違いであり，Fisherの検定が必要である．すなわち，今回の同一所見発生率を公比によって6つの分類でChochran-Armitageの傾向検定で解析した場合，公比によって有意差検出パターンが異なる．すなわち**表12-2〜7**に示したように公比が大きくなるとP値が大きくなる．Fisherの検定ではこの6パターンとも0.05水準で対照群と中用量および高用量群間に有意差が認められる（**表12-8**）．

表12-8. Fisherの検定結果

群	所見アリ	所見ナシ	合計	Fisherの検定（P）
対照	0	10	10	
低用量	2	8	10	0.23684
中用量	4	6	10	**0.04334**
高用量	4	6	10	**0.04334**

農薬の毒性試験では，公比が10を設定している試験が多い．Chochran-Armitageの傾向検定を使用している試験は見当たらないが，もし使用するとしたら検出力は低いこと

が推測できる．農薬の毒性試験は http://www.acis.famic.go.jp/syouroku/（Accessed September 23, 2014）を参考にしてほしい．公比が高い農薬の毒性試験の一例をフルベンジアミドの農薬抄録で示した．その他にもいくつか掲載されている．

3．生存率（log-rank test）および生存期間（Kaplan-Meier）の解析

死亡や反応が認められるまでの時間を考慮した解析法である．治療法の研究や毒性試験などの実験動物を用いた試験で常用されている．カプランマイヤー（Kaplan-Meier）法やログランクテスト（log-rank test）が用いられている．一般的には二群間の検定にはログランクテストが使用されている．

カプランマイヤー法を用いて始めに1標本データの推定について説明する．次に2標本を使用してカプニンマイヤー法によって生存率の表を描きログランクテストによって二群間の差を検定する．

例題 12-3 のデータは，1群20匹のF344ラットを用いて110週間の生存データである．対照群は無投薬群，投与群はある農薬を1000ppm混餌投与によって飼育した．死亡が早く認められた動物から順に並べたデータである．計算は，舟喜および折笠（2001）によった．

例題 12-3．2 群設定による毒性試験の生存率

無投薬群 (control group)				投与群 (dose group)			
動物番号	生存時間（週）	生存割合（P）	有効サンプルサイズ（n'）	動物番号	生存時間（週）	生存割合（P）	有効サンプルサイズ（n'）
1001	85	0.950	20	1101	66	0.900	20
1002	87	0.900	19	1102	66		
1003	95	0.800	18	1103	62	0.850	18
1004	95			1104	63	0.800	17
1005	99	0.650	16	1105	68	0.750	16
1006	99			1106	70	0.650	15
1007	99			1107	70		
1008	101	0.550	13	1108	72	0.550	13
1009	101			1109	72		
1010	102	0.500	11	1110	75	0.400	11
1011	103	0.350	10	1111	75		
1012	103			1112	75		
1013	103			1113	77	0.300	8
1014	104	0.250	7	1114	77		
1015	104			1115	78	0.57	7
1016	106	0.150	5	1116	79	0.154	5
1017	106			1117	79		
1018	110	0.050	3	1118	80	0.051	3
1019	112	0.025	2	1119	80		
1020	120	−	1	1120	88	−	1

3-1. 手計算による解析
標本の場合

生存割合の計算

$$p = \prod \frac{r_i - d_i}{r_i}$$

r_i は時点 t_i の直前において生存していた動物数で，d_i は t_i において死亡した動物数を示す．$\prod$ は時点 t も含み死亡した時点ごとに積を作成する．

$$0.950 = \frac{20-1}{20}$$
$$0.900 = 0.950 \times \frac{19-1}{19} = 0.8999$$
$$0.800 = 0.900 \times \frac{18-2}{18} = 0.7999$$
$$\vdots$$
$$0.025 = 0.05 \times \frac{2-1}{2}$$

P の標準偏差の計算

$$SE = \sqrt{\frac{p(1-p)}{n'}}$$

対照群のデータの興味あることは，104週時点の生存率とその信頼区間である．ここでは 104 週の生存割合は，$P=0.25$ で有効サンプルサイズは $N'=7$ である．

$$SE = \sqrt{\frac{0.25 \times (1-0.25)}{7}} = 0.164$$

母集団の生存割合に関する 95% 信頼区間の計算

$$0.25 - (1.96 \times 0.164) \quad \sim \quad 0.25 + (1.96 \times 0.164)$$

すなわち 0 – 0.57 となる．信頼区間が大きくなった理由は N' の標本数が小さいためである．無投薬群の 104 週の推定百分率は 25% で 95% 信頼区間は 0 – 57% となる．

3-2. SAS JMP による解析

生存率の推定値（分布は Wiebull 分布による）

Group	時間	故障率	下側95%	上側95%	生存率
Control	104	0.57341	0.39686	0.73304	0.42659

生存率の推定値（分布は正規対数による）

Group	時間	故障率	下側95%	上側95%	生存率
Control	104	0.62995	0.45087	0.77922	0.37005

生存率の推定値（分布は指数による）

Group	時間	故障率	下側95%	上側95%	生存率
Control	104	0.64035	0.46929	0.78190	0.35965

採用する分布によって生存率が異なる．

3-3. SAS JMP による解析
標本の差の検定

対照群と投与群の生存率の違いを SAS JMP のログランクテストにて吟味する．Kaplan-Meier 法によるあてはめと生存分析プロットを以下に示す．

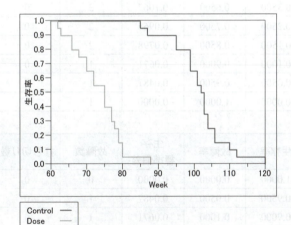

グループ化基準：Group
イベントまでの時間：Week

要約

グループ	故障数	打ち切り数	平均	標準誤差
Control	20	0	101.7	1.75484
Dose	20	0	73.6	1.46969
組み合わせ	40	0	87.65	2.51752

分位点

グループ	中央値時間	下側95%	上側95%	25%寿命	75%寿命
Control	102	99	104	99	104
Dose	75	68	78	68	79
組み合わせ	87	77	99	75	103

グループ間での検定

検定	カイ2乗	自由度	P値 （Prob＞chi-square）
ログランク	43.6932	1	＜.0001
Wilcoxon	36.5198	1	＜.0001

Control

Week	生存率	故障率	生存 標準偏差	故障数	打ち切り数	リスク集合 の大きさ
0.000	1.0000	0.0000	0.0000	0	0	20
85.000	0.9500	0.0500	0.0487	1	0	20
87.000	0.9000	0.1000	0.0671	1	0	19
95.000	0.8000	0.2000	0.0894	2	0	18
99.000	0.6500	0.3500	0.1067	3	0	16
101.000	0.5500	0.4500	0.1112	2	0	13
102.000	0.5000	0.5000	0.1118	1	0	11
103.000	0.3500	0.6500	0.1067	3	0	10
104.000	0.2500	0.7500	0.0968	2	0	7
106.000	0.1500	0.8500	0.0798	2	0	5
110.000	0.1000	0.9000	0.0671	1	0	3
112.000	0.0500	0.9500	0.0487	1	0	2
120.000	0.0000	1.0000	0.0000	1	0	1

Dose

Week	生存率	故障率	生存 標準偏差	故障数	打ち切り数	リスク集合 の大きさ
0.0000	1.0000	0.0000	0.0000	0	0	20
62.0000	0.9500	0.0500	0.0487	1	0	20
63.0000	0.9000	0.1000	0.0671	1	0	19
66.0000	0.8000	0.2000	0.0894	2	0	18
68.0000	0.7500	0.2500	0.0968	1	0	16
70.0000	0.6500	0.3500	0.1067	2	0	15
72.0000	0.5500	0.4500	0.1112	2	0	13
75.0000	0.4000	0.6000	0.1095	3	0	11
77.0000	0.3000	0.7000	0.1025	2	0	8
78.0000	0.2500	0.7500	0.0968	1	0	6
79.0000	0.1500	0.8500	0.0798	2	0	5
80.0000	0.0500	0.9500	0.0487	2	0	3
88.0000	0.0000	1.0000	0.0000	1	0	1

組み合わせ

Week	生存率	故障率	生存標準偏差	故障数	打ち切り数	リスク集合の大きさ
0.000	1.0000	0.0000	0.0000	0	0	40
62.000	0.9750	0.0250	0.0247	1	0	40
63.000	0.9500	0.0500	0.0345	1	0	39
66.000	0.9000	0.1000	0.0474	2	0	38
68.000	0.8750	0.1250	0.0523	1	0	36
70.000	0.8250	0.1750	0.0601	2	0	35
72.000	0.7750	0.2250	0.0660	2	0	33
75.000	0.7000	0.3000	0.0725	3	0	31
77.000	0.6500	0.3500	0.0754	2	0	28
78.000	0.6250	0.3750	0.0765	1	0	26
79.000	0.5750	0.4250	0.0782	2	0	25
80.000	0.5250	0.4750	0.0790	2	0	23
85.000	0.5000	0.5000	0.0791	1	0	21
87.000	0.4750	0.5250	0.0790	1	0	20
88.000	0.4500	0.5500	0.0787	1	0	19
95.000	0.4000	0.6000	0.0775	2	0	18
99.000	0.3250	0.6750	0.0741	3	0	16
101.000	0.2750	0.7250	0.0706	2	0	13
102.000	0.2500	0.7500	0.0685	1	0	11
103.000	0.1750	0.8250	0.0601	3	0	10
104.000	0.1250	0.8750	0.0523	2	0	7
106.000	0.0750	0.9250	0.0416	2	0	5
110.000	0.0500	0.9500	0.0345	1	0	3
112.000	0.0250	0.9750	0.0247	1	0	2
120.000	0.0000	1.0000	0.0000	1	0	1

　ログランクテストの結果，両群の生存率は試験期間を通して，0.1％以下の有意水準で差を認めた．またWilcoxonの順位和検定も同様な結果を得た．この検定は，各群の死亡した週を大きい順または小さい順に順位を付けてその順位に差があるか吟味した検定である．
　カプランマイヤー法やログランクテストについては方波見ら（1999）およびGadら（1986）の参考書を参照してほしい．多群の場合，手計算は不可能なので統計ソフトを利用すること．

4．米国NTPテクニカルレポートの解析

　インターネット（http://ntp.niehs.nih.gov/ntp/htdocs/LT_rpts/TR566.pdf）から米国の既存化学物質の発がん性試験の解析法を以下に示した．試験のタイトルは，TOXICOLOGY AND CARCINOGENESIS STUDIES OF DIETHYLAMINE（CAS No. 109-89-7）IN F344/N RATS AND B6C3F$_1$ MICE（INHALATION STUDIES）である．

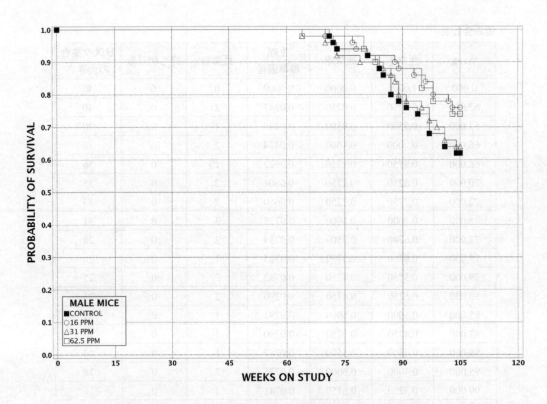

Table 15. Survival of Mice in the 2-Year Inhalation Study of Diethylamine

	Chamber Control	16ppm	31ppm	62.5ppm
Male				
Animals initially in study	50	50	50	50
Moribund	15	10	12	11
Natural deaths	4	2	6	2
Animals surviving to study termination	31	38	32	37
Percent probability of survival at end of study[a]	62	76	64	74
Mean survival (days)[b]	686	703	687	701
Survival analysis[c]	P = 0.416N	P = 0.174N	P = 0.943N	P = 0.267N
Female				
Animals initially in study	50	50	50	50
Moribund	13	11	7	10
Natural deaths	5	4	7	1
Animals surviving to study termination	32	35	36	39
Percent probability of survival at end of study	64	70	72	78
Mean survival (days)	684	688	716	717
Survival analysis	P = 0.113N	P = 0.755N	P = 0.364N	P = 0.150N

a Kaplan-Meier detemimations.
b Mean of all deaths (uncensored, censored, and terminal sacrifice).
c The result of the life table trend test (Tarone, 1975) is in the chamber control column, and the results of the life table pairwise comparisons (Cox, 1972) with the chamber controls are in the exposed group columns. A negative trend or lower mortality in an exposed group is indicated by N.

5．著者の意見

用量依存性の解析は，一般毒性の定量値がJonckheereの傾向検定で，病理所見がCochran-Armitageの傾向検定およびそれに加えてFisherの検定の使用を推奨する．これらの検定で有意差が認められた場合，対照群の平均値±標準偏差または病理所見の対照群発生数の肩口に何らかの有意差を示した符号（#：$P<0.05$）を表示する．

◎引用論文および資料

- JavaScript：http://aoki2.si.gunma-u.ac.jp/JavaScript/ (Accessed September 17, 2014).
- 方波見重兵衛，金森雅夫，本多 靖（1997）：系統看護学講座．医学書院，東京．
- 滝沢 毅（1983）：薬量相関の有意性についてのJonckheere test. 医薬安全性研究会，No. 11, 12-16.
- 舟喜光一，折笠秀樹共訳（2001）：信頼性の統計学．pp.78-81，サイエンティスト社，東京．
- 吉村 功ら（1987）：毒性・薬効データの統計解析．pp.53-56，サイエンティスト社，東京．
- Asakura, K., Satoh, H., Chiba, M. Okamoto, M., Serizawa, K., Nakano, M., and Omae, K. (2008): Oral toxicity of indium in rats: Single and 28-day repeated administration studies. *J Occup Health*, **50**, 471-479.
- Gad, S. and Weil, C.W. (1986): Statistics and experimental design for toxicologists. pp.18, 86, The Telford Press Inc., New Jersey, U.S.A.
- Jonckheere A.R. (1954): A distribution-free k-sample test against ordered alternatives. *Biometrika*, **41**, 133-145.
- Roberts, L., White, R. Bui, Q., Daughtrey, W., Koschier, F., Rodney, S., Schreiner, C., Breglia, R., Rhoden, R., Schroeder, R., and Newton, P. (2001): Developmental toxicity evaluation of unleaded gasoline vapor in the rat. *Reproductive Toxicology*, **15**, 487-494.
- TOX-72: http://ntp.niehs.nih.gov/ntp/htdocs/st_rpts/tox072.pdf (Accessed October 10, 2014).
- Sano, Y., Satoh, H., Chiba, M., Okamoto, M., Serizawa, K., Nakashima, H., and Omae, K. (2005a): Oral toxicity of bismuth in tats: Single and 28-day repeated administration studies. *J Occup Health*, **47**, 293-298.
- Sano, Y., Satoh, H., Chiba, M., Shinohara, A., Okamoto, M., Serizawa, K., Nakashima, H., and Omae, K. (2005b): A 13-week toxicity study of bismuth in rats by intertracheal intermittent administration. *J Occup Health*, **47**, 424-428.

MEMO

第13章　危険度総合評価（リスクアセスメント）

1．発がん物質の危険度・実質安全濃度（VSD, Virtually Safety Dose）

米国のデラニー条項（Scientific Committee, 1978）の存在は，新剤の開発に躊躇する．発がん物質は，がん発生に閾値があることを見いだした．1996年にこの条項は廃止され，総合的な化学物質リスク対策へと変更された．したがって，ヒトが一生摂取し続けても発がん性が認められない濃度での使用を許すことから安全係数を掛けて種々の数学モデルが開発されてきた．しかし，この数学モデルは，算出される安全濃度（実質安全濃度，VSD, Virtually Safety Dose）を数種のモデルによって計算した結果を表示することが大切である．著者は，以前発がん試験結果に対して複数の数学モデルを利用してVSDを算出して報告した経験がある．VSDの概念は，林先生が論文「安全性評価と仮説の設定，2012」に詳しくて述べている．

実際のVSDの計算法，入力に必要な数値およびデータは**表13-1**に示した．この数値に日本では，反応率10^{-6}を設定し入力する．

表13-1．VSD算出のための入力値

用量（ppm）	該当がんの発生数	供試動物数
0	0	50
10	0	50
100	2	50
1000	5	50

VDSを算出する前にいくつかの発がんに対する考え方を文献から述べる．

1）デラニー条項
- 米国の食品薬品化粧品の第409条（C）（3）（A）
- 添加物のなかで，ヒトや動物に発がん性を示すことが公知で，適切な安全性試験の結果ヒトや動物に対して発がん性が検出されたものは安全とは見なさない（1953年）
- 全ての発がん物質が食品に添加，残留，混入されることを排除する意味となる
- ここには定量的概念は入っていないことからこの条項は，白か黒かという古い評価法という批判を受けている

2）VSD
- デラニー条項に従うとすれば分析限界以下の発がん物質を含む食品は，その物質を含まない食品と化学的にはまったく区別がないのに安全とは云えない
- これらの矛盾から抜け出すためにMantelとBryanによって提出されたのがVSDの概念である

- これには十分に低い濃度（動物試験の暴露濃度）であればきわめて小さい発がん危険度になり，それが十分小さい値（危険度：$10^{-5}-10^{-8}$）以下になれば実質的には安全と見なし得るという考え方である
- いわゆる閾値からVSDへ変遷する

3）1日許容摂取量（ADI）
- 実験動物で得られたNOEL（No observable Effect Level，見せかけ上の用量）に安全係数（100倍位）を掛けることで求められる
- ADI＝真の無作用量＝閾値以下
- 発がん性は不可逆毒性であり閾値が無いという考えには多くの反論もある．したがって，発がん物質については，ADIは求められないことになる

4）低濃度における発がんの定量的評価（VSD）
- 反応率（危険度・リスクレベル）Rは10^{-8}をとるか10^{-6}をとるかは法規制の当事者が国民的合意のもとに決めなくてはならない．米国FDAは10^{-6}を提案し，EPAの水質基準では10^{-5}採用している
- 国立衛試の山内氏らは10^{-6}をとればよいとのことである．日本の人口（約10^8）を例にとれば10^{-6}の生涯危険率ということは，一生涯その化学物質に暴露（VSDの値）されれ，寿命を70年とすれば，$10^8 \times 1/70 \times 10^{-6} = 1.4$となり1年間に1.4人の新しい発がんが予測されることになる
- 交通事故死亡率およびがんによる年間約17万人の死亡者と比較すれば極低率である

5）低濃度外挿に用いられる数学モデル
- Mantel-Bryan
- Logit
- Multi-stage（Armitage-Doll）
- Weibull
- Multi-hit
- Probit
- One-hit：2点でも計算できる

6）VSD算出のためのモデルの選択
- 数学モデルのうち，ひとつに決めることは現時点ではできない．また，統計数理的な考え方のみでひとつのモデルを採用することもできない
- モデルによってVSD値が100万倍異なることがある
- 数学モデルの選定
  ①統計的適合性→直線性の検定，カイ二乗検定
  ②対象物質の生物学的特徴
  ③発がん作用の質的特性の強度

代表的食品関連発がん物質に対するラットを用いたがん原性試験による4種のモデルで算出したVSD (Food Safety Council, 1980から抜粋) の例を**表13-2**に示した．

表13-2. 種々な数式モデルによる代表的なVSD算出値

被験物質	反応	単位	One-hit	Armitage-Doll	Weibull	Multi-hit
アフラトキシンB1	肝の腫瘍	ppb	3.4×10^{-5}	7.9×10^{-4}	4.0×10^{-2}	0.28
塩化ビニール	肝の血管肉腫	ppm	2.0×10^{-2}	2.0×10^{-2}	2.1×10^{-9}	3.9×10^{-10}
DDT	肝がん	ppm	2.8×10^{-4}	6.4×10^{-4}	1.7×10^{-2}	4.9×10^{-2}

例えばOne-hitモデルを用いた場合，上述の12個（**表13-1**）の数値を入力すると，3.4×10^{-5}と表示される．日本の人口10^8，平均寿命70歳および危険率10^{-6}（あらかじめ設定する）で計算すると，$10^8 \times \dfrac{1}{70} \times 10^{-6} = 1.43$人となる．すなわち，上記の表からアフラトキシンを$3.4 \times 10^{-5}$ppbを一生暴露すると年間1.4人の肝臓の腫瘍が発生することを示す．

今後の評価の動向
・発がん試験ではVSDの算出がスポンサーより要求される可能性がある．過去に発がん性試験でVSDを算出した経験がある
・発がん性が認められてもVSDで公知の発がん物質と比較してVSDが低いことを説得する
・発がん性の評価は対照群との比較ではなく，背景データまたはVSDの比較になる可能性もある

表13-3に実際のB6C3F$_1$マウスを用いた2年間がん原性試験から得られた病理組織所見を用いてVSDを算出した例を示した．1群80匹の農薬の併合試験の結果である．組織所見は，骨髄性白血病，悪性リンパ腫，白血病（分類不能），肝細胞腫および肝細胞がんである．計算モデルによって算出VSDがきわめて大きく変化する．

表 13-3. 実際の B6C3F$_1$ マウスを用いたがん原性試験から得られた VSD

性	病変および各群の発生動物匹数						VSD (risk level；10^{-6}) by model				
							Probit	Logit	Weibull	One-hit	Mantel-Bryan
雄	Myelogenous leukemia						−	4.3	4.3	−	4.5×10^{-1}
	6	7	3	9	2						
	Malignant lymphoma						2.4×10^{-2}	1.6×10^{-21}	2.6×10^{-20}	−	3.8×10^{-1}
	12	7	12	6	5						
	Leukemia						42.5	−	481	2.8×10^{-2}	2.2×10^{-1}
	1	0	2	0	4						
	Hepatocellular adenoma						8.2×10^{-8}	3.1×10^{-14}	4.5×10^{-15}	5.8×10^{-3}	5.1×10^{-2}
	2	7	2	12	16						
	Hepatocellular carcinoma						8.2×10^{-3}	6.0×10^{-6}	1.5×10^{-6}	2.3×10^{-3}	1.8×10^{-2}
	3	1	4	11	29						
雌	Myelogenous leukemia						6.4×10^{-1}	6.6×10^{-2}	5.8×10^{-2}	−	5.0×10^{-1}
	7	2	3	4	2						
	Malignant lymphoma						8.7×10^{-26}	0.0	0.0	1.1×10^{-2}	3.0×10^{-1}
	16	25	19	21	27						
	Leukemia										6.9×10^{-1}
	1	0	6	1	0						
	Hepatocellular adenoma						3.8×10^{-3}	3.0×10^{-5}	2.4×10^{-5}	8.5×10^{-3}	1.2×10^{-1}
	0	0	1	1	8						
	Hepatocellular carcinoma						7.0×10^{-1}	5.6×10^{-2}	5.2×10^{-2}	1.2×10^{-2}	1.4×10^{-1}
	1	0	0	1	7						

−．計算不能．
発生動物匹数は，対照，低用量，中用量，高用量および最高用量群の順番で示した．

2．ベンチマークドース基準用量（BMD, Benchmark Dose）

　一般的に毒性試験の目的は，被験物質に対する無影響量，無毒性量および最小毒性量を設定した用量から判断する．この古典的発想から脱却するために「ベンチマークドース基準用量，BMD」によって毒性量を判断する手法が米国 EPA から提案された．

　用量と影響の大きさに関する実験データにあてはめた数式モデルから，10％影響量に相当する基準暴露量を算出する手法で最近の毒性試験では，各観察測定項目に BMD を算出している報告書も見かける．

　BMD は，統計手法によって算出される．95％信頼限界と 5％または 10％などいくつかの影響率を予測する．その場合は一般的に 95％の幅の下限の小さい値を採用する．

対象の数値は，定性所見および定量値などである．計算ツールは，米国 EPA のホームページ http://www.epa.gov/ncea/bmds_training/software/overp.htm または Benchmark Dose Technical Guidance Document, U.S. EPA 2000（EPA（EPA/630/R/630/R-00/001））から無料で取得可能である．入力に必要な数値は，用量，群の動物数および平均値±標準偏差（または定性値の場合，発生動物数）である．BMD に関する詳細な手引きは US EPA（1995）および Slob & Pieters（1998）を参照．

川崎（2007）らによる BMD 算出概略を下記に示した．

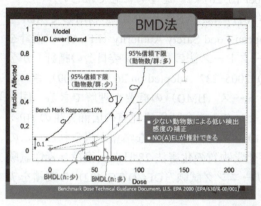 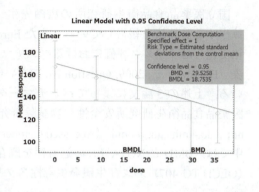

川崎ら原図

ラットを用いた 28 日間反復投与毒性試験で NOEL または NOAEL の決定をせず BMDL（下限ベンチマークドーズ基準用量）で毒性量を把握している論文を紹介する．この論文の著者は，van der Ven *et al.*, 2006 で，国はオランダおよびスエーデン王国である．ガイドラインは，OECD（TG 407）でタイトルは「28-day oral dose toxicity study enhanced to direct endocrine effects of hexabromocyclododecane in Wister rats」である．経口投与で 8 用量（0-200mg/kg/day），文章中に影響の認められた項目について BMDL を記載している（**表 13-4**）．他にも原著論文（Yamazaki *et al.*, 2005, Saillenfait *et al.*, 2011, Gephart *et al.*, 2001, BfR, 2012, Petersen, 2012, and Linde, 2011）を紹介する．

表 13-4. 28 日間反復投与毒性試験の BMDL の表記

Findings	BMDL at CES
Decreased total thyroxin	55.5mkd at 10%
Increased pituitary weight	29mkd at 10%
Increased thyroid weight	1.6mkd at 10%
Absolute liver weight	22.9mkd at 20%
Induction of T4-glucuronyl transferase	4.1mkd at 10%
Increased cholesterol	7.4mkd at 10%
Increased tibial bone mineral density	>49mkd at 10%
Decreased splenocyte counts	0.3-6.3mkd at 20%
Overall BMDL	1.6mkd at 10%

CES; Critical effect sizes.

現在，試験責任者は統計学的有意差と毒性学的有意差を駆使してNOELまたはNOAELなどを設定用量から判断している．試験機関および試験責任者間でもその評価は異なることが多い．毒性量をBMDによって数値化することは，試験責任者の労度を半減し世界共通の認識が得られる．今後は，このBMD採用の試験成績がリスク評価上重要と考える．

内閣府食品安全委員会資料（HP，資料2-3：PVPの副生成物ヒドラジンに係る発がんリスクレベルの考え方に基づく試算（改案）［PDF］http://www.fsc.go.jp/fsciis/meeting-Material/show/kai20130327te1（Accessed October 10, 2014.））を参考にしてほしい．

国立医薬品食品衛生研究所の広瀬先生（2011）は，VSDとBMDを利用してADIを算出する計算法を報告している．またEuropean Food Safety Authority（EFSA）の指針を和文化した「リスク評価におけるベンチマークドース法の利用科学委員会の指針」が公表（Barlow et al., 2009, Question No EFSA-Q-2005-232, Adopted on 26 May 2009）されている．上述の3論文によってベンチマークドース（BMD）の概要が理解できる．国立医薬品食品衛生研究所安全性生物試験研究センター総合評価研究室の広瀬先生のHP：http://dra4.nihs.go.jp/bmd/（Accessed October 10, 2014.）から貴重な情報が得られる．この中では，BMDとNO(A)ELの適合性を既存化学物質の化審法28日間反復投与毒性試験（OECD TG 407）および生殖発生毒性スクリーニング試験（OECD TG 422）の成績を実証している．

3．著者の意見

実質安全濃度（VSD）設定のための反応率（危険度）Rは，国または規制団体によって設定されているのでその値に従うこと．毒性試験分野では応用が少ない．著者は，以前がん原生試験の結果，灰色物質に対してVSDを算出して登録データに添付したことがある．使用モデルによって算出値が大きく異なることから，いくつかのモデルを使用して説明すること．今後各測定項目にBMDを算出して登録申請データに添付するようになると思う．世界共通の判断が可能となる．

◎引用論文および資料

- 川崎　一，岩田光夫，納屋聖人（2007）：http://unit.aist.go.jp/riss/crm/070123NEDO_kawasaki.pdf，独立行政法人産業技術総合研究所（産総研）ワークショップA3「詳細リスク評価における有害性評価」（平成19年1月）．
- 林　祐造（2012）：安全性評価と仮説の設定．Foods & Food Ingredients J. Jpn., **217**(4), 417-419.
- 広瀬明彦　監修（2011）：リスクアセスメントで用いる主な用語の説明．ILSI JAPAN食品リスク研究部会．
- Barlow, B., Chesson, A., Collins, J.D., Flynn, A., Hardy, A., Jany, K-D., Knaap, A., Kuiper, H., Larsen, J-C., Lovell, D., Neindre, P.L., Schans, J., Schlatter, J., Silano, V., Skerfving, S., and Vannier, P. (2009)：リスク評価におけるベンチマークドース法の利用　科学委員会の指針．European Food Safety Authority (EFSA).
- BfR (Bundesinstitut fur Riskobewertung (2012)): Reconsideration of the human toxicological reference values (ARfD, ADI) for chlorpyrifos. BfR opinion No. 026/2012, 1 June 2012.
- Food Safety Council, Proposed System for Food Safety Assessment, 1980.
- Gephart, L.A., Salminen, E.F., Nicolich, M.J., and Pelekis, M. (2001): Evaluation of Subchronic toxicity data

using the benchmark dose approach. *Regulatory Toxicology and Pharmacology*, **33**, 38-59.
- Leo, T.M., Aart, V., Ton, K., Wout, S., Pim, E.G.L., Theo, J, V., Tino, H., Maria, H., Helen, H., Hanna, O., Aldert, H.P., and Losephus, G.V. (2006): A 29-Day Oral Dose Toxicity Study Enhanced to Direct Endocrine Effects of Hexabromocyclododecane in Wister Rats. *Toxicological Sciences*, **94**(2), 282-292.
- Linde, N. (2011): GreenScreen™ Assessment for zinc borate CAS#1332-07-6. NSF International, Green Screen Version 1.2.
- Petersen, D.D. (2012): Provisional Peer-Reviewed Toxicity Values for Sulfolane (CASRN 126-33-0). Superfund Health Risk Technical Support Center, National Center for Environmental Assessment Office of Research and Development U.S. Environmental Protection Agency Cincinnati, OH 45268.
- Saillenfait, A-M., Roudot, A-C., Gallossot, F., and Sabate, J-P. (2011): Prenatal developmental toxicity studies on di-n-heptyl and di-n-octyl phthalates in Sprague-Dawley rats. *Reproductive Toxicology*, **32**, 268-276.
- Scientific Committee (1978): Food Safety Council, food Cosmet. *Toxicol.*, **16** (suppl. 2), 109-120.
- Slob, W. and Pieters, M.N. (1998): A probabilistic approach for deriving acceptable human intake limits and human risks from toxicological studies: general framework. *Risk Analysis*, **18**, 787-798.
- US-EPA (1995): The use of the Benchmark Dose approach in health risk assessment. Washington DC, USA, Office of Research and Development, Environmental Protection Agency, EPA/630/R-94/007.
- Van der Ven, L.T.M., Verhoef, A., Van de Kuil, T., Slob, W., Leonards, P.E.G., Visser, T.J., Hamers, T., Herlin, M, Hakansson, H., Olausson, H., Piersma, A.H., and Vos, J.G. (2006): A 28-day oral dose toxicity study enhanced to detect endocrine effects of hexabromocyclododecane in Wistar rats. *Toxicological Science*, **94**(2), 281-292.
- Yamazaki, K., Ohnishi M., Aiso, S., Matsumoto, M., Arito, H., Nagano, K., Yamamoto, S., and Matsushima, T. (2005): Two-week oral toxicity study of 1,4-dichloro-2-nitrobenzene in rats and mice. *Industrial Health*, **43**, 308-319.

MEMO

第14章 相関

1．相関と相関係数

相関係数（correlation coefficient）は r（小文字の斜体）で表現する．Relationship の頭文字をとっている．2つの量的データ分布のばらつき具合を調べ2データ間の関連性の強さを探る．この関係の強さを表したものが相関係数である．その数値の範囲は，−1から1で，絶対値が1に近いほど点が直線的に配列していることになる．x 軸（一方）の変量が増えると y 軸（他方）の変量が増える関係がある場合は，散布図が右上がりとなり「正の相関」，逆に x 軸の変量が増えると y 軸の変量が減少する関係がある場合は，散布図が右下がりとなり「負の相関」があるという．一定の法則がない散布図は無相関という．

相関関係があるといえる大体の目安は，医学，畜産学およびその調査・研究領域で異なるが，一般的に±0.6以上あれば，両者に相関性が認められたと判断できる．毒性試験ではその使用例は少ない．この章の例題は，毒性試験ではないが計算法を参考にしてほしい．

相関係数の評価基準を**表14-1**に示した．

表14-1．相関係数の評価基準

相関係数の値	相関係数の強弱
1〜0.7	強い正の相関
0.7〜0.4	中程度の正の相関
0.4〜0.2	弱い正の相関
0.2〜−0.2	ほとんど関係がない
−0.2〜−0.4	弱い負の相関
−0.4〜−0.7	中程度の負の相関
−0.7〜−1	強い負の相関

2．相関と因果

相関関係：2つの事象が関連して生じる．一定した時間的方向性がない．例：数学の成績と物理の成績，運動量と健康度および血糖とインシュリン分泌量．

因果関係：時間的に先行するなんらかの事象（A）が，後続する事象（B）の生起に影響する．例：勉強時間と成績，運動量と脈拍数，利尿剤と尿量，日照時間と気温．

疑似相関：2つに直接な相関関係がないが，隠れた第三の因子（X）がAおよびBとの相関（因果）関係にあるため，計算上相関がでることをいう．例：数学の成績と国語の成績，肉の値段と野菜の値段，女性の就職率と離婚率，風が吹くと桶屋が儲かる（風が吹く→目に塵がはいる→眼病が流行る→失明者がでる→盲人は三味線を習い職業（門付け）とする→三味線の革は猫皮である→猫がいなくなる→鼠が繁殖する→鼠は風呂桶をかじりその結果風呂桶に穴があく→風呂桶屋が儲かる／日本のことわざ）．

相関関係：A ← B / A → B　　因果関係：A → B　　疑似相関：(X) ← A ↑↓ B

　自動車とテレビ台数には相関関係はあるが因果関係はない．塵と人口は相関および因果関係がある．これら3つの関係は，相関係数のみでは判断できない．データ背景となる知識に照らして妥当性が検討されなくてはならない．また相関係数は2つの変量がともに増加（または減少）する傾向が強いかどうかを数学的に表現したものにすぎないので，それが直ちに2つのものの間に直接の因果関係があるという証拠にはならない．

　例えば，近年自動車が増え，がんの発生率が増え，鶏卵の需要が増えている．これらの間に相関係数を単に数学的に計算すれば，かなり高い値が得られるかもしれない．しかし，それだからといって自動車が増えたことが直ちにがんの発生を増加させた原因であるとはいえないであろうし，がんの発生率が高くなったのは鶏卵の需要が増加したためとは単純に考えられないだろう．しかし，現代生活が一方において自動車を増やし，一方では，がんの発生率を高めていることは否定できない．この二つの事象の間の因果関係があるかどうかは相関係数以外の知識で判断し，お互いに関係があることがはっきりした時に，はじめて二つの事象のもつ関係の強さを測定するために相関係数を使用すべきであって，これを逆に，はじめに相関係数を計算して，だから二つの事象の間には「この程度の因果関係がある」というような結論の出し方は注意しなければならない．この例で典型的な事例は，戦後のラーメン（中華そば）とタクシー初乗り料金がほぼ同一で相関係数が高いといったことである．

3．相関係数の計算

　手計算でもさほど難しくはない．牧草のアルファルファの種子を10年間貯蔵し，各年の発芽率を調べたところ**例題14-1**の値を得た．貯蔵年数と発芽率との間に相関関係が認められるか検定をする（柴田，1970）．

　今回は，貯蔵年数と発芽率について示したが，そのほかに，旧機器対新機器，GOT対GPT，Na対Cl，白血球数対脾臓重量，体重対身長，白血球数対フィブリノゲン量，赤血球沈降速度対フィブリノゲン量，人口対商店数，人口対電力消費量などの因果関係を示す数値の相関係数が解析できる．

例題 14-1．種子の貯蔵年数と発芽率

年数（x）	発芽率（y）	xy
1	93	93
2	87	174
3	76	228
4	70	280
5	62	310
6	45	270
7	40	280
8	32	256
9	25	225

(例題 14-1 続き)

	10	10	100
合計 = 55		540	2216

3-1. 手計算による解析

$N = 10 \quad \sum \left[X - \overline{X}(Xの平均値)\right]^2 = 82.5$ ……平方和

$N = 10 \quad \sum \left[Y - \overline{Y}(Yの平均値)\right]^2 = 6952$ ……平方和

$$\gamma = \frac{2216 - \dfrac{55 \times 540}{10}}{\sqrt{82.5 \times 6952}} = \frac{-754}{757.32} = -0.9956$$

相関係数の分布表（**数表 14-1**）から，データ数 = 10，D.F. は 8，$P = 0.01$ 値を読むと 0.765．したがって，計算値 0.9956 は 0.765 より大きいことから母相関係数が 0 であるとする帰無仮説を 1% 水準で否定できる．2 つの変量がお互いに無関係ならば母相関係数 $\rho = 0$ となる．標本数が 10 の場合は D.F.（自由度）8 で吟味する．相関係数の場合は，自由度が $N-2$ となる．

数表 14-1. 相関係数の分布表

D.F. (N−2)	0.05	0.01	D.F. (N−2)	0.05	0.01
1	0.997	1.000	17	0.456	0.575
2	0.950	0.990	18	0.444	0.561
3	0.878	0.959	19	0.433	0.549
4	0.811	0.917	20	0.423	0.537
5	0.754	0.874	21	0.413	0.526
6	0.707	0.834	22	0.404	0.515
7	0.666	0.798	23	0.396	0.505
8	**0.632**	**0.765**	24	0.388	0.496
9	0.602	0.735	25	0.381	0.487
10	0.576	0.708	26	0.374	0.478
11	0.553	0.684	27	0.367	0.470
12	0.532	0.661	28	0.361	0.463
13	0.514	0.641	29	0.355	0.456
14	0.497	0.623	30	0.349	0.449
15	0.482	0.606	35	0.325	0.418
16	0.468	0.590	40	0.304	0.393

3-2. SAS JMP による解析

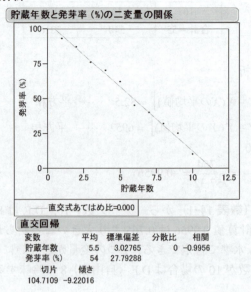

3-3. エクセル統計 2008 による解析

単相関	年数（x）	発芽率（y）
年数（x）	1.0000	− 0.9956
発芽率（y）	− 0.9956	1.0000

　手計算，SAS JMP およびエクセル統計 2008 とも相関係数（r）は，負の相関係数 − 0.9956 で同一の結果を得た．

　因果関係がある胸囲と肺活量について吟味する．この例は，単回帰分析にも応用できる．中学 1 年生 10 名の健康診断測定値のうち，胸囲と肺活量を**例題 14-2** に示した．相関係数を求め次に決定係数を求める．

例題 14-2. 中学 1 年生の胸囲と肺活量

測定項目	生徒番号と測定値									
	1	2	3	4	5	6	7	8	9	10
胸囲（cm）	71	68	72	72	90	72	77	76	84	77
肺活量（cc）	1850	2000	2100	1700	2800	2200	2150	2400	2300	2600

3-4. SAS JMP による解析

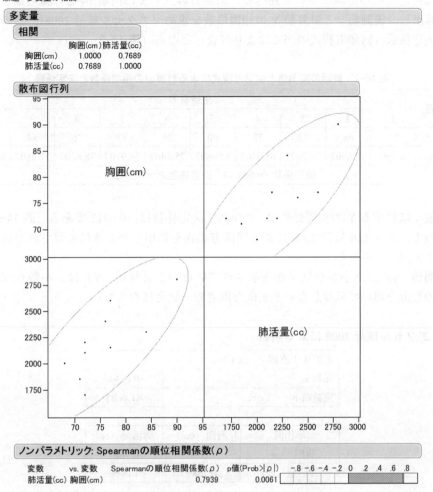

SAS JMP の相関係数 (r) は，正の 0.7689 ($P<0.01$) が計算された．

4．決定係数の計算と表示法

決定係数の算出には一次式を作成する．これは手計算でも作成が可能である．ここでは割愛しエクセル統計で算出した一次式を使用した．相関係数は r で，決定係数は R^2 で示す．r は 2 変量の相関性を 0 から ±1 の数字であらわす．決定係数は，この 2 変量を一次式（単回帰式）で表し，この式のあてはまりの具合を 0 から ±1 の数字であらわす．この式に X または Y のどちらかを入力して得られた数値と生データの相関係数を R^2 であらわす．手計算でも計算できる．単回帰式で表示した図では，r または R^2 を表記する．多くの場合は，r が多い．2 変量の場合でも散布図，一次式および決定係数（R^2）を表示している論文（前之園ら，2009）もある．

4-1. 手計算による解析

次に決定係数の計算について述べる．回帰方程式の x に例題 14-2 の肺活量を入力し Y を算出し，実測値 y と計算値 Y の相関係数を求め（エクセル統計 2008），この値の二乗が決定係数（回帰方程式の当てはまり具合）となる（**表 14-2**）．

表 14-2. 胸囲の実測値と回帰方程式による計算値の相関係数と決定係数

胸囲	生徒番号									
	1	2	3	4	5	6	7	8	9	10
y	71	68	72	72	90	72	77	76	84	77
Y	70.3507	72.6607	74.2007	68.0407	84.9807	75.7407	74.9707	78.8207	77.2807	81.9007
相関係数 $r = 0.7689$，決定係数 $R^2 = 0.5912$．										

胸囲 y に対する Y の相関係数は，0.7689，決定係数は，0.5912 である（**表 14-2**）．したがって，エクセル統計 2008 による回帰方程式を算出したときに計算された決定係数 0.5912 と同一であった．

実測値（y）は，小数点以下が表示されていないが計算値（Y）は，小数点以下いくつかの数桁を用いて計算しないと正確な両者の一致とはならない．

4-2. エクセル統計 2008 による解析

関数式：直線 y = ax + b	
係数 a	**0.0154**
定数項 b	**41.8607**

単相関	胸囲（cm）	肺活量（cc）
胸囲（cm）	1.0000	**0.7689**
肺活量（cc）	**0.7689**	1.0000

決定係数	**0.5912**
修正済決定係数	0.5400
重相関係数	0.7689
修正済重相関係数	0.7349
ダービンワトソン比	2.6545

以上のエクセル統計 2008 から得られた数値を以下に示した．決定係数（R^2）は，0.5912 が計算された．

相関係数 r : 0.7689

回帰方程式：$y = 0.0154x - 41.8607$

決定係数 R^2 : 0.5912

決定係数および回帰式を図中に表示した場合の 2 論文（Liu, 2008 and Griem *et al.*, 2003）を示した.

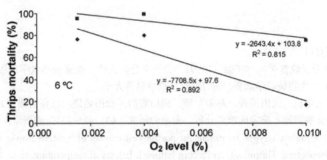

Fig. 1. Relationship between oxygen level and mortality rate of western flower thrips in ultralow oxygen treatments of 2 and 3 d at 4 and 6 ℃.（Liu, 2008 原図）.

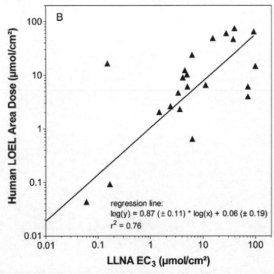

Fig. 2. Correlation of the sensitization potency in humans and mice, expressed as molar area dose. For the chemicals listed in Table 2, human NOEL values vs. murine EC3 values (A) and human LOEL values vs. murine EC3 values (B) are depicted. When for a chemical more than one value from experiments in humans or mice was available, the arithmetic mean value was used. Linear regression was performed on the logarithmically transformed values [the outlier in B (glutaraldehyde) was excluded from regression analysis].（Griem *et al.*, 2003 原図）.

5．著者の意見

毒性試験では，使用例がないように思う．もし応用する場合は，一次方程式および決定係数を表示したい．加えて傾き（係数a）がゼロでないという表示の P 値も併記したい．

◎引用論文および資料

・慶応 SFC データ分析教育グループ編（1999）：データ分析入門．慶應義塾大学出版会，東京．
・柴田寛三（1970）：生物統計学講義．pp.75-81，東京農業大学．
・前之園孝光，宮上竜也，武田善秀，高梨　勝，樋口勝冶，松田延儀，江藤哲雄（2009）：牛群検定農家における平均分娩間隔と検定成績の分析．畜産の研究，**63**，425-431，養賢堂．
・Liu, Y-B. (2008): Ultralow oxygen treatment for postharvest control of western flower thrips, *Frankliniella occidentalis* (Thysanoptera: Thripidae), on iceberg lettuce I. Effects of temperature, time, and oxygen level on insect mortality and lettuce quality. *Postharvest Biology and Technology*, **49**, 129-134.
・Griem, P., Goebel, C., and Scheffler, H. (2003): Proposal for a risk assessment methodology for skin sensitization based on sensitization potency data. *Regulatory Toxicology and Pharmacology*, **8**, 269-290.

第15章　クラスター分析

1．クラスター分析の概略

　手計算は，煩雑であることからコンピュータによって解析せざるを得ない項目である．
　いくつかのデータを持ち寄り相互の類似度によって，近いもの同士をお互いに結び，いくつかの集団（クラスター，房）に分ける．パソコンソフトを利用した手法は，新村（2000）に詳しく述べられている．クラスター分析には，Ward 法，凝集法，K-means 法および Two-way 法などがある．この手法は，主成分分析と同様に変数とケースをグループ分けしてくれる．グループ化した後に各クラスターに特徴を考察する．一般に word 法の使用が多いようである．

2．実験動物を用いた毒性試験への応用

　一般的にクラスター分析は調査報告に用いられている．いずれも多くの調査結果をまとめて分類されそれに対して考察している．動物を用いた毒性試験，薬理試験および効果試験などへの応用も考えられるが論文には見あたらない．多くの測定項目ごとに対照群と比較し有意差の有無によって無影響量および影響量を推測している現状からクラスター分析の応用で一括して影響をグループ化できる可能性がある．また，数値および文字のミックス入力が可能である．したがって，定性データの尿検査値および病理解剖・組織所見が入力できる．
　表 15-1 に一般的に実施されているラットを用いた 4 週間の用量設定毒性試験から得られたいくつかの定量値について応用した．

表 15-1．Wistar ラットを用いた 4 週間用量設定毒性試験

群と動物番号	体重 (g)	飼料摂取量 (g/rat/day)	赤血球数 (Tera/L)	血小板数 (Giga/L)	肝臓重量 (g)	脾臓重量 (g)
対照 1	367	16.8	8.19	689	11.2	0.891
対照 2	355	16.9	8.15	677	12.2	0.815
対照 3	345	15.8	7.99	656	11.6	0.790
対照 4	359	16.5	8.22	681	10.9	0.885
対照 5	344	17.0	8.56	640	11.5	0.886
平均	**354**	**16.6**	**8.22**	**669**	**11.5**	**0.873**
低用量 1	355	16.9	8.22	692	11.6	0.819
低用量 2	369	16.5	8.16	676	10.2	0.895
低用量 3	344	15.5	8.21	688	12.0	0.888
低用量 4	320	14.9	8.26	683	11.9	0.851
低用量 5	375	15.9	8.16	688	11.2	0.845
平均	**352**	**15.9**	**8.20**	**685**	**11.4**	**0.860**
中用量 1	325	15.9	7.99	650	10.5	0.866
中用量 2	378	16.9	7.85	680	11.5	0.885

(表 15-1 続き)

中用量3	355	17.0	8.25	702	11.6	0.799
中用量4	346	16.9	8.55	706	11.9	0.845
中用量5	359	15.0	8.45	650	10.9	0.566
平均	353	16.3	822	678	12.3	0.796
高用量1	300	17.0	8.23	690	12.2	0.751
高用量2	290	15.6	8.56	699	12.5	0.750
高用量3	325	17.2	8.44	702	11.5	0.751
高用量4	336	16.5	8.19	692	11.9	0.610
高用量5	310	16.4	8.56	680	12.9	0.666
平均	312	16.5	8.40	693	12.2	0.706

図 15-1 に樹形図を示した．対照 1001～中用量 1025 と中用量 1204～高用量 1304 の 2 つのクラスターに分類できる．この場合，無毒性量は中用量と推測できる．

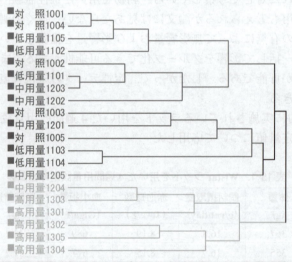

図 15-1．短期毒性試験から得られたデータによるクラスター分析結果（SAS JMP）

毒性試験から得られたデータは，対照群に比較して高用量群の体重，肝および脾臓重量に影響がありそうである．SAS JMP の樹形図から推測すると高用量群の 5 匹は全て同じくラスターに所属し，なお他の群とは離れている．高用量群のみが影響量と見なされる確率がきわめて高いことが推測できる．

実際の毒性評価では，無影響量を把握する場合はさほど難しくはないが，影響量と無影響量を把握する場合は，入力データの項目を絞る必要がある．クラスター分析では全てのデータから判断して分類する．毒性試験では上記のような短期毒性試験でさえも調査項目は，25 以上の計量値が得られ，さらに定性データが加わる．したがって，影響のありそうな項目をいくつか集めてクラスター分析を実施した場合，検出力が高いと推測できる．高用量群は他の群とはっきり識別できる．したがって，クラスター分析は，

きわめて多くの計測値が含まれるデータに対してマクロ的に第一印象で毒性量を判断することができる．実際の毒性試験から得られたデータをクラスター分析で解析した論文（kobayashi, 2004）を紹介する．

3．日本と外国のげっ歯類を用いた毒性試験に使用された統計解析法の相違
要約：日本のげっ歯類を用いた毒性試験に使用されている統計解析法は，外国の解析法と比較して異なっている感があることから，今回の調査は，世界47国134試験（対照群を含めて3群以上を設定）について解析法を国別にクラスター分析によって解析した．調査結果，日本の解析法は，世界の解析法と比較して距離があることが認められた．この理由は，一般的に使用されているパラメトリック検定のDunnettの多重比較検定にくわえて，きわめて検出感度の低いパラメトリック検定のSchefféの多重比較検定およびノンパラメトリックのDunnett型とScheffé型ツールを一つの決定樹に使用していることにある．

3-1．はじめに
著者は，以前から日本のげっ歯類を用いた毒性試験に使用されている定量値に対する統計解析法（ほとんど決定樹）は，外国で実施された毒性試験と異なることに憂慮していた．特に諸外国と比較して異なる解析法は，パラメトリック検定では，Scheffé の多重範囲検定，ノンパラメトリック検定ではDunnett型（ジョイント型Dunnettの検定とも呼ばれる）およびScheffé型の検定が日本で使用されていることである．これらの3解析法は，きわめて検出感度が低いことから外国では使用されていないようである．またこのノンパラメトリックの2検定は，日本で開発された手法であることも使用されている理由である．ここでは相違の理由については議論しない．分散分析および正規性の検定の有無，等分散の検定法およびDunnettの多重比較検定，t検定の使用などは，あまり国別に違いがないようである．日本の毒性試験の統計解析は，ほとんど決定樹によって解析されている（Hamada, *et al.*, 1998, 小林ら, 2000, Kobayashi, *et al.*, 2000, 榊ら, 2000および小林ら, 2007）．その決定樹には，正規性の検定が含まれていない．長期の試験（N＞10）および短期の試験（N＝5）とも同一の解析法を使用している．特に群内動物数が5匹程度と少ない場合は，決定樹に使用されている全ての解析法に対して有意差が検出できるか否か確認する．

本調査報告は，主にげっ歯類を用いた化学物質・天然物などの毒性試験・薬理試験などの公表論文をインターネットから取得してその各解析法を国別に分類した．ごく一部の試験は，そのほかの動物を使用した論文も調査材料とした．この調査報告の目的は，日本の統計解析法に関し，国際的に標準的な手法との異なる点を客観的に明らかにし，今後の国際的な標準化に向けた提言を行うことにある．

3-2. 調査材料および解析法

げっ歯類を用いた比較的短期の毒性試験を含めた反復投与試験で群構成が対照群を含めて3群以上を設定した試験をインターネットから多くは無料で取得した．今回の調査は，世界47ヶ国134試験に対して各解析法を国別に分類した．調査した試験の中にはわずかに非げっ歯類の試験が含まれている．この理由は，なるべく試験実施国および試験数を多く採取したいことにある．今回の調査は，定量データのみに絞った．複数の著者および国の場合は，試験を実施した国を対象とした．

解析法は，クラスター分析（SAS JMP, ver. 5.0, U.S.A.）を使用した．データ入力は，ある解析法を使用している場合が，1，使用していない場合が，0を入力して分類した．クラスター分析法は，常用されている word 法によった．調査した国，解析法，被験物質名および出典を表15-2 示した．

表 15-2. 国別の統計解析法，被験物質名および論文出典

国名（論文番号）	［1］統計解析法，［2］被験物質名，［3］論文出典
Algeria (1)	［1］Student t-test, ［2］Ammonium nitrate, ［3］Afr. J. Biotechnol., **5**, 749-754, 2006
Algeria (2)	［1］(t) student test, Dunnett method, ［2］Diflubenzuron, ［3］Scientific Research and Essay, **2**, 79-83, 2007
Argentina (1)	［1］Kruskall-Wallis test, ANOVA, ［2］1, 2-dimethylhydrazine, ［3］Biocell (Mendoza), **26**, 3, Mendoza ago./dez., 2002
Argentina (2)	［1］ANOVA, Student-Newman-Keuls tests, ［2］Chitosan, ［3］J. Leukoc. Biol., **78**, July 2005
Australia (1)	［1］Kolmogorov-Smirnov test, Bartlett's test, ANOVA, LSD, t-test, Mann-Whitney test, ［2］*Lupinus angustifolius*, ［3］Fd Chem. Toxic., **34**, 679-686, 1996
Australia (2)	［1］2-way ANOVA, ［2］Lead, ［3］Fd Chem. Toxic., **21**, 157-161, 1983
Belgium (1)	［1］ANOVA, Tukey honest test, Kolmogorov-Smirnov test, ［2］Bupivacaine and ropivacaine, ［3］Anesth Analg, **91**, 1489-1492, 2000
Belgium (2)	［1］ANOVA, ［2］Chitosan-DNA nanoparticles, ［3］AAPS PharmSciTech., **5**, (2), Article 27, 2004
Brazil (1)	［1］ANOVA, ［2］Methylmethacrylate, ［3］Braz. oral res., **19**, (3) São Paulo July/Sept., 2005
Brazil (2)	［1］ANOVA followed by the Tukey multiple comparison test, ［2］Cordia salicifolia extract, ［3］Acta Sci. Health Sci., **27**, 4144, 2005
Cameroon (1)	［1］ANOVA followed by the Student-Newman Kerls test, ［2］Hydro-ethanolic extract of leaves of *Senna alata* (L.), ［3］Afr. J. Biotechnol., **5**, 283-289, 2006
Cameroon (2)	［1］ANOVA, Duncan's multiple range tests, ［2］Hibiscus cannabinus, ［3］Afr. J. Biotechnol., **4**, 833-837, 2005
Canada (1)	［1］One-way ANOVA followed by Newman-Keuls ［2］Amylin Receptor Blocks -Amyloid, ［3］J. Neurosci., **24**, 5579-5584, 2004
Canada (2)	［1］Student's t-test, analysis of variance, Dunnett's multiple comparison test, ［2］Hexachlorobenzene, ［3］Environmental Health Perspectives, **111**, 4, April 2003
Chile + Sweden (1)	［1］F-ANOVA, a post-hoc test (Fisher's protected partial least square test), ［2］Methamphetamine, ［3］Journal of Neurochemistry, **83**, 645-654, 2002

Chile (2)	[1] ANOVA was followed by a post hoc Newman-Keuls' multiple comparison test, Student's t test, [2] Manganese, [3] Pharmacology, Biochemistry and Behavior, **77**, 245-251, 2004
Chile + Costa Rica + Pararuay (3)	[1] ANOVA followed by Dunnett's multiple comparison test, [2] Aloysia polystachya, [3] http://captura.uchile.cl/dspace/bitstream/2250/2329/1/Mora_S_Anxiolytic.pdf（閉鎖中）
China (1)	[1] One-way ANOVA, [2] Monosialoganglioside, [3] Acta Pharmacol Sin., **25**, 727-732, 2004
China (2)	[1] Student's t-test, [2] Pyrethroid, [3] J Occup Health, **38**, 54-56, 1996
China (3)	[1] One-way ANOVA, Kruskal-Wallis test, Mann-Whitney U test, [2] Hyperbaric oxygen preconditioning, [3] Chinese Medical Journal, **113**, 837-839, 2000
China (4)	[1] One-way ANOVA, [2] GM1 ganglioside, [3] J Zhejiang Univ Sci B., **6**, 254-258, 2005
Cuba (1)	[1] Normality assumptions (Kolmogorov-Smirnov's and Shapiro-Wilk's tests), Levene's test, ANOVA, Kruskall-Wallis's test, t paired tests or Wilcoxon's test, [2] Granulocyte-Colony Stimulating Factor (G-CSF), [3] Biotecnología Aplicada, **22**, 50-53, 2005
Cuba (2)	[1] Mann-Whitney test, [2] D-002, [3] Biotecnología Aplicada, **18**, 88-90, 2001
Cuba (3)	[1] ANOVA, the Students-Newman-Keuls post-hoc test, [2] Kainate, [3] European Journal of Pharmacology, **390**, 295-298, 2000
Czech Republic (1)	[1] t-test after F-test, Normal distribution, [2] Aflatoxin B1 and T-2 toxin, [3] Vet. Med. -Czech, **46**, 301-307, 2001
Czech Republic (2)	[1] One-way ANOVA test, Tukey-Kramer's post-hoc test was used for multiple comparisons, [2] D-galactosamine, [3] Physiol. Res., **55**, 551-560, 2006
Denmark (1)	[1] Mann-Whitney U test, ANOVA, [2] Novispirin G10, [3] Antimicrob Agents Chemother., **49**, 3868-3874, 2005
Denmark (2)	[1] One-way ANOVA, Student's paired t test, [2] Bendroflumethiazide, [3] The Lournal of Pharmacology and Experimental Therapeutics, JPET, **299**, 307-313, 2001
Denmark (3)	[1] Shapiro Wilks test, Levene's test, General linear model (GLM) analysis, [2] Diesel exhaust particles, [3] Carcinogenesis, **24**, 1847-1852, 2003
Egypt (1)	[1] One way ANOVA by Tukey-Kramer test for multiple comparison, [2] Benzo (*a*) pyrene, Nigella sativa seeds, [3] Fd Chem. Toxic., **45**, 88-92, 2007
Egypt (2)	[1] Student's t test, [2] Garlic extract, [3] Res. J. Medicine & Med. Sci., **1**, 85-89, 2006
Finland (1)	[1] ANOVA, Student Newman-Keuls test was used as a *post hoc* test, [2] Oxygen, [3] Eur Respir J., **9**, 2531-2536, 1996
Finland (2)	[1] Mann-Whitney nonparametric U test, Kruskall-Wallis analyses with a Dunn's post test, [2] Doxorubicin, [3] Cancer Research, **61**, 6423-6427, 2001
France (1)	[1] ANOVA, Student t test, [2] Amphotericin B, [3] Antimicrob Agents Chemother, **35**, 1303-1308, 1991
France (2)	[1] Bartlett's test, ANOVA, Dunnett's test, Kruskal-Wallis test, Dunn's test, [2] 5α-reductase (5αR) inhibitor, [3] MCP Papers in Press, Published on July 12, 2006
France (3)	[1] ANOVA, Dunnett's test, [2] Ethylene Oxide, [3] Fundamental and Applied Toxicology, **34**, 223-227, 1996

Germany (1)	[1] ANOVA, Ryan-Einot-Gabriel-Walsh test, Nonparametric test (van der Waerden test using normalized scores), [2] Polybrominated diphenyl ethers, [3] Environmental Health Perspectives, **114**, Number 2, February 2006
Germany (2)	[1] To-factor analysis of variance with a Bonferroni correction, [2] Polychlorinated biphenyls (PCBs), [3] Environmental Health Perspectives, **109**, Number 11, 2001
Greece (1)	[1] Two-way analysis of variance, LSD, [2] Urethan, [3] J. Appl. Physiol., **81**, 2304-2311, 1996
Greece (2)	[1] One-way analysis of variance, an unpaired Student's t-test, [2] BPV, [3] Anesth Analg., **85**, 1337-1343, 1997
Hungary (1)	[1] t test, [2] 3-nitroprpionic acid, [3] Arh Hig Rada Toksikol, **56**, 297-302, 2005
Hungary (2)	[1] One-way ANOVA with LSD post hoc test, Kolmogorov-Smirnov normality, [2] Heavy metal, organophosphates, [3] Arh Hig Rada Toksikol, **56**, 257-264, 2005
India (1)	[1] ANOVA, Dunnett test, Student t test, [2] Polyoxyethylene glycol, [3] AAPS PharmSci., **6** (2), 2004
India (2)	[1] One-way ANOVA, Student's t-test, [2] Galactose, [3] Human Reproduction, **18**, 2031-2038, 2003
India (3)	[1] Bartlett's test, ANOVA, Student's t test, [2] Fluoride, [3] Fluoride, **30**, Research Report 105, 1997
India (4)	[1] ANOVA, Dunnett test, Student t test, [2] Novel surfactants, [3] AAPS PharmSci., **6**, Article 14, 2004
India (5)	[1] ANOVA, Tukey's test, [2] PUFA concentrate, [3] Afr. J. Biotechnol., **6**, 1021-1027, 2007
Iran (1)	[1] ANOVA followed by multiple comparison test of Newman-Kauls test, [2] *fumaria parviflora* Lam, [3] DARU, **12**, 136-140, 2004
Iran (2)	[1] Kruskal-Wallis test, [2] Valproic acid, [3] DARU, **14**, No. 1, 2006
Israel (1)	[1] Shapiro-Wilk, ANOVA, Tukey-Kramer, [2] Nitrogen and helium, [3] J Appl Physiol, **98**, 144-150, 2005
Israel (2)	[1] Student's t test, [2] AS 101, [3] Journal of the National Cancer Institute, **88**, No. 18, 1996
Israel (3)	[1] Wilcoxon rank-sum test, [2] *Juglans regia* L, *Olea europea* L, *Urtica dioica* L and *Atriplex halimus* L, [3] eCAM Advance Access published online on May 17, 2007
Italy (1)	[1] Student t test, [2] HD-Ad Vector, [3] PNAS, **102**, 3930-3935, 2005
Italy (2)	[2] ANOVA followed by Tukey test, [2] MDMA, [3] BMC Neuroscience, **7**, 13, 2006
Japan (1)	[1] Bartlett's test, Dunnett's test, Scheffé's test, Kruskal-Wallis ranking analysis, Dunnett type (Hollander and wolf), [2] 4-nitrophenol and 2,4-dinitrophenol, [3] J. Toxicol. Sci., **26**, 299-311, 2001
Japan (2)	[1] Student t-test, [2] 5-FU, [3] J. Toxicol. Sci., **27**, 49-56, 2002
Japan (3)	[1] Bartlett's test, one-way layout analysis of variance, Kruskal-Wallis test, Mann-Whitney's U test, Dunnett type (Hollander and Wolf), [2] 3-Aminiphenol, [3] J. Toxicol. Sci., **27**, 411-421, 2002

Japan (4)	[1] Bartlett's test, Dunnett's or Scheffé's tests, Kruskal-Wallis ranking test. Dunnett type, Scheffé type or Mann-Whitney's U tests, [2] 3-methylphenol, [3] J. Toxicol. Sci., **28**, 59-70, 2003
Japan (5)	[1] Dunnett's multiple comparison test, [2] 1-carboxy-5,7-dibromo-6-hydroxy-2,3,4-trichloroxanthone, [3] J. Toxicol. Sci., **28**, 445-453, 2003
Japan (6)	[1] Bartlett test, Dunnett's test, Dunnett type rank sum test, [2] Wormwood, [3] J. Toxicol. Sci., **28**, 471-478, 2003
Japan (7)	[1] Dunnett's test, ANOVA, [2] Rice bran glycosphingolipid, [3] J. Toxicol. Sci., **29**, 73-80, 2004
Japan (8)	[1] Dunnett's multiple comparison test, [2] DDT, [3] J. Toxicol. Sci., **29**, 505-516, 2004
Japan (9)	[1] Bartlett's test, Dunnett's test, Steel's multiple comparison test, Dunnett type (Hollander and Wolf) Student's t-test, Aspin-Welch's t test, [2] 1,3-dibromopropane,1,1,2,2-Tetrabromoethane, [3] J. Toxicol. Sci., **30**, 29-42, 2005
Japan (10)	[1] ANOVA, Dunnett's or Scheffé's multiple comparison procedures, [2] 2,2'-isobutylidenebis (4,6-dimethylphenol), [3] J. Toxicol. Sci., **30**, 275-285, 2005
Japan (11)	[1] Dunnett' multiple comparison test, [2] 2,3,7,8-tetrabromodibenzo-p-dioxin, [3] J. Toxicol. Sci., **32**, 47-56, 2007
Japan (12)	[1] Bartlett's test, Dunnett's test, Dunnett-type method, [2] Water-Miscible Coenzyme Q10, [3] Journal of Health Science, **51**, 346-356, 2005
Japan (13)	[1] Bartlett, ANOVA, Kruskal-Wallis, Dunnett, Scheffé, Dunnett type, Scheffé type, [2] 2,3,3,3,2',3',3',3'-Octachlorodipropyl ether, [3] Bull. Natl. Inst. Health Sci., **121**, 40-47, 2003
Japan (14)	[1] Dunnett's test or a Dunnett-type rank-sum test, [2] Bismuth, [3] J Occup Health, **47**, 293-298, 2005
Japan (15)	[1] Bartlett's test, one-way ANOVA, Dunnett Kruskal-Wallis rank sum test, Dunnett type, [2] p-dichlorobenzene (pDCB), [3] J Occup Health, **47**, 249-260, 2005
Jordan (1)	[1] ANOVA, Wilcoxon rank sum test, [2] Ferula harmonis 'zallouh', [3] Int J Impot Res., **13**, 247-251, 2001
Jordan (2)	[1] t test, [2] Plant Extract NASFIT, [3] Int J Impot Res., **13**, 247-251, 2001
Korea (1)	[1] Levene's test, Dunnett's t-test, ANOVA, t-test, [2] Organic germanium fortified yeasts, [3] J. Toxicol. Sci., **29**, 541-553, 2004
Korea (2)	[1] ANOVA followed by a modified Z-test (LSD), [2] Nitric oxide, [3] Investigative Ophthalmology & Visual Science, **38**, 995-1002, 1997
Korea (3)	[1] ANOVA by Bonferroni's *post hoc* comparison, [2] *Pinellia ternata* Extract, [3] Biol. Pharm. Bull., **29**, 1278-1281, 2006
Norway (1)	[1] ANOVA, Dunnett's test, [2] Gas-carrier contrast agents, [3] Toxicol Appl Pharmacol., **188**, 165-175, 2003
Malaysia (1)	[1] General Linear Model, one-way ANOVA, Scheffé test, Kruskal-Wallis test, Mann-Whitney test, [2] Aqueous extract of *Labisia pumila var. alata* (LPA) or `Kacip Fatimah, [3] Indian Journal of Pharmacology, **39**, 30-32, 2007
Malaysia (2)	[1] Student's t-test, [2] Yohimbine, [3] Biokemistri, **15**, 50-56, December 2003
Mexico (1)	[1] Student's t, Mann-Whitney, [2] Follicle-Stimulating hormone, [3] Environmental Health Perspectives, **113**, Number 9, September 2005

Mexico (2)	[1] ANOVA followed by Fisher's least significant difference (LSD), [2] Perfluorooctane sulfonate, [3] Environmental Health Perspectives, Date: 9/1/2003
Mexico (3)	[1] ANOVA, [2] Ethanol, [3] Oharmacology, **282**, Issue 2, 1028–1036, 1997
Netherlands (1)	[1] Dunnett's tests, [2] Butyl benzyl phthalate, [3] Toxicological Sciences, **94**, 282–292, 2006
Netherlands (2)	[1] Student's t test, [2] N-Acetylcysteine Protects, [3] Am. J. Respir. Crit. Care Med., **157**, 1283–1293, 1998
Nigeria (1)	[1] Students' t-test, [2] Ethanol extract of the leaves of Datura stramonium, [3] Afr. J. Biotechnol., **6**, 1012–1015, 2007
Nigeria (2)	[1] Students' t-test, [2] Trypanosoma brucei-infected, [3] Afr. J. Biotechnol., **5**, 1557–1561, 2006
Nigeria (3)	[1] ANOVA, Duncan's multiple range tests, [2] Lemongrass and green tea, [3] Afr. J. Biotechnol., **5**, 1227–1232, 2006
Nigeria (4)	[1] ANOVA, Duncan's multiple range tests, [2] Clude oil, [3] Afr. J. Biotechnol., **3**, 346–348, 2004
Nigeria (5)	[1] Student's t-test, [2] Salicylic acid and anthranilic acid, [3] Afr. J. Biotechnol., **3**, 426–431, 2004
Pakistan (1)	[1] ANOVA, Dunnett's multiple test, [2] GM3 cancer vaccine, [3] Pakistan Journal of Biological Science, **87**, 1045–1050, 2005
Pakistan (2)	[1] Student's t-test, [2] Tanacetum, [3] Arch Pharm Res., **30**, 303–312, 2007
Philippines	[1] Student t-test, ANOVA, [2] Ethylene bisdithiocarbamates, [3] Environmental Health Perspectives, **112**, Number 1, 2004
Poland (1)	[1] Student's one-tailed t-test, [2] Excitatory amino acid-induced toxicity, [3] Acta Neurobiol Exp., **60**, 365–369, 2000
Poland (2)	[1] ANOVA followed by Student's t-test, Newman-Keuls test, Mann-Whitney ranking test, [2] (S)-3,5-DHPG, [3] Pol. J. Pharmacol., **54**, 11–18, 2002
Poland (3)	[1] Student's t-test, [2] Prednisolone, [3] Pharmacological report, **59**, 59–63, 2007
Poland (4)	[1] ANOVA, Newman-Keules test, [2] Endothelin-1, [3] Pharmacological report, **59**, 98–105, 2007
Poland (5)	[1] ANOVA followed by Duncan's test or Student's t-test, [2] Caffeine, [3] Pharmacological Report, **59**, 296–305, 2007
Poland (6)	[1] One-way ANOVA followed by *post-hoc* Duncan's test, Kruskal-Wallis ANOVA, followed by Mann-Whitney U test was used, [2] Methotrexate, [3] Pharmacological report, **59**, 359–364, 2007
Portugal (1)	[1] Paired t test, Two-way ANOVA, Tukey's, [2] ETB receptor, [3] 2006 by the Society for Experimental Biology and Medicine/Department of Physiology, Faculty of Medicine, University of Porto, Portugal
Portugal (2)	[1] Two-Way ANOVA, followed by Bonferroni post-hoc test, [2] Amphetamine sulfate and HA bromide, [3] Journal of Health Science, **53**, 371–377, 2007
Republic of Slovenia (1)	[1] Scheffé's-test, ANOVA, [2] 2,4-dichlorophenoxyacetic acid, [3] ACTA VET. BRNO, **68**, 281–29, 1999
Russia (1)	[1] Student's-test, [2] Olypiphate, [3] Experimental Oncology, **25**, 256–259, 2003

Russia (2)	[1] One-way ANOVA followed by Dunnett's test, [2] Methamphetamine, [3] The American Society for Pharmacology and Experimental Therapeutics Printed in U.S.A. JPET, **288**, 1298-1310, 1999
Saudi Arabia (1)	[1] Snedecor and Cochran, [2] Euphorbia heliscopia, [3] Pakistan Journal of Nutrition, **5**, 135-140, 2006
Saudi Arabia (2)	[1] One-way ANOVA analysis followed by Dunnett's or Tukey's for multiple comparison tests, [2] HgCl2 & DMPS, [3] Med Sci Monit, **12**, BR95-101, 2006
Slovakia (1)	[1] Unpaired Student's t-test, Mann-Whitney U-test, [2] Pyridoindole antioxidant stobadine, [3] Molecular Vision, **11**, 56-65, 2005
Slovakia (2)	[1] Student's t-test, linear regression analysis with Pearson's correlation coefficient, [2] Rooibos Tea (*Aspalathus linearis*), [3] Physiol. Res., **53**, 515-521, 2004
Slovakia (3)	[1] Student's t test, [2] Liver preservation solution, [3] Transplantation, **70**, 430-436, 2000
South Africa (1)	[1] ANOVA, [2] Fumonisin B1, [3] Carcinogenesis, **25**, 1257-1264, 2004
South Africa (2)	[1] Student's t-test, [2] Ethanol and/ or chloroquine and fed normal or low protein diet, [3] The Internet Journal of Hematology™ 1540-2649, 2007, http://www.ispub.com/ostia/index.php?xmlFilePath=journals/ijhe/vol3n1/chloroquine.xml
Spain (1)	[1] Shapiro-Wilks test, Levene test, ANOVA, followed by a post hoc test (Tukey), Kruskal-Wallis test was carried out followed by Mann-Whitney U test, [2] Ochratoxin A, [3] Fd Chem. Toxic., **42**, 825-834, 2004
Spain (2)	[1] ANOVA, [2] Pomegranate ellagitannin, [3] J. Agric. Food Chem., **51**, 3493-3501, 2003
Spain (3)	[1] 2-way ANOVA followed by the Bonferroni method for multiple comparisons, Kruskal-Wallis test, Mann-Whitney U-test, [2] Uranyl acetate dehydrate, [3] Exp Biol Med., **228**, 1072-1077, 2003
Spain (4)	[1] Two-way ANOVA, *Post hoc* analyses were carried out with the Bonferroni method for multiple comparisons, [2] Maternal Stress, [3] Exp Biol Med., **227**, 779-785, 2004
Sweden (1)	[1] Student-t test, [2] Pyrazoles, [3] Proc Natl Acad Sci., **76**, 3499-3503, 1979
Sweden + Netherlands (2)	[1] ANOVA, Student-t test, [2] HBCD, [3] Toxicological Science, **94**, 281-292, 2006
Sweden + Netherlands (3)	[1] Two-way ANOVA, Student t-test, [2] Hexabromocyclododecane, [3] Toxicological Science, **94**, 281-292, 2006
Switzerland (1)	[1] Student's t-test, [2] Artemether, [3] Am. J. Trop. Med. Hyg., **66**, 30-34, 2002
Switzerland (2)	[1] ANOVA, Dunnett's post hoc test, [2] Amiodarone and amiodarone derivatives, [3] JPET Fast Forward, Published on September 13, 2006
Taiwan (1)	[1] ANOVA, Duncan's new multiple range test (2 articles), [2] Copper, [3] Fd Chem. Toxic., **36**, 239-244, 1998
Taiwan (2)	[1] ANOVA, Duncan's test, Dunnett's test, [2] Enterococcus faecium strain TM39, [3] Fd Chem. Toxic., **42**, 1601-1609, 2004
Taiwan (3)	[1] ANOVA, Dunnett's multiple comparison test, Kruskal-Wallis nonparametric ANOVA, Mann-Whitney U-test, [2] Pteris multifida Poiret, [3] Fd Chem. Toxic., **45**, 1757-1763, 2007

Thailand (1)	[1] ANOVA, Duncan multiple range test, [2] Guttiferae, [3] http://www.grad.chula.ac.th/gradresearch6/pdf/96.pdf
Thailand (2)	[1] One-way ANOVA, Dunnett multiple ranges test, [2] Hyptis suaveolens, [3] Songklanakarin J. Sci. Technol., **27**, 1027-1036, 2005
Thailand (3)	[1] ANOVA, Duncan multiple range test, [2] Methomyl [3] Arh hig rada toksikol, **49**, 231-238, 1998
Thailand (4)	[1] ANOVA, [2] Topical Formulation of *Hyptis suaveolens* oil, [3] CMU, Journal, **5**, 369-379, 2006
Turkey (1)	[1] Kruskal-Wallis, Dunn's multiple comparison tests, [2] Ofloxacin, [3] Turk J Med Sci., **30**, 441-447, 2000
Turkey (2)	[1] ANOVA, [2] Vitamin C, [3] Gen. Physiol. Biophys, **24**, 47-55, 2005
Turkey (3)	[1] ANOVA, Tukey, Dunnett tests, [2] Momordica charantia L. (bitter melon) fruit extract, [3] Afr. J. Biotechnol., **6**, 273-277, 2007
United Kingdom (1)	[1] Student's t-test, [2] 3-(4-methylbenzylidine) camphor, [3] Environmental Health Perspectives, **110**, Number 5, May 2002
United Kingdom (2)	[1] ANOVA, analysis of covariance (ANCOVA), [2] Mixtures of Estrogens, [3] Environmental Health Perspectives, **112**, Number 5, April 2004
U.S.A. (1)	[1] ANOVA, Bartlett's test, Dunnett test, [2] TiO2 Rods and Dots, [3] Toxicological Sciences, **91**, 227-236, 2006
U.S.A. (2)	[1] ANOVA, Bartlett's test, Dunnett test, [2] TiO_2 particles, [3] Particle and Fibre Toxicology, **3**, 3, 2006
U.S.A. (3)	[1] Fisher's least significant difference, [2] Folate status, [3] Blood, **92**, 2471-2476, 1988
U.S.A. (4)	[1] ANOVA followed by Dunnett's method, [2] Nanoparticles, [3] Toxicology in Vitro, **19**, 975-983, 2005
U.S.A. (5)	[1] ANOVA, Dunnett's, Bartlett's test, Kruskal-Wallis or Dunn's test, Levene's test, Shapiro-Wilk test, [2] Kidney bean (*Phaseolus vulgaris*) extract, [3] Fd Chem. Toxic., **45**, 32-40, 2007

3-3. 調査結果および考察

SAS JMP による解析例として，その樹形図を図 15-2 に示した．表 15-3 にクラスター内の日本の試験数を示した．クラスターは4つに分類した．図の上側からクラスター1は，11 解析ツール中に日本の報告書が7 報含まれていた．クラスター2 は，2 解析ツール中に日本の報告書が2 報含まれていた．クラスター3 は，116 解析ツール中に日本の報告書が6 報含まれていた．クラスター4 は，5 解析ツール中に日本の報告書が含まれていなかった．すなわち，調査論文 134 中クラスター3 および 4 に分類された大半の 121 の論文中に日本の報告書は，6 報のみが認められ，この割合は，5% 以下ときわめて低い．

クラスター1 および 2 の日本の 9 報は，ノンパラメトリックの Dunnett および Scheffé 型の多重範囲検定が含まれていた．その反面クラスター3 の日本の 6 報には，この 2 解析法が使用されていなかった．

第15章　クラスター分析

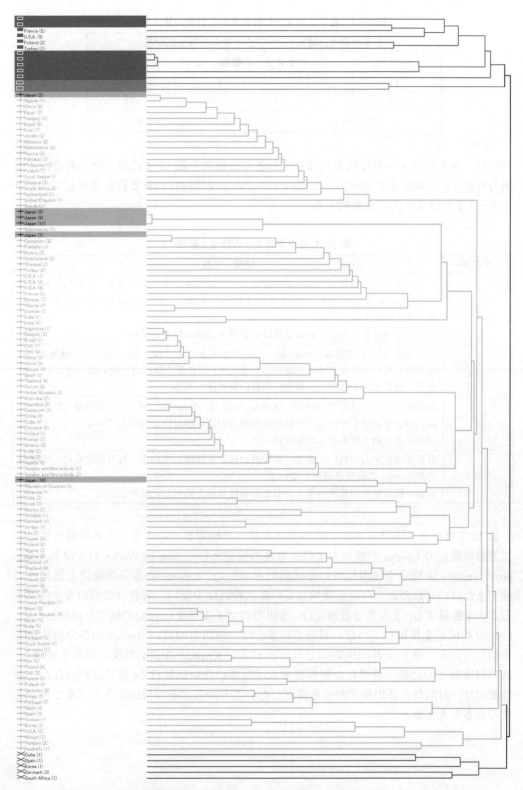

図 15-2. 世界の統計解析法のクラスター分析（蛍光ペンによる囲みは日本を示す）

表 15-3. 各クラスターに分類された日本の論文数

日本の毒性試験数 / クラスター中の総毒性試験数			
クラスターの番号			
1	2	3	4
7/11	2/2	6/116	0/5
9/13（0.69）		6/121（0.049 = <5%）	

次に，各クラスターの特徴を把握して命名した結果を**表 15-4** に示した．著者は，検出力の高さや，統計法の選択に対してのデータの正規性吟味の重要性を考慮して，クラスター3 または 4 の使用を推奨する．

表 15-4. 各クラスターの特徴と解説

クラスター	特徴・解説
1	パラメトリック検定は Dunnett の検定．ノンパラメトリック検定は，きわめて検出力の低い Dunnett type rank sum test または Dunn's multiple comparison test を使用しているクラスターである． 命名：不等分散の場合，低用量群は有意差が認められない解析法．
2	パラメトリック検定は，Scheffe，ノンパラメトリックは，Dunnett type rank sum test を使用しているクラスターである．クラスター1 に近く検出力の低い解析法である． 命名：例数が異なる場合，検出力の低い解析法である．
3	分散分析後または直接 Dunnett, Duncan, Student, Mann-Whitney の U 検定など検出力の高い手法を採用している．一般的な検出力の高い解析法を使用している． 命名：きわめて標準化した解析法．
4	解析法は検出力が高い．また，正規性の検定を採用している．等分散検定は，低検出力の Levene の検定を採用している． 命名：統計解析の基礎的考え方および毒性試験を熟知した解析法．

表 15-5 にパラメトリックかノンパラメトリック検定かその選定のための解析法として等分散検定の Levene の検定および正規性の検定として Shapiro-Wilks および Kolmogorov-Smirnov の検定を使用している試験数を示した．Levene の等分散検定と正規性の検定またはいずれのどちらかを使用している試験数は少ない．著者はこの両者を使用することを推奨する．また等分散検定は，検出力のマイルドな Levene の検定を推奨したい．Levene の検定を使用していない報告書の多くは，検出力の高い Bartlett の等分散検定を使用している．また全群間検定の分散分析および Kruskal-Wallis の検定のみを使用し，次の対照群との比較に使用した解析法を表示していない試験は 14 報に認められた．毒性試験は，対照群と各用量群間差を確認したいことから，その検定法を述べることが必要であると考える．

表 15-5. 等分散検定および/または正規性の検定を実施していた論文数

等分散検定および/または正規性の検定	134 調査論文中
Levene's homogeneity test（等分散検定）+ Shapiro-Wilks or Kolmogorov-Smirnov's test（正規性の検定）	4
Levene's homogeneity test	2
Shapiro-Wilks test	1
Kolmogorov-Smirnov's test	3

以上の結果から，日本の解析法は，世界の解析法と客観的に比較しても距離があることが明らかとなった．この理由は，一般的に使用されているパラメトリック検定のDunnettの多重比較検定ときわめて検出力の低いパラメトリックのScheffé の検定およびノンパラメトリックのDunnett型とScheffé型を一つの決定樹に使用（例としてJapan, (4), (13)/クラスター2）していることにある．さらに毒性試験は，投薬によって群内の分布（バラツキ）や動物数が異なるように用量設定されている．したがって，Bartlettの検定は，検出力（Finney, 1995）がきわめて高く，小さい変化でも有意差を示しノンパラメトリック検定へ導く．したがって，著者は，マイルドな検出感度のLeveneの等分散を推奨する．Leveneの等分散検定によって多くの定量値がノンパラメトリックの順位和検定へ移行せず平均値の差の検定となり，被験物質の影響がより明確に考察できる．パラメトリック検定は，正規性を前提としている解析法である．したがって，群間検定前に正規性の検定を是非実施（Kobayashi et al., 2008）することを希望する．

医薬品，農薬，動物用医薬品および一般化学物質などの毒性試験のガイドラインは，世界各国ほぼ同一化している．しかし，統計解析は，この調査によって日本の解析法が大きく世界と異なっている傾向が認められた．統計解析手法も，化学物質による影響を適格に解析できるように検出力の高い解析法を選択し，国際的に標準として使用されている手法に調和化することを願う．

4．著者の意見

クラスター分析の特徴は，数値および病理所見の文字を一緒に入力できることで毒性試験の大まかな影響を把握できることである．今後の応用を期待したい．しかし，欠損値が一つでもあると計算されない欠点がある．毒性試験では，血液検査項目のただ一つの項目のミスによって測定できない場合は応用できない．

◎引用論文および資料
- 小林克己，金森雅夫，大堀兼男，竹内宏一（2000）：げっ歯類を用いた毒性試験から得られる定量値に対する新決定樹による統計処理の提案．産衛誌，**42**，125-129．
- 小林克己，櫻谷祐企，中島基樹，佐藤佐和子，山田　隼（2007）：化審法におけるほ乳類を用いる28日間反復投与毒性試験に使用された統計学的手法の分類と評価．*PHARMSTAGE,* **7**(5)，63-76．
- 榊　秀之，五十嵐俊二，池田高志，今溝　裕，大道克裕，門田利人，川口光裕，瀧澤　毅，塚本　修，寺井　裕，戸塚和男，平田篤由，半田　淳，水間秀行，村上善記，山田雅之，横内秀夫（2000）：ラット反復投与毒性試験における計量値データ解析法．*J. Toxicol. Sci.*, **25**, app.71-81．
- 新村秀一（2000）：パソコン楽々統計学．講談社ブルーバック B-1198，東京．

- Finney D.J. (1995): Thoughts suggested by a recent paper: Questions on non-parametric analysis of quantitative data (letter to editor). *J. Toxicol. Sci.*, **20**, 165-170.
- Hamada, C., Yoshino, K., Matsumoto, K., Nomura, M., and Yoshimura, I. (1998): Three-type algorithm for statistical analysis in chronic toxicity studies. *J. Toxicol. Sci.*, **23**, 173-181.
- Kobayashi, K. (2000): Trends of the decision tree for selecting hypothesis-testing procedures for the quantitative data obtained in the toxicological bioassay of the rodents in Japan. *J. Environ. Biol.*, **21**, 1-9.
- Kobayashi, K. (2004): Evaluation of toxicity dose levels by cluster analysis. *J. Toxicol. Sci.*, **29**(2), 125-129.
- Kobayashi, K, Pillai, K.S., Suzuki, M., and Wang, J. (2008): We need to examine the quantitative data obtained from toxicity studies for both normality and homogeneity of variance. *J. Environ. Biol.*, **29**, 47-52.

第16章　毒性試験の統計解析にかかわる調査報告

> **調査報告1．げっ歯類を用いた毒性試験用統計解析ツールの決定樹に組み込まれているノンパラメトリックの Dunnett 型順位和検定の変遷**

1．はじめに

　げっ歯類を用いた毒性試験に使用される統計解析法は，被験物質の影響によって，いかなる状態，すなわち各群の分散および動物匹数の違いに対応できるように設計された決定樹（けっていじゅ）が 1981 年頃から使用されてきた．はじめて発表された決定樹の中に，いわゆる Dunnett 型順位和検定（複数の呼び方がある）が存在する．この検定法のデビューから終息までの変遷に考察を加えた．

　著者は，受託試験機関の㈶安評センターに在籍当時（1994），Dunnett 型順位和検定（ノンパラ型 Dunnett の検定と略す）を採用した決定樹で Bartlett の等分散検定（Bartlett の検定）によって不等分散・有意差が認められた（$P<0.05$）場合，低用量群に統計学的有意差が認められない試験報告書が全てであること確認してから，この検定法を毒性試験に使用することに疑問を持ち続けてきた．なお名称で混同される Steel の検定（1959）は，1959 年に発表されている．

　ノンパラ型 Dunnett の検定を使用する理由は，一般毒性試験の低用量群に統計学的有意差を検出したくない願望から設定したと考えられる．またそれを知らずにみんなが使用している経験的解析法であることから長期にわたり使用されてきたと考える．この検定法は，日本のみの毒性試験に使用されていることを付け加える．なおこの検定が記載されている参考書（佐久間，1981）は，毒性試験を意識して述べられていない点に注意したい．

2．基本的概念

2-1. ノンパラ型 Dunnett の検定は 2 種類存在

　この章を進めるにあたり，このノンパラ型 Dunnett の検定の呼称を**表1**に整理した．なお Steel の検定は，別名セパレート型 Dunnett の検定と呼ばれ，検出力の高い 2 群間検定の Mann-Whitney の U 検定と検出力がほぼ同一である．したがって，多群設定の毒性試験で不等分散の場合，Mann-Whitney の U 検定を採用している毒性試験報告書は，日本および外国を含めてかなり多い．この二つの検定法は，ノンパラメトリック検定と呼ばれ，平均値の差の検定ではなく，小さい数値から大きい順に並べた中央値（順番）の検定であることから，順位和検定（rank sum test）と呼ばれる．

表1. Dunnett型ノンパラメトリック検定の呼称

検出力がきわめて低い	検出力が高い
ジョイント型 Dunnett の検定	セパレート型 Dunnett の検定 （Steel's test）
ノンパラ型 Dunnett の検定	
Dunnett 型ノンパラメトリック検定	
ノンパラメトリック Dunnett 型の検定	
Non-parametric type Dunnett's test	
Dunnett 型順位和検定	

2-2. なぜノンパラメトリック検定が存在するのか？

毒性試験は，通常対照群を含めて雄雌各4群の設定が多い．この4群間の分散に大きな違いの有無（分散の一様性）を吟味するために等分散性の検定を採用している．日本では，99%検出力の高い Bartlett の検定で全群間の分散のずれを吟味している．吉村ら（1987）は，各群10匹以上あれば Bartlett の検定を採用できると述べている．また検出力の高い Bartlett の検定に比較してかなり検出力がマイルドな Levene（1960）の等分散検定は，海外の毒性試験に散見される．したがって，Levene の等分散検定を用いた場合は，等分散性が確保されることからノンパラメトリック検定の応用が少なくなる．

一般毒性および発がん性試験から得られた定量値（体重，摂餌量，血液学的検査値，血液生化学的検査値，尿検査値の尿量，比重，器官重量およびその体重比など）に対する等分散性を Bartlett の検定（$P<0.05$）で解析した結果（小林，北島，1995）を**表2**に示した．

群内動物匹数が大きい長期毒性試験の定量値の35%程度が Bartlett の検定によって不等分散を示し，ノンパラ型 Dunnett の検定の採用となる．Bartlett の検定は，1群内の動物匹数が小さいほど有意差が検出されにくい．したがって，イヌを用いた一般毒性試験は，Bartlett の検定を用いていない．

表2. 定量値に対する Bartlett の検定で有意差が検出される割合

1群内動物数	試験期間（週）	動物種	試験数	有意差検出率（%）
4-5	12, 52	イヌ	3	164/2004 (8.0)
10-20	13	ラット	7	198/1126 (18)
		マウス	7	129/904 (14)
50-80*	104	ラット	5	1198/3278 (37)
		マウス	5	882/2626 (34)

*慢性毒性，がん原性試験および併合試験を含む．

2-3. ノンパラ型 Dunnett と Steel の検定は順位付けが違う

子豚は貧血で生まれてくることは周知のごとくである．表3に鉄剤（クエン酸鉄アンモニウム）投与による離乳前の子豚のヘモグロビン量（Hg）（実際のデータを若干加工）の変化および両検定に使用する順位を示した．

Dunnett 型の順位は，全ての個体値に小さい実測値から順位（1〜16位）を付す．

Steel の検定は，対照群と各用量群の順位を付す．したがって，各投与群の順位は同一の5〜8位となる．Dunnett 型の検定は手計算によった．Steel の検定は，阪大のフリーソフト（後述）を用いた．Steel の検定は，低用量群に統計学的有意差（$P<0.05$）が認められる．しかし，ノンパラ型 Dunnett の検定は，低用量群に有意差が認められない．

表3．ノンパラ型 Dunnett と Steel の検定の順位

群	Hg (g/dL)	Dunnett 型の順位	Steel の順位
対照	4.5	1	1
	5.0	2	2
	5.5	3	3
	6.0	4	4
	平均順位	2.5	2.5
低用量	6.5	5	5
	7.0	6	6
	7.5	7	7
	8.0	8	8
	平均順位	6.5	6.5[*]
中用量	8.5	9	5
	9.0	10	6
	9.5	11	7
	10.0	12	8
	平均順位	10.5[*]	6.5[*]
高用量	10.5	13	5
	11.0	14	6
	11.5	15	7
	12.0	16	8
	平均順位	14.5[*]	6.5[*]

[*]$P<0.05$ from control group.

3．ノンパラ型 Dunnet と Steel の検定の軌跡

3-1. 決定樹以前の解析は？

1970 年代：農薬の毒性試験は，ほとんど Student の t 検定の繰り返し（Maita et al., 1981 and Mitsumori et al., 1979）医薬品の毒性試験は，t 検定（Hirayama et al., 1982, Hashimoto et al., 1981, and Shinpo et al., 1981）および分散分析（ANOVA）（Shimazu et al., 1980）と Dunnett の多重比較検定の組み合わせ（Takeuchi et al., 1984 and Imoto et al., 1985）を使用していた．この当時は，2群間の分散の比が約3倍以上異なる場合（F 値，$P<0.05$＝不等分散）は，Aspin-Welch の t 検定が使用できることからノンパラメトリック検定の要求が審査側からなく，また定量値自体の群間差を重視していた．

数年後，毒性試験は，多重性を考慮しなくてはならないことから Dunnett の多重比較検定（Dunnett's multiple comparison test）が登場した（小林，1983）．ここから毒性試験は，

多重性を考慮することから不等分散の場合に使用するノンパラ型 Dunnett の検定の問題が生じてくる．

3-2. ノンパラ型 Dunnett の検定のデビュー
1981 年：佐久間（1981）によってノンパラ型 Dunnett の検定がはじめて参考書で解説された．例題は，表4 に示したごとく「3～9 の値が 20 個（1 群 5 個×4 群）」で測定項目および単位は不明である．したがって，毒性試験用とは判断できない．著者は，統計解析の1手法を解説していることに留意したい．

表4．佐久間による Dunnett 型順位和検定の解説・例題

A	1	2	3	4		A	1	2	3	4	
	4	8	5	6			2.5	17	5.5	9.5	
	5	7	4	8	全体込みで		5.5	13.5	2.5	17	
	5	9	5	7	順位付け→		5.5	19.5	5.5	13.5	
	3	6	6	8			1	9.5	9.5	17	
	6	7	7	9			9.5	13.5	13.5	19.5	
	23	37	27	38	125		24.0	73.0	36.5	76.5	210

3-3. ノンパラ型 Dunnett の検定を含んだ決定樹のはじまり
1981 年：山崎ら（1981）によって「ラット一般毒性試験における統計的手法の検討．対照群との多重比較のためのアルゴリズム」と題してはじめての毒性試験用決定樹（図1）が発表された．Bartlett の検定結果，不等分散の場合，Kruskal-Wallis と Dunnett 型順位和検定が設定されている．このノンパラ型 Dunnett の検定は，ノンパラメトリック検定のため検出力が低いことが想像できるが，その後数年間は，紙論文で指摘する研究者がなかった．

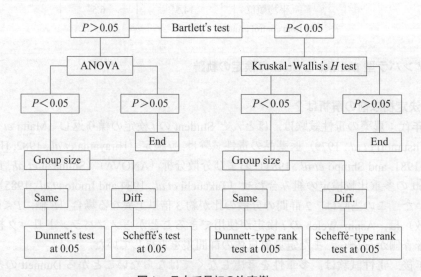

図1．日本で最初の決定樹

3-4. 毒性試験用統計解析の専門書「ピンク本」の発刊

1987年：吉村ら（1987）によって毒性試験に従事する統計家・研究者必携本「毒性・薬効データの統計解析」が発刊された．しかし，この本には，ノンパラ型 Dunnett の検定を含めた多重性を考慮したノンパラメトリック検定は，全群間検定の Kruskal-Wallis の順位和検定（ノンパラメトリック版 ANOVA）以外は掲載されていない．

3-5. 2種類のノンパラ型 Dunnett の検定の一考察

1992年：松田（1992）によって Dunnett 型順位検定が明らかになった．松田は「例数不揃いの場合のノンパラメトリックな多重比較について」と題してノンパラメトリックの Dunnett 型順位検定（結合順位＝Joint 型）は，下記の①および②の観点から分離型による方法がよいと述べている．

①個々の検定統計量がほかの処理の分布に依存する．そのため Generalized Type I FEW を抑制できない

②近接した処理の比較には，分離順位の方は検出力が高い

著者の解説：分離型は，Dunnett のセパレート型順位和検定で，この検定は別名 Steel の検定と呼ばれる．

3-6. 毒性試験用統計解析の専門書「毒性試験講座 14」の発刊

1992年：吉村および大橋（1992）によって第2の専門書の毒性試験講座 14 に「毒性試験データの統計解析」が発刊された．この本でもピンク本と同様にノンパラ型 Dunnett の検定は掲載されていない．多重性を考慮したノンパラメトリック検定は，Steel, Shirley-Williams および Steel-Dwass の検定の3種類が紹介されている．

3-7. 一般毒性試験の統計手法における国際比較

1994年：野村（1994）による「一般毒性試験の統計手法における国際比較」が発表された．内外の決定樹の紹介と使用上の注意点が述べられている．種々の決定樹の中でノンパラメトリック検定の場合，ノンパラ型 Dunnett の検定または Mann-Whitney の U 検定などが紹介されていたが，ノンパラ型 Dunnett の検定に関するコメントは述べられていない．

3-8. ノンパラ型 Dunnett の検定は低検出力

1994年：倍味および稲葉（1994）は「酵素阻害剤 X_1 の薬効評価に用いた多重比較検定法の問題点について」と題して発表した．その論文内容からノンパラ型 Dunnett の検定および Steel の検定による低用量群が統計学的有意になるための最小標本サイズ（強い用量反応を示し，同順位なしで各群の大きさは一定の場合）を**表5**に示した．この表からノンパラ型 Dunnett の検定は，低用量に有意差が検出できない可能性が極めて高い．

4群設定で有意差（$P<0.05$）が低用量群に認められる1群内動物数は，Steel の検定が4匹およびノンパラ型 Dunnett の検定が12匹である．

表 5. 低用量群が統計学的有意（$P<0.05$）になるための最小標本サイズ

手法	α	対照群を含めた群数									
		2	3	4	5	6	7	8	9	10	11	12
Dunnett 型順位和検定	5%	3	6	12	20	31	44	59	77	98	121	148
	1%	5	11	20	33	49	69	92	120	151	186	225
Steel の検定	5%	3	3	4	4	4	4	5	5	5	5	5
	1%	5	5	6	6	6	7	7	7	7	7	7

3-9. ノンパラ型 Dunnett の検定の疑問

1995 年：Kobayashi et al.（1995）は，「Questioning the usefulness of the non-parametric analysis of quantitative data by transformation into ranked data in toxicity studies」と題して JTS に発表した．ノンパラ型 Dunnett の検定は，用量依存性が認められる通常の毒性試験で低用量群に有意差が認められないことから，この使用は不適当であると述べている．すなわち，通常の毒性試験，4 群設定でイヌ 4 匹およびラット・マウス 1 群 5〜20 匹の試験では，低用量群に統計学的有意差が検出できないことを指摘している．動物数が 1 群 50 匹のがん原性試験でも同一順位および大小の順位が各群に入り組んでいることから同様の結果となる．実際，78〜104 週に生存しているラット・マウスは，対照群でさえ 35 匹程度である．

3-10. データ変換は毒性試験に不適当

1995 年：イギリスのエジンバラ大学の Dr. Finney（1995）から JTS 編集委員へ Letter to the editor が提出された．内容は，上記の Kobayashi et al.（1995）の論文についてである．彼は，「毒性試験で分散の違いは驚くことではない」といっている．したがって，等分散に関係なく Dunnett の多重比較検定を含めた分散分析によって解析を推奨している．もちろんデータを順位などに変換しているノンパラ型 Dunnett の検定を否定している．

3-11. 新しい決定樹の発表

1998 年：Hamada et al.（1998）は，新しい決定樹を発表した．表題は「Three-type algorithm for statistical analysis in chronic toxicity studies」である．ノンパラ型 Dunnett の検定は採用していない．解析ツールは，Scatter plots or box-plot, Bartlett, Log-transformation, Bartlett test for log data, Check outliers: absolute maximum value of Studentized residual, Dose-dependency [regression (1%)] Linearity (model fitness) および Comparison with control [Dunnett (5%)] である．

3-12. Separate ranking 法を推奨

1999 年：阿部，岩崎（1999）は，「ノンパラメトリック多重比較法には，separate ranking もしくは joint ranking を用いる二つの流儀がある．joint ranking では，その対比型により第 1 種の過誤確率が制御されない場合があるため，ここでは separate ranking を使用した手法のみを考慮する．この場合，基礎となる統計量として連続修正なしの Wilcoxon 統計量が使用される．Dunnett 型対比を扱う Steel 法，Tukey 型対比の Steel-Dwass

法などがこれに相当する」と述べている．

3-13．新しい決定樹の提案
2000年：小林ら（2000）は，新しい決定樹を産衛誌に発表した．表題は「げっ歯類を用いた毒性試験から得られる定量値に対する新決定樹による統計処理の提案」である．ノンパラ型 Dunnett の検定は採用していない．解析ツールは，Bartlett's test, Dunnett's multiple comparison test および Steel の検定である．

3-14．新しい決定樹の発表
2000年：榊ら（2000）製薬協ワーキンググループ（17名）は，新しい決定樹を JTS に発表した．表題は「ラット反復投与毒性試験における計量値データ解析法」である．ノンパラ型 Dunnett の検定は採用していない．解析ツールは，Williams および Steel の検定である．

3-15．新しい決定樹の発表
2000年：Takizawa ら（2000）によってノンパラ型 Dunnett の検定に代わりに Steel およびパラメトリック検定の Dunnett および Williams test を採用した解析法が DIA（Drug Information Association）から発表された．表題は「A study on the consistency between flagging by statistical tests and biological evaluation」で，この手法は，榊ら（2000）の決定樹と同様である．

3-16．ノンパラ型 Dunnett の検定の一考察
2001年：松田（2001）による「毒性のためのデータ解析に対するコメント」の中で決定樹の個々の分岐に関する問題点が指摘された．「順位の種類で，多群のノンパラメトリックの手法において順位を付ける方法は二つある．比較する2群ごとに順位を付け直すセパレート・ランキングと全体でまとめて順位を付けるジョイント・ランキングである．手法の例をあげると Dunnett の方法に対する手法は，それぞれ Steel の方法と Dunnett の方法のノンパラ版となる．一般的にセパレート・ランキングは近接した処理間の比較に強く，ジョイント・ランキングは離れた処理間の検出に強い．しかし，ジョイント・ランキングは2群の比較に関してほかの群の影響があるため有意水準が保たれない場合があることが知られている．したがって，セパレート・ランキングを用いるのがよい」と述べている．

3-17．新しい決定樹の提案
2008年：Kobayashi *et al.*,（2008a）は，新しい決定樹を提案した．表題は「Do we need to examine the quantitative data obtained from toxicity studies for both normality and homogeneity of variance?」である．ノンパラ型 Dunnett の検定は，採用していない．解析ツールは，Shapiro-Wilk's W test の正規性検定，Dunnett の多重比較検定および Student's t test である．

3-18. ノンパラ型 Dunnett の検定の使用状況

2008 年：化審法による 122 の既存化学物質に対するラットを用いた 28 日間反復投与毒性試験に使用されている決定樹を調査した結果（表 6），ノンパラ型 Dunnett の検定，Steel の検定および Mann-Whitney の U 検定がそれぞれ 67，30 および 20 試験であった．残り 5 試験は，等分散検定をせず Dunnett の多重比較検定および t 検定系（回復期間）で解析していた（Kobayashi et al., 2008b）．なおこの試験の実施は，1992～2004 年であった．1997 年以前は，Steel の検定が採用されず，その後，徐々に増加している傾向であった．またこの調査期間の毒性試験によっては，解析法に改良がない受託試験施設があった．

表 6．化審法 28 日間反復投与毒性試験に使用されているノンパラ型 Dunnett の検定の試験数

ノンパラメトリック解析法	試験数	比
ノンパラ型 Dunnett の検定	67	100
Steel の検定	30	74
Mann-Whitney の U 検定	20	

3-19. ジョイント型およびセパレート型 Dunnett の検定の表記

2009 年：Kobayashi（2009）は，「Views inspired from a recent paper: Recommendation on the nonparametric Dunnett test using collaborative work on the evaluation of ovarian toxicity」と題して，JTS へ Letter to the editor として意見を述べた．

その内容は，2009 年の 34 巻特別掲載号に種々の試験機関による卵巣毒性試験が共同毒性試験による 18 毒性試験報告書（17 被験物質）に掲載された論文に対する意見である．多重性を考慮したノンパラメトリック検定は，表現法が異なる場合がある．したがって，出典を明記することが必要となる．共同試験の性格から同一の解析法で解析を願いたい．

不等分散後の対照群と各用量群の比較は，Dunnett の表記で Non-parametric Dunnett が 4 試験，Dunnett's (mean) rank test が 6 試験および Dunnett-type rank test が 2 試験であった．Steel の検定は，4 報告書で，その内出典を明記している報告書は 1 試験であった．ノンパラ型 Dunnett の検定は，ジョイント型とセパレート型の 2 種類があり後者は，Steel の検定と同一である．前者は，ジョイント型で用量依存性を示した場合でも，低用量群（10 匹程度 / 群）に統計学的有意差を検出できない．

3-20. Dunnett のノンパラメトリック版は Steel の検定

2009 年：Aoki は，「表記」のように述べている．

3-21. ジョイント型およびセパレート型 Dunnett の検定の検出力

2010 年：順位和検定を使用する場合，あらかじめ 1 群内の動物匹数がいくつあれば低用量群に有意差が検出できるか把握する必要がある．各順位和検定で最高の用量依存性を示した場合，統計学的有意差の検出できる群内最低動物匹数を表 7 に示した．

Mann-WhitneyのU検定を除いては，多群間検定である．有意差が検出できる動物数は，ジョイント型Dunnettが15匹でセパレート型Dunnett（Steelの検定）の検定が4匹である．Steelの検定の検出力は，Mann-WhitneyのU検定とほぼ同一である（小林ら，2010）．したがって，Steelの検定のプログラムがない場合，Mann-WhitneyのU検定を使用して差し支えない．Steelの検定は，阪大フリーソフト（2014）が使用できる．

表7．順位和検定で有意差（$P<0.05$）の検出できる群内最低動物匹数

多重比較検定法	対照群を含めた群数	
	4	5
Scheffé type	22	40
Hollander-Wolfe（Dunn's test）*	19	30
Tukey type	18	32
Dunnett type	15	26
Williams-Wilcoxon	8	12
Steel	4	6
Mann-Whitney U（2群間検定）	3	

*Hollander, M. and Wolf, D.A. (1973).

表7の順位和検定の中で国際的に使用されている検定法は，Williams-Wilcoxon, Dunn's test（ノンパラ型Dunnettの検定に比較して検出力がかなり低い），Steelおよび2群間検定のMann-WhitneyのUとWilcoxon検定である．Type（型）が付いている検定は，日本のみで使用されている．Dunn's test（Dunn, 1964）は，米国NTPテクニカルレポートに経験的非対称な分布の定量値に対して常用されている．

3-22．セパレート型Dunnettの検定（Steelの検定）の推奨

2010年：情報統計研究所のHPに「脂肪食餌を与えた群との血清Cholesterol（mg%）の仮想データで検証してみましょう」を紹介する．

「3群以上のノンパラメトリック法における多重比較において，Steel's testは，対照群とその対照群と比較される他群との対比較検定です．Steel's testはセパレート型Dunnett（separate type）といわれ，ジョイント型Dunnett（joint type）とは区別されます．用量に依存する試験データでのノンパラメトリックでは，セパレート型DunnettであるSteelを用います．ジョイント型Dunnettは，用量反応データでの使用に問題があります．このように，ノンパラメトリックによるジョイント型Dunnettでは検出力が低く，用量反応性では注意が必要です．ここはSteel's testを用いるのが無難でしょう」と述べている．

3-23．日本と世界の統計解析の違い

2010年：それでは日本のげっ歯類を用いた毒性試験に使用されている統計解析法は，外国の解析法と比較して異なっているのか？　この調査を世界45国127試験（対照群を含めて3群以上を設定）について，解析法を国別にクラスター分析によって解析（Kobayashi et al., 2011）した．調査結果，日本の解析法は，世界の解析法と比較して距離（違

い)(第 15 章の図 15-2)があることが認められた.
　第 15 章の表 15-3 に各クラスター内の日本の毒性試験数を示した.距離がある理由は,一般的に使用されているパラメトリック検定の Dunnett の多重比較検定に加えて極めて検出力の低いパラメトリック検定の Scheffé の多重範囲検定およびノンパラ型 Dunnett の検定とノンパラ型 Scheffé の検定のツールを一つの決定樹に使用していることにある.

4. 考察

　低検出力のノンパラ型 Dunnett の検定の使用状況についての変遷を述べてきた.最近の毒性試験の報告書には,これに代わって Steel の検定が主流を占めている.最近の毒性試験で Steel の検定を使用している 3 論文(Yoshida et al., 2011, Wako et al., 2010, and Hagiwara et al., 2010) を紹介する.
　毒性試験は,NOEL(NOAEL)および LOEL(LOAEL)の設定が目的であることから,不等分散後の低用量に有意差が検出できないノンパラ型 Dunnett の検定の採用は,不適当と考える.
　この検定法が長期間多く使用された理由は,多重性を考慮したことに加えて,低用量群を NOEL としたい願望とその検定法を使用して何ら審査側および論文査読者からの指摘がないことが原因である.現在世界の流れは,NOAEL の設定であることから検出力の高い Steel の検定を用い,もし統計学的有意差が低用量を含めた用量群に認められた場合は,背景値との比較(Kobayashi et al., 2010),関連項目の変化の有無および病理学的検査結果との整合性などを吟味し,試験責任者は,被験物質の影響を判断してほしい.統計学的有意差マーク($*$)は,毒性を示唆するかも知れない目印(flagging)として考える.
　諸外国では,3 群以上の多群設定で不等分散の場合,Mann-Whitney の U 検定を使用している毒性試験報告書が多い.この検定の検出力は,多重性を考慮していないが Steel の検定とほぼ同程度であることから妥当と考える.また Steel の検定の弱点は,高用量群に対して検出力がやや低いことである.しかし,著者は,毒性試験の用量設定(公比)から低用量群に有意差が認められれば,多くは高(中)用量群にも有意差が認められることから,Steel の検定の使用は問題が無いと考える.
　また著者は,統計解析を設定する場合,動物匹数を考慮に入れて低用量に統計学的有意差が検出できるか確認した後,試験計画書に記載することを願う.
　最後にもし不等分散($P<0.05$)によってノンパラメトリック検定(順位和検定)を採用した場合,その旨を表中に記載するべきである(小林, 1993).例えば,対照群の平均値±標準偏差の後にノンパラメトリック検定(順位を検定)の略号 N を付し,できれば平均順位の表示も願いたい.

◎引用論文および資料
・阿部研自,岩崎　学(1999):多重比較法における不等分散の影響評価.応用統計学, **28**(2), 55-79.
・小林克己(1983):ダンネットの多重比較検定法について.医薬安全性研究会, **10**, 11-15.
・小林克己(1993):ゲッ歯類を用いた長期安全性試験から得られる定量データの取り扱い —— 多群

間で不等分散を示した一事例 ――．浜松医科大学紀要 第 7 号，105-111．
・小林克己，北島省吾（1995）：ビーグル犬を用いた毒性試験から得られる定量データの取り扱い　第二報：バートレットの等分散検定による有意差検出率．静岡実験動物研究会会報，**22**，21-24．
・小林克己，金森雅夫，大堀兼男，竹内宏一（2000）：げっ歯類を用いた毒性試験から得られる定量値に対する新決定樹による統計処理の提案．産衛誌，**42**，125-129．
・小林克己，櫻谷祐企，阿部武丸，西川　智，山田　隼，広瀬明彦，鎌田栄一，林　真（2010）：毒性試験から得られる定量値に対する有効数値の桁数の差違および Mann-Whitney の U 検定と Wilcoxon の検定の有意差検出の違い．*PHARMASTAGE*，**10**(3)，45-48．
・榊　秀之，五十嵐俊二，池田高志，今溝　裕，大道克裕，門田利人，川口光裕，瀧澤　毅，塚本　修，寺井　裕，戸塚和男，平田篤由，半田　淳，水間秀行，村上善記，山田雅之，横内秀夫（2000）：ラット反復投与毒性試験における計量値データ解析法．*J. Toxicol. Sci.*，**25**，app.71-81．
・佐久間昭（1981）：薬効評価 ― 計画と解析 II．pp.22-27，東大出版会，東京．
・情報統計研究所のインターネット・ホームページ：http://nurse.blog.ocn.ne.jp/farm/2010/08/50_b1cf.html（Accessed August 11, 2014）．
・野村　護（1994）：一般毒性試験の統計手法における国際比較 ―― 現状と問題 ――．医薬安全性研究会，**40**，1-32．
・倍味　繁，稲葉太一（1994）：酵素阻害剤 X_1 の薬効評価に用いた多重比較検定法の問題点について．医薬安全性研究会，**40**，33-36．
・大阪大学微生物病研究付属遺伝情報実験センターのフリーソフト：http://www.gen-info.osaka-u.ac.jp/testdocs/tomocom/steel.html（Accessed August 11, 2014）．
・松田眞一（1992）：例数不揃いの場合のノンパラメトリックな多重比較について．医薬安全性研究会，**35**，6-11．
・松田眞一（2001）：毒性のためのデータ解析に対するコメント．医薬安全性研究会，**46**，38．
・山崎　実，野口雄次，丹田　勝，新谷　茂（1981）：ラット一般毒性試験における統計手法の検討（対照群との多重比較のためのアルゴリズム）．武田研究所報，**40**，No. 3/4，163-187．
・吉村　功 編著（1987）：毒性・薬効データの統計解析．サイエンティスト社，東京．
・吉村　功・大橋靖雄責任編集（1992）：毒性試験のデータ統計解析．地人書館，東京．
・AOKI：http://aoki2.si.gunma-u.ac.jp/lecture/mb-arc/arc042/10838.html (Accessed October 10, 2014).
・Dunn, O.J. (1964): Multiple comparisons using rank sums. *Technometrics*, **6**, 241-252.
・Finney, D.J. (1995): Thoughts suggested by a recent paper: Questions on non-parametric analysis of quantitative data (letter to the editor). *J. Toxicol. Sci.*, **20**, 165-170.
・Hagiwara, A., Imai, N., Doi, Y., Sano, M., Tamano, S., Omoto, T., Asai, I., Yasuhara, K., and Hayashi, S. (2010): Ninety-day oral toxicity study of rhamsan gum, a natural food thickener produced from *Sphingomonas* ATCC 31961, in Crl: CD (SD) IGS rats. *J. Toxicol. Sci.*, **35**(4), 493-501.
・Hashimoto, K., Imai, K., Yoshimura, S., and Ohtaki, T. (1981): Toxicity evaluation of a potential inhibitor of angiotension I converting enzyme, 3. Twelve months studies on the chronic toxicity of captopril in rats. *J. Toxicol. Sci.*, **6**, Supp. II. 215-246.
・Hamada, C., Yoshino, K., Matsumoto, K., Nomura, M., and Yoshimura, I. (1998): Three-type algorithm for statistical analysis in chronic toxicity studies. *J. Toxicol. Sci.*, **23**, 173-181.
・Hirayama, H., Wada, S., Shikuma, H., Kurimoto, T., Shoji, S., Okuma, Y., Kida, M., Harada, H., and Machida, N. (1982): Acute toxicity and subacute oral toxicity tests of thymoxamine hydrochloride (M-101) in rats. *Kiso-torinsho*, **16**, 1147-1173.
・Hollander, M. and Wolf, D.A. (1973): Non-parametric statistical methods. pp.124-129. John Wiley, New York.
・Imoto, S., Yahata, A., Kosaka, M., Kamada, S., Takeuchi, M., Shinpo, K., Sudo, J., and Tanabe, T. (1985): Peri- and postnatal study on halopredone acetate in rats. *J. Toxicol. Sci.*, **10**, Supp. I, 105-122.
・Kobayashi, K. (2009): Views inspired from a recent paper: Recommendation on the nonparametric Dunnett

test using collaborative work on the evaluation of ovarian toxicity. *J. Toxicol. Sci.*, **34**(3), 355-356. (letter to the editor).
- Kobayashi, K., Watanabe, K., and Inoue, H. (1995): Questioning the usefulness of the non-parametric analysis of quantitative data by transformation into ranked data in toxicity studies. *J. Toxicol. Sci.*, **20**, 47-53.
- Kobayashi, K., Pillai, K.S., Suzuki, M., and Wang, Jie (2008a): Do we need to examine the quantitative data obtained from toxicity studies for both normality and homogeneity of variance? *J. Environ. Biol.*, **29**(1), 47-52.
- Kobayashi, K., Pillai, K.S., Sakuratani, Y., Abe, T., Kamata, E., and Hayashi, M. (2008b): Evaluation and assessment of statistical tools used in short-term toxicity studies with small number of rodent. *J. Toxicol. Sci.*, **33**(1), 97-104.
- Kobayashi, K., Sakuratani, Y., Abe, T., Nishikawa, S., Yamada, J., Hirose, A., Kamata, E., and Hayashi, M. (2010): Relation between statistics and treatment-related changes obtained from toxicity studies in rats: if detected a significant difference in low or middle dose for quantitative values, this change is considered as incidental change? *J. Toxicol. Sci.*, **35**(1), 79-85.
- Kobayashi, K., Pillai, K.S., Guhatakurta, S., Cherian, K.M., and Ohnishi, M. (2011): Statistical tools for analysing the data obtained from repeated dose toxicity studies with rodents: A comparison of the statistical tools used in Japan with that of used in other countries. *J. Environ. Biol.*, **32**(1), 11-16.
- Levene, H. (1960): Robust tests for equality of variances. In Contributions to Probability and Statistics. (Olkin, I., Ghurye, G., Hoeffding, W., Madow, W.G., and Mann, H.B., eds.), pp.278-292, Stanford University Press, California.
- Maita, K., Hirano, M., Mitsumori, K., Takahashi, K., and Shirasu, T. (1981): Subchronic toxicity studies with zinc sulfate in mice and rats. *J. Pesticide Sci.*, **6**, 327-336.
- Mitsumori, K., Usui, T., Takahashi, K., and Shirasu, Y. (1979): Twenty-four month chronic toxicity studies of dichlorodiisopropyl ether in mice. *J. Pesticide Sci.*, **4**, 323-336.
- Shimazu, H., Takeda, K., Onodera, C., Makita, I., Hashi, T., Yamazoe, T., Kubota, Y., Tanigawa, H., Ohkuma, S., Shinpo, K., and Takeuchi, M. (1980): Intravenous chronic toxicity of lentinan in rats: 6-month treated and 3-month recovery. *J. Toxicol. Sci.*, **5**, Supp.33-57.
- Shinpo, K., Yokoi, Y., and Fujiwara, S. (1981): General toxicity of α, β-adrenoceptor-blocking agent labetalol hydrochloride, 3th. 90-day oral administration toxicity and recovery studies in rats. *J. Toxicol. Sci.*, **6**, 37-59.
- Steel, R.G.D. (1959): A multiple comparison rank sum test: Treatments versus control. *Biometrics*, **15**, 560-572.
- Takeuchi, M., Iwata, M., Kiguchi, M., Kaga, M., and Shimpo, K. (1984): Chronic toxicity study of AC-1370 sodium, an antibiotics, intravenously administration in rats. *J. Toxicol. Sci.*, **9**, 363-388.
- Takizawa, T., Igarashi, T., Imamizo, H., Ikeda, T., Omachi, K., Kadota, T., Kawata, M., Sakaki, H., Terai, H., Tsukamoto, O., Totsuka, K., Handa, J., Hirata, A., Mizuma, H., Murakami, Y., Yamada, M., and Yokouchi, H. (2000): A study on the consistency between flagging by statistical tests and biological evaluation. *Drug Information Journal*, **34**, 501-509.
- Wako, K., Kotani, Y., Hirose, A., Doi, T., and Hamada, S. (2010): Effects of preparation methods for multi-wall carbon nanotube (MWCNT) suspensions on MWCNT induced rat pulmonary toxicity. *J. Toxicol. Sci.*, **35**(4), 437-446.
- Yoshida, M., Takahashi, M., Inoue, K., Nakae, D., and Nishikawa, A. (2011): Lack of chronic toxicity and carcinogenicity of dietary administrated catechin mixture in Wistar Hannover GALAS rats. *J. Toxicol. Sci.*, **36**(3), 297-311.

> **調査報告2．ラットを用いた短期反復投与毒性試験の低用量群に統計学的有意差が検出される割合**

要約：毒性試験の試験責任者は，低用量を無影響量と推測し試験群を設定する．しかし，低用量群に統計学的有意差が散見される毒性試験は少なくない．公開化審法によるラットを用いた109の28日間反復投与毒性試験を調査し，低用量群に統計学的有意差（$P<0.05$）が認められる数とその割合を調査した．その結果，低用量群には205/12167（1.5%）の有意差が認められた．次に検査項目別では，尿検査が3.3%と高く，そのほかの検査項目の血液学的検査，血液性化学的検査，器官重量および器官重量・体重比は，1.1−1.8%程度であった．最近のガイドラインは，測定項目が増加している．増加した分5%水準で統計学的有意差は検出される．調査結果，著者は，低用量群の有意差検出率が2%（最大<5%）以下であれば試験が成立したと考える．

1．はじめに

げっ歯類を用いた毒性試験は，医薬品，農薬，動物用医薬品および一般化学物質についてそれぞれの所轄の官庁が定めたガイドラインによって実施されている．これら毒性試験の目的は，無影響量（NOEL）または無毒性量（NOAEL）の把握である．試験責任者は，用量設定予備試験の結果から本試験の各用量を決定する．そして本試験では，低用量群を無影響量と願い試験を開始する．本試験終了後，各測定項目について統計学的および毒性学的有意差から無毒性量を決定する．しかし，これら毒性試験では，低用量群に統計学的有意差が認められる測定値が散見される．この場合は，背景値との比較，用量依存性の有無および関連項目との整合性などを吟味して無毒性量を決定する．本調査報告の目的は，既存化学物質に対するラットを用いた短期の28日間反復投与毒性試験から低用量群にどの程度の統計学的有意差（$P<0.05$）が検出されているかを調査し，若干の考察を加え，試験責任者の知見にしていただきたい．登録時審査側からの質問に対して本論文を活用してほしい（出典はp226参照）．

2．調査材料および方法

化審法ガイドライン（NITE）によるラットを用いた109の28日間反復投与毒性試験をインターネット（厚生労働省(a)）から取得した．調査したこれら毒性試験の基本的群構成を表1に示した．主な解析データは，投与後28日後の定量値を用いた．各群の構成は，対照群を含めて4および5群（37試験）であった．多くの試験の1群内動物数は，5匹程度で，用量の公比は，3がもっとも多かった．被験物質の投与は，全て胃ゾンデによる強制経口投与であった．

表1．試験群の構成と供試動物匹数

群	供試動物匹数	
	28日間の投与期間	14日間の回復期間
対照	10	5
低用量	5	−
中用量	5	−
高用量	10	5

表2に統計解析に使用した主な解析手法（Kobayashi *et al*, 2008）を示した．この解析によって有意差（$P<0.05$）が認められた検査項目を用量ごとに集計した．

表2．げっ歯類を用いた28日間の反復投与毒性試験に使用された統計解析ツール

パラメトリック検定	ノンパラメトリック検定
Bartlettの等分散検定，分散分析，Dunnett，ScheffèおよびDuncanの多重範囲検定	Kruskal-Wallisの検定，Dunnett型およびScheffè型ノンパラメトリック検定，Steelの多重比較検定

調査に用いた検査項目（定量値）は，表3に示した．体重，飼料摂取量および飲水量などのデータはグラフによる開示のみで，これらのデータは，もし統計学的有意差が認められても経時的変化によって考察ができることから除外した．また尿検査および病理解剖・組織学的検査成績の定性データは，例数が少ないことから除外した．

表3．調査に用いた主な検査項目

検査項目	主な測定項目
行動機能観察（FOB）	握力，開脚幅および経時的自発運動量
尿検査	尿量，比重，浸透圧，Na，K，Cl
血液学的検査	白血球数およびその分画比，赤血球数，ヘモグロビン濃度，ヘマトクリット値，平均赤血球容積，平均赤血球血色素量，平均赤血球血色素濃度，血小板数，プロトロンビン時間，活性化部分トロンボプラスチン時間など
血液生化学的検査	総蛋白濃度，総コレステロール濃度，ブドウ糖濃度，尿素窒素濃度，クレアチニン濃度，アルカリフォスファターゼ活性，GOT活性，GPT活性，γ-GTP活性，トリグリセライド濃度，無機リン濃度，カルシウム濃度，A/G，ナトリウム濃度，カリウム濃度および塩素濃度など．一部の試験には骨髄検査による白血球分画および電気泳動による蛋白分画検査を実施している
器官重量および体重に対する相対重量比	脳，甲状腺，胸腺，心臓，肺，肝臓，脾臓，腎臓，副腎，精巣，卵巣など

3．調査結果および考察

調査試験109報ごとの対照群に対する低用量，中用量，高用量および最高用量群の5%水準による有意差検出数とその割合を表4示した．1試験の調査項目は，平均111であった．対照群に対する有意差検出数とその割合は，低用量群，中用量群，高用量群および最高用量群がそれぞれ1.6，3.4，10および17%と用量依存性が顕著に認められた．

無影響量として設定した低用量群は，最大 8.4%，最小 0.0%，最頻値 0.0% で平均 1.6% の有意差が認められた．試験によって大きなばらつきが認められた．低用量群にまったく統計学的有意差が認められなかった試験は 30/109（28%）であった．

表 4．化審法 28 日間反復投与毒性試験から得られた定量値に対する有意差（$P<0.05$）検出数およびその割合（その 1，試験別からの結果）

試験番号	測定項目数	有意差検出数および（%）			
		低用量群	中用量群	高用量群	最高用量群
1	120	0 (0.0)	2 (1.7)	4 (3.3)	10 (11)
2	104	6 (5.7)	5 (4.8)	4 (3.8)	—
3	108	1 (0.9)	2 (1.8)	3 (2.7)	—
4	128	2 (1.5)	10 (7.8)	23 (18)	—
5	98	4 (4.8)	10 (10)	17 (17)	—
6	120	0 (0.0)	4 (3.3)	10 (8.3)	24 (20)
7	146	2 (1.3)	6 (4.1)	42 (28)	—
8	118	1 (0.8)	1 (0.8)	0 (0.0)	1 (0.8)
9	118	1 (0.8)	2 (1.6)	27 (22)	—
10	116	1 (0.8)	10 (8.6)	26 (22)	—
11	116	2 (1.7)	10 (8.6)	26 (22)	—
12	156	3 (1.9)	11 (7.0)	36 (23)	—
13	106	2 (1.8)	5 (4.7)	30 (28)	—
14	100	7 (7.0)	11 (11)	23 (23)	—
15	100	2 (2.0)	2 (2.0)	2 (2.0)	—
16	128	3 (2.3)	10 (7.8)	44 (34)	—
17	96	5 (5.2)	0 (0.0)	4 (4.1)	—
18	118	2 (1.6)	0 (0.0)	1 (0.8)	4 (3.3)
19	114	0 (0.0)	1 (0.8)	1 (0.8)	—
20	102	4 (3.9)	1 (0.9)	6 (5.8)	—
21	94	3 (3.1)	6 (6.3)	2 (2.1)	—
22	128	0 (0.0)	2 (1.5)	23 (17)	—
23	136	3 (2.2)	7 (5.1)	11 (8.0)	—
24	76	1 (1.3)	2 (2.6)	5 (6.5)	21 (27)
25	110	2 (1.8)	5 (4.5)	17 (15)	—
26	118	0 (0.0)	0 (0.0)	0 (0.0)	4 (3.3)
27	116	0 (0.0)	2 (1.7)	9 (7.7)	23 (19)
28	100	2 (2.0)	4 (4.0)	37 (37)	—
29	158	5 (3.1)	12 (7.5)	31 (19)	—
30	120	0 (0.0)	2 (1.6)	10 (8.3)	—
31	134	0 (0.0)	0 (0.0)	4 (2.9)	16 (11)
32	126	1 (0.7)	6 (4.7)	12 (9.5)	30 (23)
33	106	3 (2.8)	1 (0.9)	23 (21)	—

34	128	0 (0.0)	3 (2.3)	3 (2.3)	38 (29)
35	118	0 (0.0)	9 (7.6)	24 (20)	40 (33)
36	54	0 (0.0)	2 (3.7)	9 (16)	−
37	106	0 (0.0)	2 (1.8)	6 (5.6)	−
38	122	1 (0.8)	5 (4.0)	44 (36)	−
39	100	6 (6.0)	17 (17)	27 (27)	−
40	104	1 (0.9)	3 (2.8)	7 (6.7)	−
41	104	2 (1.9)	4 (3.8)	9 (8.6)	−
42	106	3 (2.8)	1 (0.9)	25 (23)	−
43	151	2 (1.3)	9 (2.9)	31 (20)	−
44	106	2 (1.8)	9 (8.4)	3 (2.8)	−
45	112	3 (2.6)	9 (8.0)	18 (16)	−
46	86	0 (0.0)	5 (5.8)	14 (16)	30 (34)
47	104	2 (1.9)	0 (0.0)	7 (6.7)	−
48	70	0 (0.0)	1 (1.4)	0 (0.0)	−
49	50	0 (0.0)	2 (4.0)	9 (18)	30 (60)
50	74	0 (0.0)	1 (1.3)	0 (0.0)	−
51	132	3 (2.2)	5 (3.7)	9 (6.8)	−
52	142	12 (8.4)	11 (7.7)	7 (4.9)	−
53	94	1 (1.0)	2 (2.1)	2 (2.1)	−
54	116	5 (4.3)	7 (6.0)	3 (2.5)	−
55	98	7 (7.1)	3 (3.0)	23 (23)	−
56	104	6 (5.7)	12 (11)	21 (20)	−
57	88	2 (2.2)	1 (1.1)	6 (6.8)	−
58	98	0 (0.0)	0 (0.0)	8 (8.1)	−
59	100	0 (0.0)	0 (0.0)	1 (1.0)	8 (8.0)
60	104	2 (1.9)	8 (7.6)	37 (35)	58 (55)
61	96	1 (1.0)	7 (7.2)	16 (16)	−
62	128	1 (0.7)	3 (2.3)	25 (19)	−
63	138	2 (1.4)	6 (4.3)	49 (35)	−
64	128	1 (0.7)	1 (0.7)	12 (9.3)	−
65	130	0 (0.0)	3 (2.3)	9 (6.9)	33 (25)
66	104	0 (0.0)	6 (5.7)	42 (40	−
67	94	6 (6.3)	3 (3.1)	4 (4.2)	−
68	106	3 (1.8)	3 (1.8)	3 (1.8)	−
69	110	0 (0.0)	0 (0.0)	2 (1.8)	21 (19)
70	122	0 (0.0)	2 (1.6)	4 (3.2)	0 (0.0)
71	162	1 (0.6)	2 (1.2)	9 (5.5)	−
72	136	1 (0.7)	3 (2.2)	18 (13)	−
73	104	1 (0.9)	0 (0.0)	1 (0.8)	4 (3.8)
74	106	0 (0.0)	0 (0.0)	7 (6.6)	19 (25)

75	112	7 (6.2)	1 (0.8)	1 (0.8)	—
76	118	1 (0.8)	3 (2.5)	6 (5.0)	13 (11)
77	90	0 (0.0)	0 (0.0)	2 (2.2)	14 (15)
78	116	0 (0.0)	4 (3.4)	2 (1.7)	5 (4.3)
79	106	1 (0.9)	0 (0.0)	4 (3.7)	8 (7.5)
80	62	2 (3.2)	2 (3.2)	2 (3.2)	3 (4.8)
81	96	1 (1.0)	1 (1.0)	0 (0.0)	—
82	124	3 (2.4)	3 (2.4)	30 (24)	53 (42)
83	110	1 (0.9)	3 (2.7)	13 (11)	—
84	100	1 (1.0)	1 (1.0)	2 (2.0)	—
85	102	1 (0.9)	2 (1.9)	2 (1.9)	14 (13)
86	120	4 (3.3)	12 (10)	15 (12)	29 (24)
87	162	1 (0.6)	4 (2.4)	16 (9.8)	—
88	134	3 (2.2)	1 (0.7)	3 (2.2)	17 (12)
89	90	1 (1.1)	2 (2.2)	2 (2.2)	—
90	108	1 (0.9)	2 (1.8)	1 (0.9)	—
91	100	2 (2.0)	2 (2.0)	4 (4.0)	—
92	92	0 (0.0)	0 (0.0)	0 (0.0)	2 (2.1)
93	110	2 (1.8)	5 (4.5)	21 (19)	33 (30)
94	100	0 (0.0)	0 (0.0)	1 (1.0)	—
95	104	1 (0.9)	1 (0.9)	1 (0.9)	—
96	104	5 (4.8)	11 (10)	22 (21)	—
97	98	4 (4.0)	5 (5.1)	19 (19)	—
98	114	0 (0.0)	0 (0.0)	8 (7.0)	43 (37)
99	118	3 (2.5)	3 (2.5)	0 (0.0)	—
100	88	1 (1.1)	1 (1.1)	1 (1.1)	—
101	118	3 (2.5)	3 (2.5)	12 (10)	—
102	120	1 (0.8)	0 (0.0)	3 (2.5)	18 (15)
103	116	0 (0.0)	1 (0.8)	1 (0.8)	14 (12)
104	150	1 (0.6)	6 (4.0)	15 (10)	—
105	134	5 (3.7)	7 (5.2)	14 (10)	—
106	100	0 (0.0)	0 (0.0)	6 (6.0)	11 (11)
107	136	1 (0.7)	1 (0.7)	4 (2.9)	—
108	130	2 (1.5)	4 (3.0)	16 (12)	31 (23)
109	116	1 (0.8)	1 (0.8)	2 (1.7)	9 (7.7)
試験数	109	109	109	109	37
合計	12167	205	414	1318	731/4074
平均値	111	1.6%	3.4%	10%	17%
最大値	162	8.4%	17%	36%	55%
最小値	54	0.0%	0.0%	0.0%	0.0%
最頻値		0.0%			

次に109試験の調査項目別に対照群に対する各用量群の統計学的有意差数およびその割合を表5に示した．表下段の合計は，表4の合計と一致する．検査項目中，尿検査は，他の検査項目に比較して群間を通して有意差が検出されやすいことが認められた．尿検査以外の検査項目の血液学的検査，血液生化学的検査，器官重量および器官重量・体重比は，各群内で大きな差が無かった．

表5．化審法28日間反復投与毒性試験から得られた定量値に対する有意差（$P<0.05$）検出数およびその割合（その2，測定項目からの結果）

測定項目	測定項目数	有意差検出数および（%）			
		低用量群	中用量群	高用量群	最高用量群
FOB	68	1（1.4）	3（4.4）	8（11）	1/10（10）
尿検査	392	13（3.3）	30（7.6）	81（20）	40/96（40）
血液学的検査	3586	56（1.5）	106（2.9）	318（8.8）	176/1198（14）
血液生化学的検査	4285	79（1.8）	163（3.8）	455（10）	267/1426（18）
器官重量	1928	22（1.1）	44（2.2）	188（9.7）	103/672（15）
器官重量・体重比	1908	34（1.7）	68（3.5）	268（14）	144/672（21）
合計	12167	205（1.6）	414（3.4）	1318（10）	731/4074（17）

定期解剖が投与開始後26，52，78および104週に設定されている長期の慢性毒性試験は，きわめて多くの測定値が得られる．このため低用量群には，偶発的な統計学的有意差（第1種の過誤）が検出されやすい．低用量群に統計学的有意差が認められた場合の無毒性量は，毒性学的有意差の有無を検討し設定したい．以上の調査結果から，著者は，全調査項目中，低用量群に統計学的有意差が認められる測定項目の割合が1〜2%（<5%）程度であれば試験が成立したものと考える．

慢性毒性・発がん性併合試験のように大きい試験は，きわめて測定項目が多い．加えて，最近の28日反復投与毒性試験は，機能観察総合検査（FOB）およびホルモンの定量が検査項目に追加されたことによって測定項目が極めて多い（厚生労働省(b)）．したがって，偶発的統計学的有意差が多く検出される．NOAEL設定のために濃度を下げての再試験は，困難な場合が多いことから毒性学的有意差を優先すること．

本論文は，Kobayashi *et al.*（2010）が韓国のジャーナル誌に投稿した和文版である．

◎引用論文および資料

・厚生労働省(a)：http://dra4.nihs.go.jp/mhlw_data/jsp/SearchPage.jsp (Accessed September 17, 2014).
・厚生労働省(b)：http://dra4.nihs.go.jp/mhlw_data/home/pdf/PDF123-63-7b.pdf (Accessed September 17, 2014).
・Kobayashi, K, Pillai, K.S., Sakuratani, Y., Abe, T., Kamata, E., and Hayashi, M. (2008): Evaluation of statistical tools used in short-term repeated dose administration toxicity studies with rodents. *J. Toxicol. Sci.*, **33**(1), 97-104.
・Kobayashi, K., Pillai, K.S., Michael, M., Cherian, K.M., and Ohnishi, M. (2010): Determining NOEL/NOAEL in repeated-dose toxicity studies, when the low dose group shows significant difference in quantitative data. *Lab. Anim. Res.*, **26**(2), 133-137.
・NITE：http://www.safe.nite.go.jp/kasinn/pdf/28test.pdf (Accessed September 17, 2014).

> 調査報告3．ラットを用いた短期反復投与毒性試験から得られた定量値の解析法：
> 中用量群のみ有意差が認められず用量依存性がない場合

要約：げっ歯類を用いた短期毒性試験から得られる定量データは，時折用量依存性を示さず対照群を含めて4用量設定中，中用量群のみに有意差が認められない場合ある．この場合の解析法を検索した．最良な手法は，用量依存性と対照群に対する有意差が一致した解析である．用量依存性を考慮したWilliamsの検定が最良の手法として挙げられる．しかし，閉手順であるWilliamsの検定は，測定値の平均値を解析しているのではなく推定値（該当群と次の用量群との平均値）である．またWilliamsの検定を採用した毒性試験は公開論文に検索できなかった．したがって，直線性的に対照群と増減が認められる場合は，Williamsの検定で差し支えない．また統計学的有意差が用量に依存していない場合は，Dunnettの多重比較検定で解析しJonckheereの傾向検定（Jonckheere, 1954）で用量依存性を吟味することを推奨する．

1．はじめに

毒性試験で得られるデータでは，群間で標本数および分布が群間で異なる場合がしばしば見受けられる．このような場合でも対照群と用量群との間で定量値の差を速やかに吟味するため，決定樹による解析手法が一般的に使用されている．日本では1982年代のはじめから毒性試験結果の統計解析に決定樹（小林ら，2001）が用いられるようになり，その後，手法に改良が加えられて現在に至っている．

本論文は，短期反復投与・生殖試験併合毒性試験で実施された試験の成績について種々吟味した．第9章の図9-1（山崎ら，1981）に示した決定樹によって4用量中，低用量および高用量群のみにDunnettの多重比較検定（以下Dunnettの検定と略す）によって有意差が認められた例をとりあげ考察した．またJonckheereの傾向検定の検出感度を把握するため，動物数および群数の変化および平均値の直線性の有無などについて種々検討した．

2．統計学的有意差と用量依存性

解析結果が肉眼的に用量依存性を示して，Dunnettの検定により有意差マークが認められた場合は問題がない．**表1**に毒性試験で常用しているDunnettの検定による解析例を示した．この結果から適切な解析法を検討する．なお以下の解析ソフトは，エクセル統計2008およびSAS JMPを使用した．

表1．対照群に対してDunnettの検定により有意差が検出された場合と肉眼的用量依存性の関係

群	例1	例2	例3	例4	例5	例6	例7
対照	○	○	○	○	○	○	○
低用量	●	○	○	●	●	○	●
中用量	●	●	○	○	●	●	○
高用量	●	●	●	○	○	○	●
検討	不要	不要	不要	必要	必要	必要	必要
肉眼的用量依存性	あり	あり	あり	なし	なし	なし	なし

対照群に対して，●は有意差あり，○は有意差なし．

用量依存性がもっとも把握できる仮想データ（**表2**）を用いてヨンクヒール・タプストラの傾向検定（Jonckheere-Terpstra Test，以下Jonckheereの傾向検定と略す）によって検討が必要な例4～7について用量依存性を検討した．この検定は，順位を使用するためDunnettの検定に使用したデータを順位化した数値を使用した．

表2．Jonckheereの検定による検討用データ（各群5匹）

各群の順位				
対照	低用量	中用量	高用量
---	---	---	---
1	6	11	16
2	7	12	17
3	8	13	18
4	9	14	19
5	10	15	20

表2のデータを利用し，各群を例4～7のパターンに調整して用量依存性を検討した結果を**表3**に示した．無調整の**表2**のデータは，例1に相当する．

表3．Jonckheere-Terpstra Testによる解析結果

P 値			
例4	例5	例6	例7
0.9108	0.6317	0.3682	0.0891
全て有意差なし			

例4～7までは全て用量依存性（傾向）は認められなかった．しかし，例5および7は，被験物質の影響が，例6では中用量からまた例7では高用量のみに認められる感がある．

毒性試験では，Jonckheereの傾向検定は，低用量に有意差が認められた場合，これを偶発的所見と判断するために常用されている．もちろん偶発所見と考察するためには，他の関連所見の変化を考察して総合的に判断することはいうまでもない．

なお例1～3までは，用量依存性が認められ（$P<0.05$）問題は生じない．例4～7までは，用量依存性が統計学的に無いとして，被験物質の影響がないと考察してもよいと

はいえない．特に例 5 および 7 は，試験責任者の考察に十分な配慮が必要となる．
　次に毒性試験は，用量に依存して一定方向にデータが傾くことを前提にした Williams の検定が榊らの報告（2000）にある．Williams の検定は，Dunnett, Tukey および Duncan の多重比較・範囲検定と同様に分散分析表の誤差項の分散を利用し Williams の棄却限界値（永田および吉田，1997）を使用する．この検定は，閉手順といわれ，最初に対照群と高用量群と比較し，有意差が無ければ全ての群で対照群に対して有意差なしと考察する．高用量群に有意差が認められる場合には順次の下の用量群（中用量群）と比較して有意差が無ければ解析は終了となる．中用量群に有意差が認められた場合は，次の下の低用量群と比較して有意差が無ければ解析は終了となる．**表 4** に**表 1** のデータを Williams の検定で解析した結果を示した．

表 4．表 1 を Williams の検定で解析した場合の NOEL（無影響量）

群	対照群に対して有意差						
	例 1	例 2	例 3	例 4	例 5	例 6	例 7
低用量	あり	なし	なし	あり	あり	なし	あり
中用量	あり	あり	なし	なし	あり	あり	なし
高用量	あり	あり	あり	なし	なし	なし	あり
NOEL/Williams の検定	<低用量	低用量	中用量	高用量	高用量	高用量	中用量

3．実際のデータの対処例

　表 5 に示したデータは，OECD TG 422 による雄ラットを用いた反復経口投与毒性・生殖発生毒性併合試験の結果である．データは，雄の計画と殺時の腎重量（実際のデータを若干改変）である．
　榊らの決定樹（2000）によれば Williams の検定は，動物数が不揃いでも 2 倍程度までであれば使用されているものの，それ以上に極端に変化している場合は，使用できないとされている（Williams, 1971, 1972）．この検定は，本来動物数が各群間で同一の場合に使用できる．しかし，この併合試験の雄では，サテライト群（回復群）用に対照群と高用量群は，5 匹残すためこのような匹数となる．化審法による雄ラットを用いた反復経口投与毒性・生殖発生毒性併合試験の例を**表 6** に示した．雌は動物数に変化がない．この試験は，Dunnett の検定で解析しているのでまったく問題ではない（念のため）．
　上述のように種々の解析結果と毒性学的有意差を考慮すると，この場合，Williams の検定を用いれば NOEL は低用量未満となる．中用量の有意差は，低用量の値を含んでいる．傾向検定では有意差が無い．高用量群では有意差が認められる．NOEL の判定は難しいが，Dunnett の検定を採用して，用量依存性の検定を採用し低用量の高値は偶発とみなして，NOEL を中用量とするのが妥当であろう．もちろん病理検査所見およびそのほかの関連項目を考慮して NOAEL（無毒性量）を決定したい．

表5．計画と殺時の腎重量

解析項目	試験群			
	対照	低用量	中用量	高用量
個体値（g）	2.558 2.789 2.764 2.707 2.793 3.041 3.000	3.269, 2.822 3.428, 3.656 3.083, 3.271 3.532, 3.348 3.546, 3.031 2.677 3.742 ―	3.116, 3.388 2.791, 2.911 2.981, 2.798 3.337, 3.208 2.432, 2.876 2.934, 2.703 ―	2.706 3.293 3.535 3.387 3.064 3.102 3.279
個体数	7	12	12	7
平均値±標準偏差	2.807±0.167	3.284±0.329	2.956±0.273	3.195±0.269
Bartlettの等分散検定	$P=0.4130$，有意差なし，等分散を示す			
Dunnettの検定		$P=0.0026$**	$P=0.5190$	$P=0.0332$*
Williamsの検定に用いる平均値	2.807	3.284	3.120	3.195
Williamsの検定		$P<0.05$*	$P<0.05$*	$P<0.05$*
Jonckheere-Terpstraの傾向検定	有意差なし			

*$P<0.05$, **$P<0.01$ from control group.

表6．雄の群では用量によって動物数が異なる試験例

		At the end of the administration				At the end of the recovery period	
Dose level （mg/kg）		0	30	100	300	0	300
Male						**Satellite male**	
Number of rats		7	12	12	7	5	5
Liver	Absolute	13.2±0.8	13.9±1.6	13.8±1.5	15.2±1.4*	13.1±0.8	13.2±1.3
	Relative	2.57±0.17	2.67±0.19*	2.66±0.14*	3.04±0.30**	2.56±0.09	2.65±0.25
Kidney		⋮	⋮	⋮	⋮	⋮	⋮
Thymus		⋮	⋮	⋮	⋮	⋮	⋮
Pregnant female						**Satellite female**	
Number of rats		12	12	12	12	5	5
Liver	Absolute	9.99±1.00	10.0±0.96	10.2±1.5	11.4±1.2**	8.83±0.62	8.55±1.22
	Relative	3.24±0.33	3.45±0.21	3.77±0.25	3.99±0.26**	2.51±0.10	2.74±0.20
Kidney		⋮	⋮	⋮	⋮	⋮	⋮
Thymus		⋮	⋮	⋮	⋮	⋮	⋮

次にWilliamsの検定のからくりを解明するために少数例を用いて解析する．

Williamsの検定（永田および吉田，1997）は，対照群に対して各用量の平均値に一定方向の増減がみられる場合，DunnettおよびTukeyの検定のように各群間の平均値の差を解析する．しかし，表7に示したように肉眼的に用量に依存性がない場合は，対照群に近い群との平均値を解析する．したがって，各群内動物数がほぼ同一の場合に使用するのが妥当であろう．

表7．ラットを用いた4週間反復投与毒性試験の肝重量（g）

群	ラット肝重量値，N=5，（合計値）	平均値±標準偏差	Dunnettの検定	Williamsの検定に用いる平均値	Williamsの検定結果
対照	10.7, 11.5, 11.6, 12.0, 11.0, (56.8)	11.36±0.51 (100.0)*		11.36 (100.0)*	
低用量	11.6, 12.3, 12.5, 12.3, 12.7 (61.4)	12.28±0.41 (108.1)	$P<0.05$	12.28 (108.1)	$P<0.05$
中用量	11.2, 11.5, 11.6, 11.5, 11.5 (57.3)	11.46±0.15 (100.9)	Not sig.	11.87 (104.5)	$P<0.05$
高用量	12.2, 12.5, 12.0, 11.9, 13.0 (61.6)	12.32±0.44 (108.5)	$P<0.05$	12.32 (108.5)	$P<0.05$

*対照群に対するパーセント．

以下にWilliamsの検定の計算を示した．

1）対照群 vs. 高用量群

$$\frac{61.4+57.3+61.6}{5+5+5}=12.02$$

$$\frac{57.3+61.6}{5+5}=11.89$$

$$\frac{61.6}{5}=12.32 \quad \leftarrow 一番大きいこの値を使用する．$$

$$t=\frac{11.36-12.32}{\sqrt{0.16375\left(\frac{1}{5}+\frac{1}{5}\right)}}=3.751 \qquad 0.16375は分散分析表の誤差項の分散を示す．$$

Williamsの**数表1**から，群数4，誤差項の自由度16（19−3=16）の値1.860と比較する．この場合計算値3.751は大きい．したがって，5%水準で有意差を示したことになる．

2）対照群 vs. 中用量群

$$\frac{61.4+57.3}{5+5}=11.87 \leftarrow \text{一番大きいこの値（中用量と低用量群の平均値）を使用する．}$$

$$\frac{57.3}{5}=11.46$$

$$t=\frac{11.36-11.87}{\sqrt{0.16375\left(\frac{1}{5}+\frac{1}{5}\right)}}=1.993$$

Williams の**数表 1** から，群数 3，誤差項の自由度 16 の値 1.831 と比較する．この場合計算値 1.993 は大きい．したがって，5% 水準で有意差を示したことになる．

3）対照群 vs. 低用量群

$$\frac{61.4}{5}=12.28$$

$$t=\frac{11.36-12.28}{\sqrt{0.16375\left(\frac{1}{5}+\frac{1}{5}\right)}}=3.595$$

Williams の**数表 1** から，群数 2，誤差項の自由度 16 の値 1.746 と比較する．この場合計算値 3.595 は大きい．したがって，5% 水準で有意差を示したことになる．

数表 1．Williams の分布表

誤差項の自由度	群数							
	2	3	4	5	6	7	8	9
15	1.753	1.839	1.868	1.882	1.891	1.896	1.900	1.903
16	**1.746**	**1.831**	**1.860**	1.873	1.882	1.887	1.891	1.893
17	1.740	1.824	1.852	1.866	1.874	1.879	1.883	1.885

解析結果は，**表 7** に示した．Williams の検定の結果，対照群と各用量群間で有意差が認められた．この例では，中用量群の平均値は，対照群と同程度と思える．低用量および高用量群は，対照群と差がありそうである．しかし，解析結果，中用量群に有意差が認められた．この理由は，中用量群の平均値の計算値が実測値の 11.46 ではなく中用量と低用量群の和の平均値の 11.87 である．中用量群の平均値を予測しているのである．

もし Williams の検定を用いた場合，試験責任者は，考察をどのよう記載するのであろうか？ **表 7** の「中用量群の平均値 11.87 は，対照群に対して 4.5% 有意に増加した」と考察するのだろうか？ Williams の検定は，用量にしたがって増減する場合は問題が無いが，そうでない場合は考察が困難であることがわかる．

4．Jonckheere の傾向検定

本検定を使用する場合，1群内動物数の変化による有意水準の変化を**表8**に示した．データは，各群ともほぼ一定の平均順位になるように群内動物数を調整した．計算結果，**表8**に示すように群内動物数が小さいほど有意差が検出されやすい．

表8．群内動物数の変化による Jonckheere の傾向検定の有意差検出パターン

動物数/群	平均順位				有意水準（P）
	対照群	低用量群	中用量群	高用量群	
4	7	8	9	10	0.131
8	15	16	17	18	0.209
10	19	20	21	22	0.234
20	39	40	41	42	0.303
30	59	60	61	62	0.336

次に各群内動物数が5および10匹の場合で，同一順位が無く対照群に対して低用量および中用量群に有意差（5%水準）が認められず，対照群に対して高用量群のみに有意差が認められた場合の用量依存性を Jonckheere の傾向検定で解析した有意差検出パターンを**表9**に示した．対照群に対して有意差のパターンは，順位化したデータのため，Steel の多重比較検定を用いた．実測値の場合は，Dunnett の検定と置き換えられる．

表9．高用量群のみ有意差が認められる場合，群内動物数の違いによる Jonckheere の傾向検定の有意差検出パターン

群	対照群に対して有意差のパターン		N＝5/群 平均順位			
対照	○		7.0	8.0	9.0	9.0
低用量	○	（なし）	8.0	7.0	7.0	8.0
中用量	○	（なし）	9.0	9.0	8.0	7.0
高用量	●	（あり）	18.0	18.0	18.0	18.0
有意水準（P）			0.0012**	0.0036**	0.0093**	0.0218*

N＝10/群 平均順位			
14.5	15.5	16.5	16.5
15.5	14.5	14.5	15.5
16.5	16.5	15.5	14.5
35.5	35.5	35.5	35.5
0.0000**	0.0001**	0.0002**	0.0006**

*$P<0.05$, **$P<0.01$.

表9に示すごとく対照群から中用量群まで有意差がない場合は，Jonckheereの傾向検定によって用量依存性が検出できることがわかった．すなわち，群間差がない対照群から中用量群の影響は，高用量の順位に影響されない．このように用量依存性がある場合，群内動物匹数が多いほど検出力は，高いことがわかった．

次に群数の増加による有意差検出パターンを吟味した．入力データの平均順位とその結果を表10に示した．データは，表9と同様に各試験において最高用量群のみに有意差を示したものを使用した．各群内動物数は5匹とした．

表10. 群数の増加によるJonckheereの傾向検定の検出パターン

群数	5匹/用量群						有意水準（P）
	対照（X_0）	低（X_1）	中（X_2）	中高（X_3）	高（X_4）	最高（X_5）	
3	4.0	5.0	10.5				0.0042
4	7.0	8.0	9.0	18.0			0.0012
5	9.0	10.0	11.0	12.0	23.0		0.0009
6	11.0	12.0	13.0	14.0	15.0	28.0	0.0008

結果は，表10に示すごとく群数が増加するにしたがって検出感度が高くなることがわかった．

5．調査結果および考察

毒性試験結果からNO(A)ELを決定する場合，統計学的有意差と毒性学的有意差によって試験責任者は判断する．一般的に用量依存性を検討する場合，定量値はJonckheereの傾向検定を，定性値（頻度データ）はChochran-Armitageの傾向検定を使用する．これらの傾向検定の使用は，もし低用量または中用量群にDunnettの検定で有意差が認められ，この群の平均値が偶発的と判断する場合に用いられる．また，これらDunnettの検定以外のツールとして榊らの決定樹（2000）が発表されている．この決定樹は，用量依存性を考慮したWilliamsの検定が採用されている．しかし，Gad et al.（1986）は，毒性試験では必ず用量依存性を示すとは限らないことからこの検定法の使用を否定している．Williams自身も「死亡例がある場合は，不適当」（1972）と述べていることから，動物数が群によって変化がある場合は避けたい．

今回のようにDunnettの検定では，中用量のみに統計学的有意差が認められず，Jonckheereの傾向検定でも有意差を認めなかった．Williamsの検定では，低用量群に対して有意差が認められ，NOELは低用量未満として判断してもよいのか吟味した．またWilliamsの検定は，用量依存性を前提にしていることから直線的に増減していない場合は，次の群との平均値（推定値）となる．

推定値を利用するか実測値を利用するか，著者は実測値を推奨する．今回の例は，明らかに高用量群に有意差が認められることと用量依存性がないことからDunnettの検定を優先して中用量群をNOAELとするのが妥当と結論した．2008年現在，内外の公開毒性試験報告書約650報を検索してもWilliamsの検定の使用は認められない．この理由は，おそらく毒性試験が必ず用量依存性を示さないことにあると推測する．

以上の結果から，著者は，毒性試験では必ずしも用量依存性をもって発現しないことが多いことから Williams の検定の使用の妥当性に疑問をもつ．したがって，Dunnett の検定で解析し問題があれば，あわせて Jonckheere の傾向検定によって用量依存性の有無および他の関連測定値・所見をあわせて吟味し NOAEL を決定したい．

◎引用論文および資料
- 小林克己，北島省吾，志賀敦史，三浦大作，庄子明徳，渡　修明，村田共治，井上博之，大村　実（2001）：毒性試験結果の解析に用いられる決定樹の利用に関する一考察 —— 我が国のげっ歯類データに基づく考察 ——，日本トキシコロジー学会，**26**，No. 2, Appendix, 27-34.
- 榊　秀之，五十嵐俊二，池田高志，今溝　裕，大道克裕，門田利人，川口光裕，瀧澤　毅，塚本　修，寺井　裕，戸塚和男，平田篤由，半田　淳，水間秀行，村上善記，山田雅之，横内秀夫（2000）：ラット反復投与毒性試験における計量値データ解析法，*J. Toxicol. Sci.*，**25**，app.71-81.
- 永田　靖，吉田道弘（1997）：統計的多重比較法の基礎，pp.45-52, 176-177, サイエンティスト社，東京．
- 山崎　実，野口雄次，丹田　勝，新谷　茂（1981）：ラット一般毒性試験における統計手法の検討（対照群との多重比較のためのアルゴリズム），武田研究所報，**40**，No. 3/4, 163-187.
- Gad, S. and Weil, C.S. (1986): Statistics and Experimental Design for Toxicologists. pp.86, Telford Press, New Jersey.
- Jonckheere, A.R. (1954): A distribution-free *k*-sample test against ordered alternatives. *Biometrika*, **41**, 133-145, Williams, D.A. (1971): A test for differences between treatment means when several dose levels are compared with a zero dose control. *Biometrics*, *Biometrics*, **27**, 103-117.
- Williams, D.A. (1972): The comparison of several dose levels with zero dose control. *Biometrics*, **28**, 519-531.

調査報告 4．定量値の桁数の表示は？

　化審法（NITE）対応による 12 試験機関で実施されたラットを用いた 28 日間反復投与毒性試験（MHLW）149 をインターネットから検索し，その内，手作業によって採取し成形後電子天秤を用いて秤量する雄心重量個体値（試験数 106）を試験機関別に，その平均値の有効数値の桁数を調査した（小林ら，2010）．

表 1．公開化審法 28 日間反復投与毒性試験から得られた心重量試験機関別有効数値の桁数

試験機関名	調査試験数	心重量測定試験数	有効数値の桁数
A	24	7	3
B	19	9	3
C	18	13	3
D	25	17	5 および 4（2 試験）
E	15	15	3
F	13	10	3
G	14	14	3
H	10	10	3
I	4	4	3
J	4	4	4
K	2	2	4
L	1	1	4
合計	149	106	

　その結果，149 の調査試験のなかで心重量を測定している試験数は 106 であった．各試験機関は，決まった有効数値の桁数が設定されていた．その桁数は，3 がもっとも多く全試験の 77%，次いで 5 桁が 14%，4 桁が 8.5% であった（表 1 および表 2）．

表 2．有効数値の桁数別公開試験数

有効数値の桁数	試験数（%）
3	82（77）
4	9（8.5）
5	15（14）
計	106（100）

　心重量は，雄が 1g 以上でこの場合の有効数値の桁数の表示が 3 桁（例 1.12g）であるが，雌が 1g 以下でこの場合の有効数値の桁数の表示は，2 桁（例 0.91g）がほとんどであった．すなわち，雄と雌で有効数値の桁数が異なる場合が多かった．著者は，3 桁を推奨する．ラットおよびマウスの体重の表示例は，139±11g および 23.5±2.9g となる．

次に米国 NTP テクニカルレポートに記載されている定量値はどうか？ 定量項目が多い直近の短期毒性試験（TOX-82）を選び調査した．ラットおよびマウスのデータをそれぞれ **Table 3** および **Table 4** に示した．

Table 3. Hematology, clinical chemistry, organ weight, and organ-weight-to-body weight ratios data for rats in the 3-month gavage study of Estragole

項目と単位		表示値
Hematocrit （%）		40.7 ± 0.7
Hemoglobin （g/dL）		13.2 ± 0.2
Erythrocytes （$10^6/\mu L$）		7.03 ± 0.15
Reticulocytes （$10^6/\mu L$）		0.50 ± 0.02
Nucleated erythrocytes （$10^3/\mu L$）		0.14 ± 0.04
Mean cell volume （fL）		57.9 ± 0.3
Mean cell hemoglobin （pg）		18.8 ± 0.1
Mean cell hemoglobin concentration （g/dL）		32.5 ± 0.1
Platelets （$10^3/\mu L$）		983.9 ± 10.7
Leukocytes （$10^3/\mu L$）		8.83 ± 0.31
Segmented neutrophils （$10^3/\mu L$）		1.15 ± 0.09
Bands （$10^3/\mu L$）		0.00 ± 0.00
Lymphocytes （$10^3/\mu L$）		7.61 ± 0.26
Monocytes （$10^3/\mu L$）		0.04 ± 0.02
Basophils （$10^3/\mu L$）		0.000 ± 0.000
Eosinophils （$10^3/\mu L$）		0.04 ± 0.02
Urea nitrogen （mg/dL）		9.5 ± 0.4
Creatinine （mg/dL）		0.40 ± 0.00
Total protein （g/dL）		5.7 ± 0.1
Albumin （g/dL）		4.0 ± 0.0
Alanine aminotransferase （IU/L）		68 ± 1
Alkaline phosphatase （IU/L）		885 ± 24
Creatine kinase （IU/L）		388 ± 43
Sorbitol dehydrogenase （IU/L）		18 ± 1
Bile salts （μmol/L）		20.5 ± 1.8
Iron （μg/dL）		200.1 ± 8.6
Total iron binding capacity （μg/dL）		656.5 ± 12.9
Necropsy body wt （g）		338 ± 5
Heart	Absolute	0.999 ± 0.028
	Relative	2.961 ± 0.074
R. Kidney	Absolute	0.993 ± 0.027
	Relative	2.943 ± 0.074
Liver	Absolute	13.475 ± 0.267
	Relative	39.952 ± 0.768

Lung	Absolute	1.494 ± 0.045
	Relative	4.428 ± 0.130
R. Testis	Absolute	1.338 ± 0.027
	Relative	3.970 ± 0.090
Thymus	Absolute	0.319 ± 0.013
	Relative	0.944 ± 0.030
Serum Gastrin（pg/mL）		213.9 ± 31.1
Stomach pH		5.280 ± 0.286

Data are given as mean ± standard error.
Organ weights (absolute weights) and body weights are given in grams; organ-weight-to-body-weight ratios (relative weights) are given as mg organ weight/g body weight (mean ± standard error).

Table 4. Body weight, organ weights, and organ-weight-to-body-weight ratios for mice in the 3-month gavage study of Estragole

項目と単位		表示値
Mean body weight（g）		22.2 ± 0.3
Necropsy body wt（g）		36.6 ± 1.1
Heart	Absolute	0.185 ± 0.007
	Relative	5.056 ± 0.121
Liver	Absolute	1.546 ± 0.051
	Relative	42.276 ± 0.667
Lung	Absolute	1.546 ± 0.051
	Relative	42.276 ± 0.667
R. Testis	Absolute	0.119 ± 0.002
	Relative	3.272 ± 0.115
Thymus	Absolute	0.047 ± 0.002
	Relative	1.293 ± 0.061

Organ weights (absolute weights) and body weights are given in grams; organ-weight-to-body-weight ratios (relative weights) are given as mg organ weight/g body weight (mean ± standard error).

　NTPの報告書では3桁表示が多い．ラットの肝重量は小数点以下3桁（13.475 ± 0.267）で，体重は338 ± 5で表記している．10台までの数値は小数点以下3桁で，100台は小数点以下なしの表示とも思われるが，そうでない項目もあり，ラットのデータから一定の表記形式はわからなかった．しかし，小数点以下の平均値の桁数と標準誤差の桁数は同一であった．またこのレポートは，平均値および±標準誤差で表示していることから，標準誤差は，標準偏差に比較して1/10程度に小さいことからこの表示になったのかもしれない．

　著者は，厳密な表示を不要と思う．上述したように3桁表示を推奨する．一部の検査値，電解質，pHおよび小さい器官重量などは有意差の検出が納得できる桁数の表記が必要である．NTPテクニカルレポートの短期および長期毒性がん原性試験の数値の表記は，全て一定であることから見やすい報告書と思う．

◎引用論文および資料
・NITE：http://www.safe.nite.go.jp/kasinn/pdf/28test.pdf (Accessed September 17, 2014).
・TOX-82, National Toxicology Program Toxicity Report Series: http://ntp.niehs.nih.gov/ntp/htdocs/st_rpts/tox082.pdf (Accessed October 9, 2014).
・MHLW：http://dra4.nihs.go.jp/mhlw_data/jsp/SearchPage.jsp (Accessed September 17, 2014).
・小林克己，椴谷祐企，阿部武丸，西川　智，山田　隼，広瀬明彦，鎌田栄一，林　真（2010）：桁撒の差違および Mann-Whitney の U 検定と Wilcoxon の検定の有意差検出の違い．*PHARMA STAGE*, **10**(3), 45-48.

調査報告 5．桁数の相違による有意差検出パターン

毒性試験報告書に低用量と中用量の定量値が同一にもかかわらず一方に有意差マークが付いているデータを見かける．この理由を説明する．

化審法のラットを用いる反復投与毒性・生殖発生併合試験試験（**表 1**）の例である．データは，雄ラットの Total bilirubin 値である．個体値を入力して得られた**図 1**を参照すると若干 200mg/kg 群が 40mg/kg より大きいことがわかる．

表1．化審法のラットを用いる反復投与毒性・生殖発生併合試験試験

解析項目	群（各群雄 13 匹）/ Total bilirubin (mg/dL) at Day 42			
	対照	40mg/kg	200mg/kg	1000mg/kg
平均値±標準偏差 (%)	0.07 ± 0.02 (100.0)	0.09 ± 0.02 (128.5)	0.09 ± 0.02** (128.5)	0.10 ± 0.02** (142.8)
有効数値の桁数	生データの個体値および平均値とも 2 桁			
有効数値の桁数	著者が 3 桁で再表示した			
平均値±S.D. (%)	0.070 ± 0.023 (100.0)	0.086 ± 0.015 (122.8)	0.092 ± 0.016 (131.4)	0.103 ± 0.016 (147.1)
有意差（両側検定）		Not sig.	$P<0.01$**	$P<0.01$**
有意差（片側検定）		$P<0.05$	$P<0.01$**	$P<0.01$**

**$P<0.01$，以上は，総括表および個体表の表記，解析法は Dunnett の検定．

結論：測定値・個体値は，いずれも有効数値 2 桁で 0.07, 0.12 のように表示されている．平均値および標準偏差の表示を有効数値 3 桁で表示すればなんら問題がなかった．

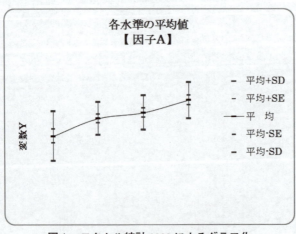

図 1．エクセル統計 2008 によるグラフ化

図 1のグラフ，40 および 200mg/kg 群は肉眼的に少し差がありそうである．
この理由は，桁数の表示による．すなわち，有効数値を 2 桁の場合は同一の数値とな

り，3 桁の場合は異なった表示の平均値となり一見して問題がない．
結論：同一生データで有意差がある場合とない場合の理由は，桁数のとり方で異なる．

次にこの例ではないが，t 検定系では桁数の違いによる有意差検出パターンに変化がないが，ノンパラメトリックの順位和検定の場合は，四捨五入によって桁数が小さいと同一数値になり，同一順位となる．結果，有意差検出感度は低くなる例を**表 2** に示した．

表 2．化審法 28 日間反復投与毒性試験による雄ラットの肝重量桁数の違いによる有意差検出パターン

有効桁数	群		確率（P）	
	対照（$N=6$）	高用量（$N=6$）	Student t test	Mann-Whitney U test
5	10.391, 11.442, 13.653, 10.224, 10.783, 10.414	13.194, 11.444, 13.701, 11.572, 12.683, 12.661	0.0279	<0.05 ($U=5$)
平均値±標準偏差	11.151±1.301	12.543±0.889		
平均順位	4.3	8.6		
4	10.39, 11.44, 13.65, 10.22, 10.78, 10.41	13.19, 11.44, 13.70, 11.57, 12.68, 12.66	0.0279	有意差ナシ ($U=5.5$)
平均値±標準偏差	11.14±1.30	12.54±0.88		
平均順位	4.4	8.5		
3	10.4, 11.4, **13.7**, 10.2, 10.8, 10.4	13.2, 11.4, **13.7**, 11.6, 12.7, 12.7	0.0286	有意差ナシ ($U=6$)
平均値±標準偏差	11.1±1.3	12.5±0.8		
平均順位	4.5	8.5		

調査報告 6. 反復投与毒性試験の用量の公比

第 6 章の「11. 群数が増加すると検出力が低下する」と若干重複する．化審法 28 日間ラットを用いた反復投与毒性試験に設定された用量の公比を調査した結果を述べる．調査対象試験は，インターネット（厚生労働省）で開示されている 124 の既存化合物の毒性試験を用いた．公比の設定によって群数が変化する．群数の設定により低用量群を含めた各群の用量が変化する．群数が 4 群より 5 群の方が NOAEL の設定が楽である．したがって，公比の設定は重要である．

表 1．化審法 28 日間ラットを用いた反復投与毒性試験に設定された用量の公比

公比	2	2.5	3（約 3 含む）	4	5	6	7
試験数	7	2	54	17	37	3	4

調査結果は，表 1 に示した．公比 3 がもっとも多く設定されていた．その多くの試験は，最高用量 1000mg/kg，中用量 300mg/kg，低用量 100mg/kg および 0mg/kg の設定である．低毒性が予想される場合は，上述の設定が多い．なお化審法では，最高用量を 1000mg/kg と定められている．

「ミジンコ急性遊泳阻害試験では公比は 2.2 を超えないことが望ましい」と藻類生長阻害試験，ミジンコ急性遊泳阻害試験及び魚類急性毒性試験のガイドライン「海生生物テストガイドライン検討会」には明記している．

医薬品の遺伝毒性試験に関するガイドラインでは，公比を 3.3 以下と定めている．

農薬の発がん性試験の最低用量は，一般的に最高用量の 1/10 以内とすることや中間用量を含め用量間の公比を 2 ないし 3 とすることになっている．

各試験分野（供試動物）で公比は異なるようである．現在，リミット試験となった急性毒性試験の公比は，1.3 程度で試験を実施していた．

◎引用論文および資料
・厚生労働省：http://dra4.nihs.go.jp/mhlw_data/jsp/SearchPage.jsp (Accessed September 17, 2014).

調査報告 7. Bartlett の等分散検定は検出力が高い

第 5 章で Bartlett の等分散の検出力は，高いことを指摘した．ほとんどの毒性試験は，この検定法で群間の等分散性を検討している．等分散検定には，下記に示した 4 つの解析法がある．ここでこれら 4 つの検定法の検出力を比較した．使用した数値は，化審法 28 日間反復投与毒性試験の定量項目中 Bartlett の検定で有意差を示した 7 項目を解析した．すなわち，これらの項目は，5 群中どこかの群に「外れ値」があることを示唆している．解析結果は，表 1 〜 7 に示した．

AST 活性値および血小板数以外の 5 項目は，全て Bartlett の等分散検定がもっとも P 値が小さかった．特にこのなかで血小板数および尿素窒素量は，Bartlett の検定で統計学的有意差が認められたが，Levene の検定では，有意差が認められなかった．したがって，Bartlett の等分散検定を使用したことによっていくつかの項目に不等分散性が認められ，その結果，検出力の低いノンパラメトリックの順位和検定となる．著者は，検出力の穏やかな Levene の等分散検定 (Levene, 1960) を推奨する．外国の毒性試験にその使用が認められる．計算は，SAS JMP を用いた．

表1．投与後7日の雄ラットの飼料摂取量（g/day）

群	平均値±標準偏差	動物数	等分散検定			
			O'Brien	Brown-Forsythe	Levene	Bartlett
対照	22.6±2.06	10	0.0711	0.1117	0.0032	0.0010
低用量	21.6±0.894	5				
中用量	23.0±1.41	5				
高用量	22.2±1.92	5				
最高用量	16.9±5.19	10				

表2．投与後7日の雄ラット飼料効率（%）

群	平均値±標準偏差	動物数	等分散検定			
			O'Brien	Brown-Forsythe	Levene	Bartlett
対照	36.4±3.28	10	0.1811	0.1311	0.0004	<0.0001
低用量	37.9±2.23	5				
中用量	36.6±1.86	5				
高用量	38.0±2.74	5				
最高用量	6.84±41.8	10				

表3．投与後28日の雌ラットの血小板数（$\times 10^3/mm^3$）

群	平均値±標準偏差	動物数	等分散検定			
			O'Brien	Brown-Forsythe	Levene	Bartlett
対照	1229±124	5	0.1206	0.0066	0.0521	0.0108
低用量	1341±165	5				
中用量	1339±40.6	5				
高用量	1322±195	5				
最高用量	1813±352	5				

表4．投与後28日の雌ラットのメトヘモグロビン濃度（%）

群	平均値±標準偏差	動物数	等分散検定			
			O'Brien	Brown-Forsythe	Levene	Bartlett
対照	0.516±0.093	5	0.3083	0.3495	0.0071	<0.0001
低用量	0.486±0.329	5				
中用量	0.618±0.097	5				
高用量	1.28±1.37	5				
最高用量	1.00±0.231	5				

表5．投与後28日の雌ラットの血糖値（mg/dL）

群	平均値±標準偏差	動物数	等分散検定			
			O'Brien	Brown-Forsythe	Levene	Bartlett
対照	113 ± 8.40	5	0.2705	0.0711	0.0374	<0.0001
低用量	120 ± 22.4	5				
中用量	117 ± 16.3	5				
高用量	115 ± 7.72	5				
最高用量	82.5 ± 2.88	5				

表6．投与後28日の雌ラットの尿素窒素量（mg/dL）

群	平均値±標準偏差	動物数	等分散検定			
			O'Brien	Brown-Forsythe	Levene	Bartlett
対照	17.5 ± 5.02	5	0.5370	0.5955	0.1173	0.0406
低用量	15.6 ± 2.90	5				
中用量	14.7 ± 0.766	5				
高用量	16.3 ± 2.35	5				
最高用量	20.1 ± 3.99	5				

表7．投与後28日の雌ラットのAST（U/L）

群	平均値±標準偏差	動物数	等分散検定			
			O'Brien	Brown-Forsythe	Levene	Bartlett
対照	73 ± 5.7	5	0.1038	0.0427	0.0093	0.0297
低用量	63 ± 5.9	5				
中用量	72 ± 6.2	5				
高用量	62 ± 5.5	5				
最高用量	73 ± 18	5				

◎引用論文および資料

・Levene, H. (1960): Robust tests for equality of variances. In Contributions to Probability and Statistics. (Olkin, I., Ghurye, G., Hoeffding, W., Madow, W.G., and Mann, H.B., eds.), pp.278-292, Stanford University Press, California.

調査報告8．オッズ比，カイ二乗検定および Fisher の検定の検出力の差異

頻度データの評価で述べた NTP テクニカルレポートの一部（1976 年代）の病理組織学的所見にオッズ比が使用されている．オッズ比（表示は，Relative Risk; RR）は，一般的に人に対する発がん性の可能性を評価する公衆衛生分野に用いられている．この場合，調査標本数は，100～1000 以上と分母はかなり大きい．

表1に NTP テクニカルレポート（TR209）記載の濾胞細胞腺腫発生の統計解析を示した．傾向検定（$P=0.006$）および Fisher の検定結果（$P=0.042, P=0.021$, and $P=0.001$）（片側検定）は，いずれも $P<0.05$ を示している．同様にオッズ比もほぼ同様の統計解析結果を示している．1/69 vs. 5/48 のオッズ比は 7.188 であるが，下限値～上限値に1以下が含まれている（95% C.L.＝0.838－332.277）ことから，統計学的有意差は認められない（Fisher の検定と異なる）．このデータは，Fisher の検定とオッズ比の検定が毒性学的有意差とほぼ一致しているが，RR の 95% 上限値はきわめて大きく，信頼性に疑問をもつ．

表1．NTP テクニカルレポート記載の甲状腺の濾胞細胞腺腫発生の統計解析

Thyroid: Follicular cell adenoma (b)		1/69 (1)	5/48 (10)	6/50 (12)	10/50 (20)
P value (c), (d)		$P=0.006$	$P=0.042$	$P=0.021$	$P=0.001$
Relative risk (e)			7.118	8.280	13.800
	Lower limit		0.838	1.049	13.800
	Upper limit		332.277	372.459	584.189
Week to first observed tumor		104	56	90	77

(b) Number of tumor-bearing animals/number of animals examined at site (present).
(c) Beneath the incidence of tumor in the control group is the probability level for the Cochran-Armitage test when P is less than 0.05; otherwise, not significant (N.S.) is indicated. Beneath the incidence of tumors in a dosed group is the probability level for the Fisher exact test for the comparison of the dosed group with the matched control group when P is less than; otherwise, not significant (N.S.) is indicated.
(d) A negative trend (N) indicates a lower incidence in dosed group than in the control group.
(e) The 95% confidence interval of the relative risk between each dosed group and the matched control.

次に化審法の 28 日反復投与毒性試験および1群 10 匹の動物数が 5～10 頭程度の発生率に対するカイ二乗，Fisher およびオッズ比の検出力を比較した結果を**表2**に示した．0/10 vs. 4/10 の場合，この三者の解析は有意差を示している．ただし，カイ二乗検定は Yates の補正がない場合である．

一般的にカイ二乗検定は，4つの升に 0～5 と小さい値がある場合，Yates の補正（Yates' continuity correction）によって計算するか Fisher の検定を用いる．したがって，毒性試験は，Fisher の検定が常用されている．この理由から，NTP のテクニカルレポートは，Fisher の検定が用いられている．

下記にイェーツの補正の公式を示す．

公式中のn/2を分子に入れて分子を小さくし計算値カイ値を小さくしている．有意差の検出を低くしている．

$$X_0^2 = \frac{n(|O_{11}O_{12} - O_{12}O_{21}| - n/2)^2}{n_1 \cdot n_2 \cdot n_1 \cdot n_2}$$

表2．動物数および発生匹数によるカイ二乗，Fisher およびオッズ比の検出力

発生データ （対照群対用量群）	P または RR 値		
	カイ二乗検定*	Fisher の検定**	リスク（RR）比 （95% 信頼区間）
0/5 vs. 4/5	0.052 0.009	0.238（NS）	5（0.866 − 28.8）（NS）
0/10 vs. 3/10	0.210 0.060	0.105（NS）	1.42（0.952 − 2.14）
0/10 vs. 4/10	0.093 0.025	0.043	1.66（1.00 − 2.76）
0/20 vs. 3/20	0.229 0.071	0.115（NS）	1.17（0.978 − 1.41）（NS）
0/20 vs. 4/20	0.113 0.035	0.053（NS）	1.25（1.00 − 4.55）

*上段は Yates の補正，下段は補正なし，**片側検定，NS：Not significant.

95% 信頼区間に1未満の数値がある場合 Fisher の検定は，$P>0.05$（NS）を示す．RR の 95% 信頼区間 lower limit が 1.00 の場合，Fisher の検定は，微妙な P 値を示す．したがって，Fisher の検定とオッズ比の RR は，ほぼ同一な検出力を持つと考える．

調査報告9．累積カイ二乗検定とカイ二乗検定どちらを選ぶ？

化審法のほ乳類を用いる 28 日間反復投与毒性試験は，1 群内の動物数（ラット）が他の毒性試験と比較して 5 匹と少ない．測定項目の定性値のグレードは 2 つに分類できる．1 つは病理所見（解剖および組織学所見）で，通常所見ナシを含めて 4 段階（negative, slight, moderate, marked）で判断している．一方尿検査は，通常，表 1 に示した 14 項目の検査でそのグレードは，色調を含めて 2〜11 まである．この定性試験紙は，ヒトに開発された製品（N-マルティスティック SG，バイエル・メディカル㈱）を実験動物に使用している．既存化学物質 122 の報告書（厚生労働省）を調査した結果，累積カイ二乗検定，Kruskal-Wallis の順位和検定後 Mann-Whitney の U 検定，Fisher の直接確率検定，カイ二乗検定および解析せずなどが応用されている．2×2 のクロス検定は，Fisher の直接確検定およびカイ二乗検定がある．3 群以上の設定および順序の要因（用量相関性）を含む場合は，R×C の検定または累積カイ二乗検定が用意されている．

表 1．28 日反復投与毒性試験の尿検査項目

検査項目		グレードの数	グレードの表示
潜血		5	-, +/-, 1+, 2+, 3+
ケトン体		5	-, 1+, 2+, 3+, 4+
グルコース（尿糖）		5	-, 0.1, 0.25, 0.5, >1.0
たんぱく		5	-, +/-, 30, 100, >300
色調		11	1, 2, 3, 4, 5, 6, 7, 8, 9, 10, 11
pH		9	5, 5.5, 6, 6.5, 7, 7.5, 8, 8.5, >9
ビリルビン		4	-, 1+, 2+, 3+
ウロビリノーゲン		6	0.1, 1.0, 2.0, 4.0, 8.0, >12
顕微鏡検査による尿沈渣項目	赤血球	4	-, 1+, 2+, 3+
	白血球	4	-, 1+, 2+, 3+
	上皮細胞	4	-, 1+, 2+, 3+
	円柱細胞	2	-, +
	脂肪球	2	-, +
	粘液糸	2	-, +
	そのほか	2	-, +

1．カイ二乗検定

同一データを用いてグレードの違いにより 2×2 および 2×R のカイ二乗検定で解析した結果を表 2 に示した．すなわち，プラスマイナス以上を陽性とした場合は，2×2 のカイ二乗検定で，定性紙の反応値を解析した場合は，2×R のカイ二乗検定で解析した．

表2．2×2および2×R表の検出力

R×C	群	グレード値						自由度	Pearsonのカイ二乗値	P値
		0	1	2	3	4	5			
2×2	対照	5	0	–	–	–	–	1	10	0.0016
	用量	0	5	–	–	–	–			
2×3	対照	5	0	0	–	–	–	2	10	0.0067
	用量	0	4	1	–	–	–			
2×4	対照	5	0	0	0	–	–	3	10	0.0186
	用量	0	3	1	1	–	–			
2×5	対照	5	0	0	0	0	–	4	10	0.0404
	用量	0	2	1	1	1	–			
2×6	対照	5	0	0	0	0	0	5	10	0.0752 有意差ナシ
	用量	0	1	1	1	1	1			

　グレードが多くなると自由度が増加し，その結果，棄却限界値 P 値が大きくなり有意差検出感度が低下することが理解できる（表2）．したがって，プラスマイナスに意味があればポジのグレードに入れ，同様に 1+，2+ および 3+ をポジのグループにくわえて，ネガ・ポジの表として 2×2 のカイ二乗検定（$P=0.0016$）または Fisher の直接確率検定（$P=0.0040$）によって解析することがもっとも検出力が高い結果が得られる．

　カイ二乗検定は，0 および 1 などの小さい数値がどこかのカラムに存在すると感度が低下するといわれる．エクセル統計 2008 では，ゼロのカラムを実測値として入力しないと計算を拒否される．JavaScript（2006）ではゼロ値（表2の全てのデータ）が存在すると「期待値が 1 未満のセルがあります．検定結果は，慎重に解釈すべきです．期待値が 5 未満のセルが，全体のセルの 20％以上あります．検定結果は慎重に解釈すべきです」と表示される．SAS JMP では「警告：セルのうち 20％ の期待度数が 5 未満です．カイ 2 乗に問題がある可能性があります．平均セル度数が 1 未満です．Pearson のカイ二乗に問題がある可能性があります．平均セル度数が 5 未満です．尤度比カイ二乗に問題がある可能性があります」と表示される．したがって，動物数が少ない予備試験などは，Fisher の直接確率検定が常用されている．28 日間反復経口投与毒性試験は，少ない動物数（N＝5/群）で実施する試験であることから，多くのグレードをもつデータは，R×C および 2×R のカイ二乗検定の応用は疑問である．

2．累積カイ二乗検定

　1 方向に順序がある場合（用量とグレード）は，累積カイ二乗検定を使用することを吉村（1987）らは述べている．毒性試験では，この検定は傾向検定に属する．本法は，1980 年代に東京大学の広津千尋教授によって考案された解析法（私説・統計学，2006）である．この解析法は，海外の毒性試験では使用されていないようである．

　本報告の表題に示したように，化審法の試験は，動物数が各群 5 匹と少ないことに留意したい．医薬・農薬の一般毒性試験では 4 群を設定して，1 群 20 匹以上と動物数がかなり多いことから応用されている．これにならって，化審法の 28 日間反復投与毒性

試験でも多くの試験施設でこの手法を利用して尿検査値などの群間差の吟味に応用している．

この手法は，始めに4群を全て解析することから多重性を考慮した傾向検定の感がある．したがって，もし4群間で有意差が認められた場合は，分割による検定が必要と思われる．

以下に化審法の試験設定を考慮して，いくつかの検定結果について考察を述べる．

表3は，各用量群が対照群に対して遠いグレードを設定した．

表3．スコアが対照群と大きく離れた生データ

群	尿たんぱくのグレードおよび動物数					計
	−	+/−	30	100	>300	
対　照	5	0	0	0	0	5
低用量	1	1	1	1	1	5
中用量	0	2	1	1	1	5
高用量	0	0	2	2	1	5

表3のデータを下記のように4分割する．

次に，この4分割に対しておのおの4×2のカイ二乗検定で解析し，4つの計算値カイを合計する．表は上の行から，反応（グレード），対照群，低用量群，中用量群，高用量群および行の合計の動物数をあらわす（以下同様）．

グループ1

−	>+/−	Total
5	0	5
1	4	5
0	5	5
0	5	5
6	14	20

$\chi^2 = 16.190$

グループ2

<+/−	>30	Total
5	0	5
2	3	5
2	3	5
0	5	5
9	11	20

$\chi^2 = 10.303$

グループ3

<30	>100	Total
5	0	5
3	2	5
3	2	5
2	3	5
13	7	20

$\chi^2 = 4.176$

グループ4

<100	300	Total
5	0	5
4	1	5
4	1	5
4	1	5
17	3	20

$\chi^2 = 1.176$

カイ二乗計算値 = 16.190 + 10.303 + 4.176 + 1.176 = 31.845

a = 4, b = 5, g1 = 6, g2 = 9, g3 = 13, g4 = 17

$w12 = \dfrac{6}{20-6} \times \dfrac{20-9}{9} = 0.5237$

$w23 = \dfrac{9}{20-9} \times \dfrac{20-13}{13} = 0.6580$

$w34 = \dfrac{13}{20-13} \times \dfrac{20-17}{17} = 0.3275$

$w14 = \dfrac{6}{20-6} \times \dfrac{20-17}{17} = 0.0755$

$W = 0.5237 + 0.6580 + 0.3275 + 0.0755 = 1.5847$

$$d = 1 + \frac{2 \times 1.5847}{5-1} = 1.7923$$
$$v = (4-1) \times (5-1) \div 1.7923 = 6.6956$$

有意差の判断は 0.05 とする．$\alpha = 0.05$．

カイ分布表，$\chi^2(6.69, 0.05) = 12.592 - 14.067$，カイ分布表の自由度 7 を採用した．詳細の自由度を採用する場合は，補間法によって計算する．

カイ分布表から自由度 7（$\alpha = 0.05$）の棄却限界値 12.59 と計算値 31.845 と比較する．計算値は棄却限界値より大である．したがって，4 群間とグレード間には 5% 水準以下で有意差があることを示す．

2-1. 対照群対低用量群

グループ 1

−	>+/−	Total
5	0	5
1	4	5

$\chi^2 = 6.667$

グループ 2

<+/−	>30	Total
5	0	5
2	3	5

$\chi^2 = 4.286$

グループ 3

<30	>100	Total
5	0	5
3	2	5

$\chi^2 = 2.500$

グループ 4

<100	300	Total
5	0	5
4	1	5

$\chi^2 = 1.111$

カイ二乗計算値 = 6.667 + 4.286 + 2.500 + 1.111 = 14.564
a = 2, b = 5, g1 = 1, g2 = 2, g3 = 3, g4 = 4

$$w12 = \frac{1}{10-1} \times \frac{10-2}{2} = 4.111$$
$$w23 = \frac{2}{10-2} \times \frac{10-3}{3} = 4.483$$
$$w34 = \frac{3}{10-3} \times \frac{10-4}{4} = 1.928$$
$$w14 = \frac{1}{10-1} \times \frac{10-4}{4} = 2.611$$
$$W = 4.111 + 4.486 + 1.928 + 2.611 = 13.133$$
$$d = 1 + \frac{2 \times 13.133}{5-1} = 7.566$$
$$v = (2-1) \times (5-1) \div 7.5665 = 0.528$$

有意差の判断は 0.05 とする．$\alpha = 0.05$．

カイ分布表，$\chi^2(0.528, 0.05) = <3.841$，カイ分布表の自由度 1 を採用した．詳細の自由度を採用する場合は，補間法によって計算する．

カイ分布表から自由度 1 の棄却限界値 3.841 と計算値 14.561 と比較する．計算値は棄却限界値より大である．したがって，2 群間とグレード間には 5% 水準以下で有意差があることを示す．

2-2. 対照群対中用量群

グループ1		
−	>+/−	Total
5	0	5
0	5	5

$\chi^2 = 10.000$

グループ2		
<+/−	>30	Total
5	0	5
2	3	5

$\chi^2 = 4.286$

グループ3		
<30	>100	Total
5	0	5
3	2	5

$\chi^2 = 0.1138$

グループ4		
<100	300	Total
5	0	5
4	1	5

$\chi^2 = 0.2918$

カイ二乗計算値 = 6.667 + 4.286 + 2.500 + 1.111 = 14.692

$a = 2, b = 5, g1 = 0, g2 = 2, g3 = 3, g4 = 4$

$$w12 = \frac{0}{10-0} \times \frac{10-2}{2} = 0.000$$

$$w23 = \frac{2}{10-2} \times \frac{10-3}{3} = 4.483$$

$$w34 = \frac{3}{10-3} \times \frac{10-4}{4} = 1.928$$

$$w14 = \frac{0}{10-0} \times \frac{10-4}{4} = 0.000$$

$W = 0.000 + 4.486 + 1.928 + 0.000 = 6.414$

$$d = 1 + \frac{2 \times 6.414}{5-1} = 4.207$$

$v = (2-1) \times (5-1) \div 4.207 = 0.950$

有意差の判断は 0.05 とする．$\alpha = 0.05$．

カイ分布表，$\chi^2(0.950, 0.05) = <3.841$，カイ分布表の自由度1を採用した．詳細の自由度を採用する場合は，補間法によって計算する．

カイ分布表から自由度1の棄却限界値 3.841 と計算値 14.629 と比較する．計算値は棄却限界値より大である．したがって，2群間とグレード間には5%水準以下で有意差があることを示す．

2-3. 対照群対高用量群

グループ1		
−	>+/−	Total
5	0	5
0	5	5

$\chi^2 = 10.000$

グループ2		
<+/−	>30	Total
5	0	5
0	5	5

$\chi^2 = 10.000$

グループ3		
<30	>100	Total
5	0	5
2	3	5

$\chi^2 = 4.286$

グループ4		
<100	300	Total
5	0	5
4	1	5

$\chi^2 = 1.111$

カイ二乗計算値 = 10.000 + 10.000 + 4.286 + 1.111 = 25.397

$a = 2, b = 5, g1 = 0, g2 = 0, g3 = 2, g4 = 4$

$$w12 = \frac{0}{10-0} \times \frac{10-0}{0} = 0.000$$

$$w23 = \frac{0}{10-0} \times \frac{10-2}{2} = 0.000$$

$$w34 = \frac{2}{10-2} \times \frac{10-4}{4} = 1.750$$

$$w14 = \frac{0}{10-0} \times \frac{10-4}{4} = 0.000$$

$$W = 0.000 + 0.000 + 1.750 + 0.000 = 1.750$$

$$d = 1 + \frac{2 \times 1.750}{5-1} = 1.875$$

$$v = (2-1) \times (5-1) \div 1.875 = 2.133$$

有意差の判断は 0.05 とする．$\alpha = 0.05$．

カイ分布表，$\chi^2(2.133, 0.05) = 5.991 - 7.815$，カイ分布表の自由度 2 を採用した．詳細の自由度を採用する場合は，補間法によって計算する．

カイ分布表から自由度 2 の棄却限界値 5.991 と計算値 25.397 と比較する．計算値は棄却限界値より大である．したがって，2 群間とグレード間には 5% 水準以下で有意差があることを示す．

表 4 に統計解析の結果を示した．

表 4．統計解析結果

群	尿たんぱくのグレードおよび動物数				
	−	+/−	30	100	>300
対　照[###]	5	0	0	0	0
低用量[***]	1	1	1	1	1
中用量[***]	0	2	1	1	1
高用量[***]	0	0	2	2	1

[###]用量依存性（$P<0.001$），[***]対照群に対して（$P<0.001$）．

陰性動物数が対照群 5 に対して，低用量群 1，中および高用量群 0 の場合，対照群に対して各群間に統計学的有意差を示した．

次に，表 5 は各用量群が対照群に対して近いグレードを設定した．

表 5．スコアが対照群と近い生データ

群	尿たんぱくのグレードおよび動物数					計
	−	+/−	30	100	>300	
対　照	5	0	0	0	0	5
低用量	4	1	0	0	0	5
中用量	3	1	1	0	0	5
高用量	2	1	1	1	0	5

表 5 のデータを下記のように 3 分割する．次に，この 3 分割に対しておのおの 4×2 のカイ二乗検定で解析し 3 つの計算値カイを合計する．

グループ1		
−	>+/−	Total
5	0	5
4	1	5
3	2	5
2	3	5
14	6	20

$\chi^2 = 4.762$

グループ2		
<+/−	>30	Total
5	0	5
5	0	5
4	1	5
3	2	5
17	3	20

$\chi^2 = 4.314$

グループ3		
<30	>100	Total
5	0	5
5	0	5
5	0	5
4	1	5
19	1	20

$\chi^2 = 3.158$

カイ二乗計算値 = 4.762 + 4.314 + 3.158 = 12.234

a = 4, b = 4, g1 = 14, g2 = 17, g3 = 19

$$w12 = \frac{14}{20-14} \times \frac{20-17}{17} = 0.4117$$

$$w23 = \frac{17}{20-17} \times \frac{20-19}{19} = 5.7192$$

$$w13 = \frac{14}{20-14} \times \frac{20-19}{19} = 2.3859$$

$W = 0.4117 + 5.7192 + 2.3859 = 8.5169$

$$d = 1 + \frac{2 \times 8.5169}{4-1} = 6.6779$$

$v = (4-1) \times (4-1) \div 6.6779 = 1.347$

有意差の判断は 0.05 とする．$\alpha = 0.05$．

カイ分布表，$\chi^2(1.347, 0.05) = 3.841 - 5.991$，カイ分布表の自由度 2 を採用した．詳細の自由度を採用する場合は，補間法によって計算する．

カイ分布表から自由度 2 の棄却限界値 3.841 と計算値 12.234 と比較する．計算値は棄却限界値より大である．したがって，4 群間とグレード間には 5% 水準以下で有意差があることを示す．

したがって，有意差あることから，次に，対照群対低用量，対照群対中用量，対照群対高用量の各対について累積カイ二乗検定で吟味する．

2-4. 対照群対低用量群

グループ1		
−	>+/−	Total
5	0	5
4	1	5

$\chi^2 = 1.111$

カイ二乗計算値 = 1.111．

有意差の判断は 0.05 とする．$\alpha = 0.05$．

2×2 のクロス検定となる．カイ分布表，$\chi^2(1.000, 0.05) = 3.841$，カイ分布表から自由

度1の棄却限界値 3.841 と計算値 1.111 と比較する．計算値は棄却限界値より小である．したがって，2 群間とグレード間には 5% 水準以下で有意差がないことを示す．

2-5. 対照群対中用量群

グループ 1		
−	＞＋/−	Total
5	0	5
3	2	5

$\chi^2 = 2.500$

グループ 2		
＜＋/−	＞30	Total
5	0	5
4	1	5

$\chi^2 = 1.111$

カイ二乗計算値 = 2.500 + 1.111 = 3.611
a = 2, b = 3, g1 = 3, g2 = 4
$w12 = \dfrac{3}{10-3} \times \dfrac{10-4}{4} = 1.928$
$W = 1.928$
$d = 1 + \dfrac{2 \times 1.928}{3-1} = 2.928$
$v = (2-1) \times (3-1) \div 2.928 = 0.683$

有意差の判断は 0.05 とする．α = 0.05.

カイ分布表，$\chi^2(0.683, 0.05) = ＜3.841$，カイ分布表の自由度 1 を採用した．詳細の自由度を採用する場合は，補間法によって計算する．

カイ分布表から自由度 1 の棄却限界値 3.841 と計算値 3.611 と比較する．計算値は棄却限界値より小である．したがって，2 群間とグレード間には 5% 水準以下で有意差がないことを示す．

2-6. 対照群対高用量群

グループ 1		
−	＞＋/−	Total
5	0	5
2	3	5

$\chi^2 = 4.286$

グループ 2		
＜＋/−	＞30	Total
5	0	5
3	2	5

$\chi^2 = 2.500$

グループ 3		
＜30	＞100	Total
5	0	5
4	1	5

$\chi^2 = 1.111$

カイ二乗計算値 = 4.286 + 2.500 + 1.111 = 7.897
a = 4, b = 4, g1 = 2, g2 = 3, g3 = 4
$w12 = \dfrac{2}{10-2} \times \dfrac{10-3}{3} = 4.833$
$w23 = \dfrac{3}{10-3} \times \dfrac{10-4}{4} = 0.643$
$w13 = \dfrac{2}{10-2} \times \dfrac{10-4}{4} = 1.750$

$$W = 4.833 + 0.643 + 1.750 = 7.226$$
$$d = 1 + \frac{2 \times 7.226}{4-1} = 5.817$$
$$v = (2-1) \times (4-1) \div 5.817 = 0.515$$

有意差の判断は 0.05 とする．$\alpha = 0.05$．

カイ分布表，$\chi^2(0.515, 0.05) = 3.841 - 5.991$，カイ分布表の自由度 1 を採用した．詳細の自由度を採用する場合は，補間法によって計算する．

カイ分布表から自由度 1 の棄却限界値 3.841 と計算値 7.897 と比較する．計算値は棄却限界値より大である．したがって，2 群間とグレード間には 5% 水準以下で有意差があることを示す．

表 6 に統計解析の結果を示した．

表6．統計解析結果

群	尿たんぱくのグレードおよび動物数				
	−	+/−	30	100	>300
対　照[##]	5	0	0	0	0
低用量	4	1	0	0	0
中用量	3	1	1	0	0
高用量[**]	2	1	1	1	0

[##]用量依存性（$P<0.01$），[**]対照群に対して（$P<0.01$）．

陰性動物数が対照群 5 に対して，低用量群が 4 および中用量群が 3 では，有意差が認められなかった．

3．同一データによる事例

基本のデータをいくつかの手法で解析し有意差の検出パターンを検索した．

3-1．4×5 のカイ二乗検定

基本のデータを表7に，モザイク図を図1に，分割表を表8に示した．このデータの陰性動物数は，対照群，低用量群，中用量群および高用量群が各 5/5，1/5，1/5 および 1/5 である．

表7．生データ

群	糖のグレードと動物数					計
	−	0.1	0.25	0.5	>1.0	
対　照(1)	5	0	0	0	0	5
低用量(2)	1	1	1	1	1	5
中用量(3)	1	1	1	1	1	5
高用量(4)	1	1	1	1	1	5

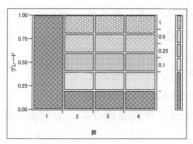

図1．モザイク図

表8．表7の分割表

群	−	0.1	0.25	0.5	>1.0	計
対 照	5	0	0	0	0	5
低用量	1	1	1	1	1	5
中用量	1	1	1	1	1	5
高用量	1	1	1	1	1	5
計	8	3	3	3	3	20

4×5のカイ二乗検定の結果，カイの計算値＝10.0，$P = 0.616$，したがって，群間とグレード間に差はない．

3-2．2×5のカイ二乗検定

基本のデータを表7に，モザイク図を図2に，分割表を表9に示した．

表9．表7の分割表

群	−	0.1	0.25	0.5	>1.0	計
対 照	5	0	0	0	0	5
各用量	1	1	1	1	1	5
計	6	1	1	1	1	10

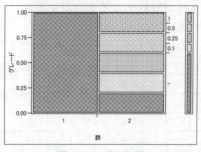

図2．モザイク図

この場合，各用量群の発生率は同一のため，表9では各用量群とした．2×5のカイ二乗検定の結果，カイの計算値 = 6.667，$P = 0.1546$，したがって，群間とグレード間に差はない．

3-3. 2×2のカイ二乗検定・Fisherの正確検定

基本のデータを表7に，モザイク図を図3に，分割表を表10に示した．

表10. 表7の分割表

群	ー	0.1ー＞1.0	計
対 照	5	0	5
各用量	1	4	5
計	6	4	10

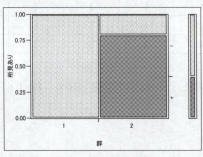

図3. モザイク図

2×2のカイ二乗検定の結果，カイの計算値 = 6.667，$P = 0.0098$，Fisherの直接確率検定の結果は，片側検定で $P = 0.0238$．たがって，両検定とも群間とグレード間に差が認められる．次に，累積カイ二乗検定で吟味する．

3-4. 累積カイ二乗検定

表8(9)のデータを下記のとおり4分割する．次に，この4分割に対しておのおの2×4のカイ二乗検定で解析し4つの計算値カイを合計する．

グループ1

ー	＞0.1	Total
5	0	5
1	4	5
1	4	5
1	4	5
8	12	20

$\chi^2 = 10.000$

グループ2

＜0.1	＞0.25	Total
5	0	5
2	3	5
2	3	5
2	3	5
11	9	20

$\chi^2 = 5.455$

グループ3

＜0.25	＞0.5	Total
5	0	5
3	2	5
3	2	5
3	2	5
14	6	20

$\chi^2 = 2.857$

グループ4

＜0.5	＞1.0	Total
5	0	5
4	1	5
4	1	5
4	1	5
17	3	20

$\chi^2 = 0.875$

カイ二乗計算値 = 10.000 + 5.455 + 2.875 + 0.875 = 19.187
a = 4, b = 5, g1 = 8, g2 = 11, g3 = 14, g4 = 17

$$w12 = \frac{8}{20-8} \times \frac{20-11}{11} = 0.544$$

$$w23 = \frac{11}{20-11} \times \frac{20-14}{14} = 0.523$$

$$w34 = \frac{14}{20-14} \times \frac{20-17}{17} = 0.410$$

$$w14 = \frac{8}{20-8} \times \frac{20-17}{17} = 0.117$$

$$W = 0.544 + 0.523 + 0.410 + 0.117 = 1.594$$

$$d = 1 + \frac{2 \times 1.594}{5-1} = 1.797$$

$$v = (4-1) \times (5-1) \div 1.794 = 6.688$$

有意差の判断は 0.05 とする．$\alpha = 0.05$.

カイ分布表，$\chi^2(6.69, 0.05) = 12.592 - 14.067$，カイ分布表の自由度 7 を採用した．詳細の自由度を採用する場合は，補間法によって計算する．

カイ分布表から自由度 7 の棄却限界値 12.59 と計算値 19.18 と比較する．計算値は棄却限界値より大である．したがって，4 群間とグレード間には 5% 水準以下で有意差があることを示す．

次に，対照群と各用量間に対して 2×2 の累積カイ二乗検定を実施する．この場合，対照群に対して各要領群の累積カイ二乗検定用分割表は下記のごとく同一となる．

対照群対低，中および高用量群

グループ 1

−	>0.1	Total
5	0	5
1	4	5

$\chi^2 = 6.667$

グループ 2

<0.1	>0.25	Total
5	0	5
2	3	5

$\chi^2 = 4.286$

グループ 3

<0.25	>0.5	Total
5	0	5
3	2	5

$\chi^2 = 2.500$

グループ 4

<0.5	>1.0	Total
5	0	5
4	1	5

$\chi^2 = 1.111$

カイ二乗計算値 = 6.667 + 4.286 + 2.500 + 1.111 = 14.564
a = 2, b = 5, g1 = 1, g2 = 2, g3 = 3, g4 = 4

$$w12 = \frac{1}{10-1} \times \frac{10-2}{2} = 4.111$$

$$w23 = \frac{2}{10-2} \times \frac{10-3}{3} = 4.483$$

$$w34 = \frac{3}{10-3} \times \frac{10-4}{4} = 1.928$$

$$w14 = \frac{1}{10-1} \times \frac{10-4}{4} = 2.611$$

$$W = 4.111 + 4.486 + 1.928 + 2.611 = 13.133$$

$$d = 1 + \frac{2 \times 13.133}{5-1} = 7.566$$
$$v = (2-1) \times (5-1) \div 7.5665 = 0.528$$

有意差の判断は 0.05 とする．α = 0.05．

カイ分布表，$\chi^2(0.528, 0.05) = <3.841$，カイ分布表の自由度 1 を採用した．詳細の自由度を採用する場合は，補間法によって計算する．

カイ分布表から自由度 1 の棄却限界値 3.841 と計算値 14.561 と比較する．計算値は棄却限界値より大である．したがって，2 群間とグレード間には 5% 水準以下で有意差があることを示す．

表 11 に同一データに対する統計解析の結果を示した．

表 11. 統計解析結果

群	カイ二乗検定			累積カイ二乗検定		糖のグレード				
	4×5	2×5	2×2	4×5	2×2	−	0.1	0.25	0.5	>1.0
対　照	NS	−	−	S	−	5	0	0	0	0
低用量	NS	NS	S	S	S	1	1	1	1	1
中用量	NS	NS	S	S	S	1	1	1	1	1
高用量	NS	NS	S	S	S	1	1	1	1	1

NS：有意差ナシ．S：対照群に対して有意差を示す（$P<0.05$）．

4．考察

化審法 28 日間反復毒性試験の特にグレードの多い尿検査に対して，動物数が小さいことに留意してカイ二乗検定法などいくつか検出力を比較検討した．その結果，2×2 のカイ二乗検定，Fisher の直接確率検定および累積カイ二乗検定がほぼ同一の検出力であった．カイ二乗検定の場合，入力数値がゼロおよび 5 以下の場合は，正確な確率が把握できなく結果の考察に注意することが大切である．また累積カイ二乗検定の場合は，例えば，＋/− を正常に加算する場合，計算式を改変する必要がある．累積カイ二乗検定は，日本で開発された手法であることから，著者は，海外の毒性試験に対してその使用例を文献上確認していない．したがって著者は，化審法の本毒性試験の多くのグレードをもつ尿検査項目のカテゴリック解析には，Fisher の直接確率検定（片側検定）を推奨する．

最後に，ここでは論じなかったが，そのほかにもグレードを順位化し Mann-Whitney の U 検定（順位和検定）の利用も考えられる．検定および累積カイ二乗検定については，使用場面から各群内動物数が 5〜10 匹以内の毒性試験では，4 升の内いくつかに 0〜5 と小さい値が存在することは普通である．参考書によればこの場合は，使用しないか，結果の考察に注意を払うよう述べられている．小さい数値の場合は，イエーツの補正によって解析することを推奨している．また同様のデータでも Fisher の検定ではそのようなことが問われない．両者の検定結果は，Fisher の検定がカイ二乗検定に比較して感度が高く，標本の発生率に制約がない．したがって毒性試験は，Fisher の検定が多く応用

されている．また，毒性試験では用量依存性があることから，累積カイ二乗検定の応用も多い．しかしこの検定は，日本のみに使用されていることにも留意したい．同時に統計パッケージにはほとんど応用されていない現状である．

　以上の知見から著者は，順位和検定で解析することが最良と考える．すなわち，Mann-Whitney の U 検定および Steel の多重比較検定がこれらのデータ解析に該当する．ただし，多重性を考慮した Steel の検定は，病理所見で動物数が 5 匹程度の試験は，対照群と同一のスコアが用量群にあると計算が拒否されるか否か事前にチェックすることである．したがって，半数以上の毒性試験は，2 群間検定の Mann-Whitney の U 検定が使用されている．両者の検出力に大きな差はない．

　広島大学の前田啓朗先生も累積カイ二乗およびカイ二乗検定に対して同様の知見を述べている．

　いずれにしても，群内動物数が小さい場合は，Fisher，4 升カイ二乗検定および累積カイ二乗検定の使用に対して，十分な結果の解析・考察に注意を払うことが肝要である．

　時折，化審法のラットを用いる反復経口投与毒性・生殖発生毒性併合試験（厚生労働省）で限られた試験機関で使用されている（132，133 および 134 URL の最後の番号は CAS No. を示す）．そのほかの試験では見かけることがない．

◎引用論文および資料

・厚生労働省：http://dra4.nihs.go.jp/mhlw_data/jsp/SearchPage.jsp (Accessed September 17, 2014).
・私説・統計学：http://www.geocities.jp/ikuro_kotaro/koramu/toukei2.htm (Accessed October 10, 2014).
・広島大学・前田：http://home.hiroshima-u.ac.jp/keiroh/maeda/statsarekore/rankeddata.html (Accessed September 22, 2014).
・吉村　功編著（1987）：毒性・薬効データの統計解析 —— 事例研究によるアプローチ ——．サイエンティスト社，東京．
・132：http://dra4.nihs.go.jp/mhlw_data/home/paper/paper105-05-5d.html (Accessed September 17, 2014).
・133：http://dra4.nihs.go.jp/mhlw_data/home/paper/paper126-30-7d.html (Accessed September 17, 2014).
・134：http://dra4.nihs.go.jp/mhlw_data/home/paper/paper6846-50-0d.html (Accessed September 17, 2014).

MEMO

■著者略歴
・国立医薬品食品衛生研究所（NIHs）総合評価室（派遣職員）2013-現在に至る
・元静岡県立農林大学校非常勤講師「畜産学概論および農業統計学」1998-2014
・元内閣府（CAO）食品安全委員会技術参与 2012-2013
・元(独)製品評価技術基盤機構（NITE）安全審査課非常勤技術専門職 2006-2012
・元浜松学院大学コミュニケーション学部非常勤講師「統計学」2006-2008
・元財団法人 食品農医薬品安全性評価センター1979-2006（定年退職）
・元慶應義塾大学総合政策学部非常勤講師「多変量解析」1997-2006

医学博士（浜松医科大公衆衛生学教室）
生物医科学博士（Pacific Western University/HI, U.S.A.）

（2004年浜名湖花博覧会において外国館からの出品）

毒性試験に用いる統計解析 2015
― 手計算，SAS JMP，エクセル統計 2008 およびフリーソフトウェアによる解析 ―
Statistical analysis methods for toxicological studies 2015:
Analyses by hand calculation, SAS JMP, Excel toukei 2008, and free software

2015年3月20日
著　者　小林克己（Katsumi KOBAYASHI, PhDs）
発　行　株式会社薬事日報社
　　　　〒101-8648　東京都千代田区神田和泉町1
　　　　　　　　　　電話　03-3862-2141
　　　　〒541-0045　大阪市中央区道修町2-1-10
　　　　　　　　　　電話　06-6203-4191
　　　　URL　http://www.yakuji.co.jp/

印刷　昭和情報プロセス株式会社
転載・複製を禁じます．
乱丁・落丁の場合，良品と交換いたします．不良箇所がわかるようにして弊社あてに送料着払いでご返送下さい．
ISBN978-4-8408-1291-7 C3047